普通高等教育机械类专业"十三五"规划教材

工程制图

（第2版）

主　编　罗爱玲　张四聪
副主编　许睦旬　王幼苓

西安交通大学出版社
XI'AN JIAOTONG UNIVERSITY PRESS

内容提要

本书是在第一版的基础上,根据教育部高等学校工程图学教学指导委员会 2005 年制订的"普通高等院校工程图学课程教学基本要求"及近年来发布的与机械制图有关的国家标准,结合我们多年来教学改革的实践和经验,并根据当前工程制图课程教学改革的发展编写而成。

本书选用目前世界上用户最多、使用最广泛的 AutoCAD2014 绘图软件平台,将画法几何、机械制图和计算机绘图有机地融合在一起,在培养学生空间思维能力的同时,训练和提高学生阅读工程图样与使用计算机绘制工程图样的能力。本书内容包括:制图基本知识、制图方法、正投影法基础、组合体、轴测图、机件形状的表示方法、零件图、标准件和常用件、装配图。

与本书配套的习题集也同时做了修订。为了向使用本教材的教师提供方便,本书配套了教学软件光盘,内容包括电子教案和习题答案。

本书及配套习题集可作为高等学校工科本、专科非机械类各专业制图课程的教材,也可供职工业余大学、函授大学、电视大学等有关专业的师生选用。

图书在版编目(CIP)数据

工程制图/罗爱玲,张四聪主编.—2 版.—西安:
西安交通大学出版社,2015.12 (2020.12重印)
ISBN 978-7-5605-8126-2

Ⅰ.①工… Ⅱ.①罗… ②张… Ⅲ.①工程制图
-高等学校-教材 Ⅳ.①TB23

中国版本图书馆 CIP 数据核字(2015)第 288390 号

书　名	工程制图(第 2 版)
主　编	罗爱玲　张四聪
责任编辑	任振国
出版发行	西安交通大学出版社
	(西安市兴庆南路 1 号　邮政编码 710048)
网　址	http://www.xjtupress.com
电　话	(029)82668357　82667874(发行中心)
	(029)82668315(总编办)
传　真	(029)82668280
印　刷	陕西金德佳印务有限公司
开　本	787mm×1092mm　1/16　印张　19　字数　457 千字
版次印次	2016 年 3 月第 2 版　　2020 年 12 月第 5 次印刷
书　号	ISBN 978-7-5605-8126-2
定　价	31.80 元

读者购书、书店添货、如发现印装质量问题,请与本社发行中心联系、调换。
订购热线:(029)82665248　(029)82665249
投稿热线:(029)82664954

前　言

　　本书是在第一版的基础上，根据教育部高等学校工程图学教学指导委员会 2005 年制订的"普通高等院校工程图学课程教学基本要求"及近年来发布的与机械制图有关的国家标准，结合我们多年来教学改革的实践和经验，并根据当前工程制图课程教学改革的发展编写而成。

　　第二版在以下几方面有重要变化：

　　1. 本书选用目前用户最多、使用最广泛的 AutoCAD2014 绘图软件作为图形软件，将画法几何、机械制图和计算机绘图有机地融合在一起，使计算机绘图融于工程制图课程的教学当中，形成了本书不同于其他工程制图教材的特色，为后续"甩掉图板"实现无纸设计作准备。

　　2. 全书采用最新国家标准，按照课程内容的需要，将有关标准和表格编排在正文或附录中，以便学生查阅。

　　3. 第七章增加了"读零件图"，"表面结构的表示法"和"极限与配合"是按最新国家标准编写。

　　4. 根据少学时、非机类、电子信息类等不同专业的工程制图课程的基本要求，按照学生的认知规律，在内容上遵循"少而精"的原则，力求保持对学生空间想像能力、空间逻辑思维能力的培养，加强学生用计算机、尺规及徒手绘制工程图样能力的培养，使本书更具有实用性。

　　5. 在便于学生自学的前提下，每章书后，保持上一版的本章小结和复习思考题内容，以便学生在学习过程中较快地掌握各章节的基本内容。

　　本书除了可作为工科院校本科生学习工程制图的教材外，还可作为从事工程设计绘图的工程技术人员学习工程制图投影理论，以及自学 AutoCAD2014 交互式通用绘图软件来绘制工程图样之用。

　　本书由罗爱玲、张四聪主编。具体分工如下：罗爱玲（绪论、第 1 章、第 3 章、第 8 章、附录）；张四聪（第 2 章、第 6 章）；许睦旬（第 4 章、第 7 章）；王幼苓（第 5 章、第 9 章）。

　　与本书配套使用的、由许睦旬、张四聪主编的《工程制图习题集》，也同时修订出版，可供选用。

　　为了向使用本教材的教师提供方便，罗爱玲、张四聪、许睦旬等老师研制了配套的教学软件光盘，内容包括电子教案和习题答案。作为教学参考，有需要课件 PPT 及习题答案的教师，可通过邮箱 luoailing@mail.xjtu.edu.cn 与作者联系索取。

　　本书在修改过程中参考了一些其他有关书籍，在此向这些著作的作者表示感谢。

　　由于编者水平有限，书中缺点、错误在所难免，敬请读者批评指正。

编　者

2015 年 9 月

第1版 前言

《工程制图》是高等工科院校学生必修的一门技术基础课。同时，它也是大学本科生学习工程知识的第一门基础课程。随着科学技术的发展，计算机绘图技术已成为工程领域不可缺少的基础技术之一，并对本课程提出了新的要求。本书是根据教育部1995年印发的高等学校工科本科"画法几何及机械制图课程教学基本要求（非机械专业适用）"，以及陕西省"高等教育面向21世纪教学内容和课程体系改革研究"教改项目的研究成果，并结合近几年教学改革实践经验编写而成。

教材的编写宗旨是把画法几何、机械制图和计算机绘图有机地融合在一起，将计算机绘图的教学内容贯穿教学全过程。本教材有以下特点：

（1）根据工程制图基础课程教学基本要求中对计算机绘图能力的要求，编者选用了目前使用最广泛的AutoCAD2002作为绘图软件，在相应章节后紧密地结合该章内容，有针对性地介绍绘图软件的应用，将有关绘图功能有机地融入到传统制图教学的全过程。

（2）根据宽口径人才培养模式的要求，在教学内容上遵循"少而精"的原则，力求遵循学生的认知规律，既注意阐明制图的基本理论和基本知识，又删减和调整了传统制图教材中的部分内容（如删去了展开图）。对于组合体的画图、读图、常用的视图、剖视、断面等投影制图内容给予足够的重视，为使学生能正确绘制和阅读比较简单的机械图样，提供了足够的投影理论基础。同时，加强了计算机绘图能力的培养。

（3）全书采用最新国家标准，并按照课程内容的需要，将有关标准和表格编排在正文或附录中。

（4）本书为加深学生对基本理论和基本概念的理解，在每章的后面增加了小结和复习思考题等内容，以便于学生课后复习和较好地掌握各章节的基本内容。

与本书配套使用的，还有一本由许睦旬、张四聪主编的《工程制图习题集》，也由西安交通大学出版社出版，可供选用。

参加本书编写工作的有（以内容先后为序）：罗爱玲（绪论、第1章、第3章、第8章、附录1）；张四聪（第2章、第6章、附录2）；许睦旬（第4章、第7章）；王幼苓（第5章、第9章）。全书由罗爱玲、张四聪担任主编。

本书由西安交通大学郑镁教授审稿。承蒙郑镁教授仔细审稿，提出了许多宝贵意见和建议，在此表示衷心感谢。本书在编写过程中，得到西安交通大学教务处、机械工程学院的大力支持，在此一并表示感谢。

本书参考了一些国内同类著作，在此特向有关作者表示衷心感谢，具体书目作为参考文献列于书末。

由于编者水平有限，本书还会存在一些错误和不足，敬请读者批评指正。

编　者
2003年5月

绪　论

一、本课程的研究对象

本课程是一门研究绘制和阅读工程图样的理论和方法的技术基础课,主要内容是以正投影理论和国家标准《技术制图》、《机械制图》的有关规定为基础,研究图样上对产品的设计要求、工艺要求、检验及装配等要求的表达方法。

在现代的工业生产中,各种机械设备、仪器、仪表等都是根据图样来加工制造的。图样不仅是指导生产的重要技术文件,而且是进行技术交流的重要工具。由于图样在工程上起着类似文字语言的表达作用,而且世界各国基本相同,没有民族、地域的限制,所以人们常把图样称为"工程界的语言"。因而,绘制和阅读图样便成为一个工程技术人员所必须掌握的基本技能。本课程包含了工程制图所需的基础知识、基本理论及基本技能。

本课程内容包括:制图基础知识(包括制图标准及平面图绘制等方面的知识);制图基本技能(包括尺规绘图、徒手草图及计算机绘图等);基础理论(包括画法几何及有关的图学理论);图样表达基础(包括投影制图及物体的图样表达方法)。

二、学习本课程的目的和任务

本课程是工科院校学生必修的一门技术基础课,也是第一门体现工科特点的入门课程。它的重要性不仅在于要让大家学到制图方面的基础知识,更重要的是培养同学们多方面的能力。对于非机械类各专业来说,学习本课程的主要任务是:

1. 学习投影法的基本理论及其应用,培养绘制和阅读机械图样的能力。

2. 学习、贯彻国家标准有关制图的规定,初步学会查阅有关标准的方法。

3. 学习使用仪器绘图、徒手绘图和使用计算机绘图的基本方法和技能。

4. 培养空间想象和空间思维能力。

5. 培养认真负责的工作态度和严谨细致的工作作风。

三、本课程的学习方法

本课程是一门既有系统理论又是实践性很强的课程。对于理论,必须掌握其基本概念和原理,并学会灵活应用。绘图又是一种基本技能,而基本技能的掌握必须通过大量的实践。学习方法上应注意下列几点:

1. 在学习中必须注重理论联系实际,要注意空间物体与其投影图之间的联系。

2. 要掌握形体分析法、线面分析法和投影分析方法,注意"从空间到平面,再从平面到空间"的研究和思考,不断提高分析和解决看图、画图问题的能力。

3. 认真听课,及时复习,独立完成作业。在完成作业的过程中,必须严格遵守国家标准有关规定,掌握正确的作图方法和步骤,注意养成良好的工作习惯,做到认真细致,严格要求。

4. 本课程与工程实际紧密相关,要注意学习和积累相关工程实际知识,做到多看、多画。

在学习本课程的过程中,要注意把学习知识和技能、培养能力和提高素质有意识地结合起来。本课程只能为同学们的绘图和读图能力打下初步基础,在后续课程的学习中还要继续提高。

目　录

制图基本知识

1.1 机械制图基本规定

图样不仅用于指导生产,而且是进行技术交流的重要工具,被称作"工程界的语言"。为了规范图样表达,我国制定并实施《技术制图》和《机械制图》国家标准,对图纸幅面、格式、比例、图线、字体,以及图样的各种表示方法做了明确的规定。本节摘要介绍国家标准中有关图纸幅面和格式、比例、字体、图线、尺寸标注等部分的基本规定,一些其他规定将在后续有关章节中介绍。

1.1.1 图纸幅面和格式(摘自 GB/T 14689 – 2008)[①]

1. 图框幅面

绘制技术图样时,应优先采用表 1－1 中规定的基本幅面,必要时允许加长幅面。加长幅面的尺寸由基本幅面尺寸的短边成整数倍增加后得出,具体尺寸请查阅 GB/T 14689 – 2008。基本幅面图纸的尺寸特点是:长边和短边的尺寸比为 $\sqrt{2}:1$。

表 1 – 1　基本图纸幅面及图框格式　　　　　mm

幅面代号	A0	A1	A2	A3	A4
尺寸 $B×L$	841×1189	594×841	420×594	297×420	210×297
e	20			10	
c	10			5	
a	25				

2. 图框格式

在图纸上必须用粗实线画出图框,其格式分为不留装订边和留有装订边两种,如图1－1所示,它们各自周边尺寸见表 1－1。但应注意:同一产品的图样只能采用一种格式。

3. 标题栏及其方位

每张图纸上都必须画出标题栏。标题栏的位置应位于图纸的右下角,如图 1－1 所示。标题栏的格式和尺寸应按 GB/T 10609.1—2008 的规定绘制,标题栏一般由更改区、签字区、其他区及代号区组成,如图 1－2 所示。

在学习本课程期间,制图作业建议采用图 1－3 所示的标题栏格式。

---

① "GB"是国家标准的缩写,"T"是推荐的缩写,"14689"是《技术制图　图纸幅面和格式》标准的顺序号,"2008"表示该标准批准年号。

标题栏的长边置于水平方向并与图纸的长边平行时,则构成 X 型图纸(见图 1-1),若标题栏的长边与图纸的长边垂直时,则构成 Y 型图纸(见图 1-1)。在此情况下,看图方向与看标题栏方向一致。

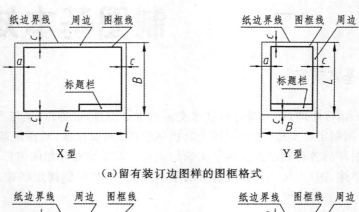

(a)留有装订边图样的图框格式

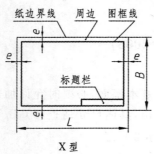 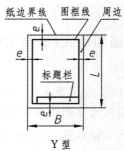

(b)不留装订边图样的图框格式

图 1-1　图框格式

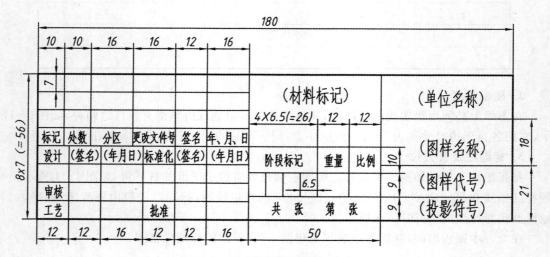

图 1-2　标题栏的格式与尺寸

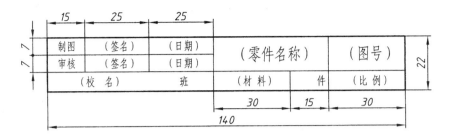

图 1-3　学习期间采用的标题栏格式

4. 附加符号

（1）对中符号

为了使图样复制和微缩摄影时定位方便，应在图纸各边长的中点处分别画出对中符号。对中符号用短粗实线绘制，线宽不小于 0.5 mm，长度从纸边界开始画至图框内约 6 mm。当对中符号处在标题栏范围内时，伸入标题栏的部分应省略不画，如图 1-4(b)所示。

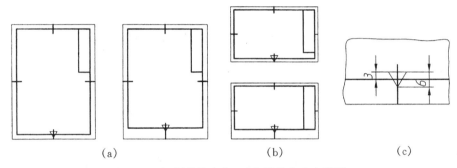

图 1-4　标题栏的方位、对中符号和方向符号

（2）方向符号

当标题栏位于图纸右上角时，为了明确绘图与看图的方向，应在图纸的下边对中符号处画出一个方向符号，其所处位置如图 1-4(a)和(b)所示。方向符号是用细实线绘制的等边三角形，其大小如图 1-4(c)所示。

图样中绘制出方向符号时，其方向符号的尖角对着读图者时即为看图的方向，但标题栏中的内容及书写方向仍按常规处理。

1.1.2　比例（摘自 GB/T 14690—1993）

比例是指图中图形与其实物相应要素的线性尺寸之比。比值为 1 的比例，如 1∶1 称为原值比例；比值大于 1 的比例，如 2∶1，称为放大比例；比值小于 1 的比例，如 1∶2，称为缩小比例。

绘制图样时，应尽可能按原值比例画出，但由于物体的大小及结构的复杂程度不同，有时还需要放大或缩小。

需要按比例绘制图样时，应选择表 1-2 中规定的优先选用比例系列中的比例，必要时也可以选用允许选用比例。

表 1 – 2   国家标准规定的比例系列

种 类	优先选用比例	允许选用比例
原值比例	1：1	
放大比例	5：1 2：1 5×10^n：1 2×10^n：1 1×10^n：1	4：1 2.5：1 4×10^n：1 2.5×10^n：1
缩小比例	1：2 1：5 1：10 1：2×10^n 1.5×10^n 1：1×10^n	1：1.5 1：2.5 1：3 1：4 1：6 1：1.5×10^n 1：2.5×10^n 1：3×10^n 1：4×10^n 1：6×10^n

注：n 为正整数。

比例一般应填写在标题栏中的比例栏内。必要时,可在视图名称的下方标注比例,如：

$$\frac{I}{2：1} \qquad \frac{A}{1：100} \qquad \frac{B—B}{2.5：1} \qquad 平面图\ 1：100$$

在同一图纸上绘制的图样应尽可能采用相同的比例,并将比例值填写在标题栏中的比例栏内。当某个图形需要采用不同的比例时,可按规定将比例标注在视图名称的下方或右侧。

图 1-5 所示为同一物体采用不同比例所画的图形。在图 1-5 中,同一物体虽然采用了三种不同的画图比例,但三个图形所注的尺寸都是按物体的实际尺寸来标注的。

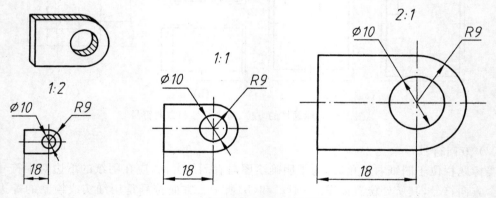

图 1-5   用不同比例画出的图形

1.1.3   字体(摘自 GB/T 14691—1993)

字体是图样中的一个重要部分。标准规定图样中书写的字体必须做到：字体工整,笔画清楚,间隔均匀,排列整齐。

1. 字体高度

字体高度(用 h 表示)的公称尺寸系列为 1.8 mm,2.5 mm,3.5 mm,5 mm,7 mm,10 mm,14 mm,20 mm(此数系的公比为 $\sqrt{2}$)。如需要书写更大的字时,其字体高度应按 $\sqrt{2}$ 的比率递增。字体高度代表字体的号数,例如 10 号字即表示字高为 10 mm 的字。

2. 汉字书写要求

汉字应写成长仿宋体字,并应采用中华人民共和国国务院正式公布推行的《汉字简化方案》中规定的简化汉字。汉字的高度 h 不应小于 3.5 mm,其字宽一般为 $h/\sqrt{2}$。

　　书写长仿宋体汉字的要领是:横平竖直,注意起落,结构均匀,填满方格,呈长方形。长仿宋体汉字的示例如图 1-6 所示。

字体工整　笔画清楚　间隔均匀

10 号字

横平竖直注意起落结构均匀填满方格

7 号字

字体工整笔画清楚间隔均匀横平竖直注意起落结构均匀填满方格

5 号字

图 1-6　长仿宋体汉字示例

3. 字母和数字

　　字母和数字分 A 型和 B 型。A 型字体的笔画宽度(d)为字高(h)的 1/14,B 型字体的笔画宽度(d)为字高的 1/10。在同一张图样上,只允许选用一种型式的字体。

　　技术图样中常用的字母有拉丁字母和希腊字母两种,常用的数字有阿拉伯数字和罗马数字两种。字母和数字可写成斜体或直体,一般采用斜体。斜体字的字头向右倾斜,与水平基准线成 75°。斜体字母和数字的示例如图 1-7 所示。

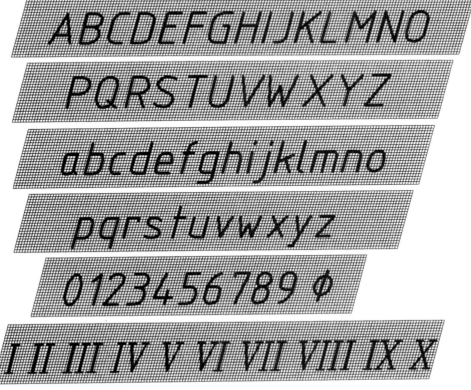

图 1-7　斜体字母和数字示例

对于图样中用作指数、分数、极限偏差、注脚等的数字或字母，一般应采用小一号的字体，如图 1-8 所示。

$$S^{-1} \quad D_1 \quad Td \quad 10^3 \quad 7^{+0.01}_{-0.02} \quad \frac{3}{5}$$

图 1-8　字体组合应用示例

1.1.4　图线及其画法（GB/T 17450—1998、GB/T 4457.4—2002）

图线是指图样中所采用的各种型式的线。国家标准 GB/T 17450—1998 中规定了 15 种基本线型，所有线型的图线宽度（d）应按图样的类型、图形大小和复杂程度在数系：0.13 mm、0.18 mm、0.25 mm、0.35 mm、0.5 mm、0.7 mm、1 mm、1.4 mm、2 mm 中选择，此数系的公比为 $1:\sqrt{2}(\approx 1:1.4)$。

机械图样中的图线按线宽分为粗线和细线两种，其宽度比率为 2:1。粗线宽度应根据图形大小和复杂程度在 0.5～2 mm 之间选取，常用的为 0.7 mm。

表 1-3 中列出了绘制机械图样时常用的图线名称、图线型式、宽度及其主要用途。

表 1-3　常用的图线名称及主要用途

图线名称	图线型式	图线宽度	主要用途
粗实线	———————	d	可见轮廓线
细实线	———————	约 $d/2$	尺寸线、尺寸界线、剖面线、辅助线、重合断面的轮廓线、引出线、螺纹的牙底线及齿轮的齿根线
波浪线	 ～～～～	约 $d/2$	断裂处的边界线、视图和剖视图的分界线
双折线	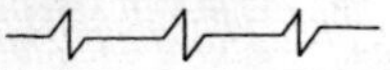 —∿—∿—	约 $d/2$	断裂处的边界线
虚线	 2～6　≈1	约 $d/2$	不可见轮廓线、不可见过渡线
细点画线	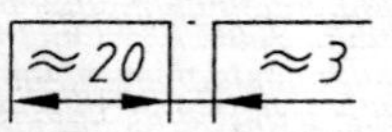 ≈20　≈3	约 $d/2$	轴线、对称中心线、轨迹线、剖切线、齿轮的分度圆及分度线
粗点画线	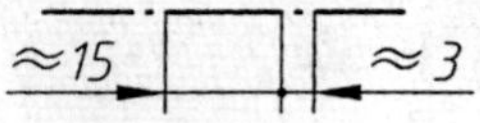 ≈15　≈3	d	有特殊要求的线或表面的表示线
双点画线	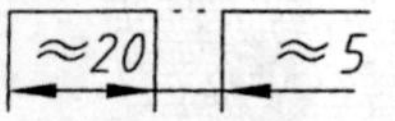 ≈20　≈5	约 $d/2$	相邻辅助零件的轮廓线、可动零件的极限位置的轮廓线

图 1-9 所示为图线的应用举例。

在绘制图线时要注意以下习惯画法（见图 1-10）：

①在同一图样中，同类图线的宽度应一致。同一条细虚线、细点画线和细双点画线中的短画、长画、点的长度和短间隔应各自大致相等。细点画线和细双点画线的首尾两端应是长画而不是点。

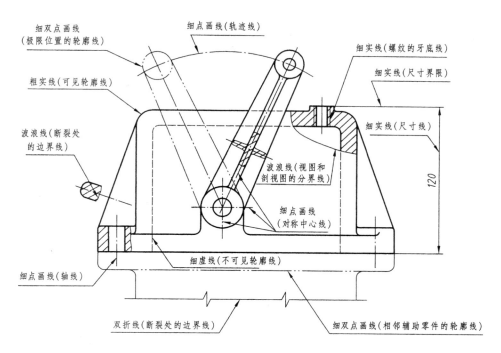

图 1-9　图线应用举例

②绘制圆的对称中心线(细点画线)时,圆心应为长画的交点。细点画线两端应超出圆弧或相应图形轮廓线 3～5 mm。

③在较小的图形上绘制细点画线或细双点画线有困难时,可用细实线代替。

④当图线相交时,应是画(长画或短画)相交。当细虚线在粗实线的延长线上时,在细虚线和粗实线的分界处,细虚线应留出空隙。

⑤当各种线条重合时,应按粗实线、细虚线、细点画线的顺序画出。

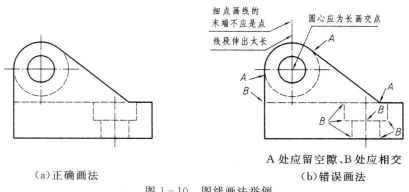

图 1-10　图线画法举例

1.1.5　尺寸注法(摘自 GB/T 4458.4—2003)

1. 尺寸标注的基本规则

①机件的真实大小应以图样上所标注的尺寸数值为依据,与图形的大小及绘图的准确度

无关。

②图样中（包括技术要求和其他说明）的尺寸，以毫米（mm）为单位时，不需标注计量单位的代码或名称，若采用其它单位，则必须注明相应计量单位的代码或名称。

③图样中所标注的尺寸，为该图样所示机件的最后完工尺寸，否则应另加说明。

④机件上各结构的每一尺寸，一般只标注一次，并应标注在反映该结构最清晰的图形上。

2. 尺寸的组成形式

图样上标注的每一个尺寸，一般都由尺寸界线、尺寸线和尺寸数字三部分组成，其相互间的关系如图1-11所示。

（1）尺寸界线

尺寸界线用细实线绘制，并应由图形的轮廓线、轴线或对称中心线处引出。也可利用轮廓线、轴线或对称中心线作尺寸界线，如图1-12所示。

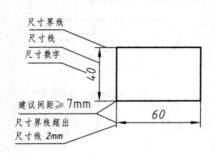

图1-11　尺寸的组成形式

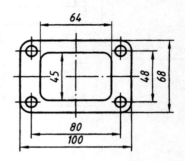

图1-12　尺寸界线的画法

尺寸界线一般应与尺寸线垂直，当尺寸界线贴近轮廓线时，允许尺寸界线与尺寸线倾斜。在光滑过渡处标注尺寸时，必须用细实线将轮廓线延长，从它们的交点处引出尺寸界线，如图1-13所示。

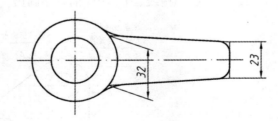

图1-13　光滑过渡处尺寸标注方法

（2）尺寸线

尺寸线用细实线绘制，其终端可以有箭头和斜线两种形式，如图1-14所示。

箭头形式的尺寸线终端适用于各种类型的图样，机械图样的尺寸线终端通常采用箭头的形式（小尺寸标注除外），其箭头尖端必须与尺寸界线接触，不得超出也不得分开，如图1-14（a）所示。尺寸线终端采用斜线形式时，尺寸线与尺寸界线必须相互垂直，如图1-14（b）所示。当尺寸线与尺寸界线相互垂直时，同一张图样中只能采用一种尺寸线终端的形式。

尺寸线必须单独画出，不能用其他图线代替，也不得与其他图线重合或画在其延长线上，尺寸引出标注时不能直接从轮廓线上转折,如图 1-15 所示。

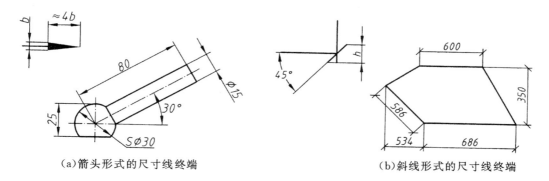

（a）箭头形式的尺寸线终端　　　　　　　　　　　（b）斜线形式的尺寸线终端

图 1-14　尺寸线终端采用的两种形式

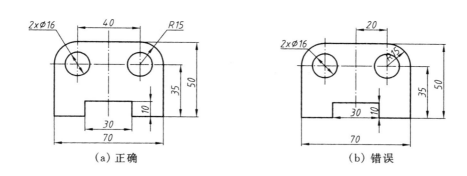

（a）正确　　　　　　　　　　　　　　（b）错误

图 1-15　尺寸线画法正误图例

（3）尺寸数字

　　线性尺寸的数字一般应注写在尺寸线的上方,也允许注写在尺寸线的中断处。当标注位置不够时也可以引出标注,如图 1-16 中的 SR5。尺寸数字不可被任何图线所通过,当无法避免时,必须将该图线断开,如图 1-16 中的 $\phi20$、$\phi28$ 和 $\phi17$。标注参考尺寸时,应将尺寸数字加上圆括弧,如图 1-16 中的(8)。

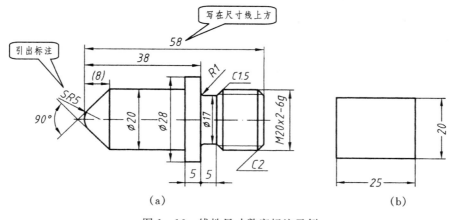

（a）　　　　　　　　　　　　　　　　　（b）

图 1-16　线性尺寸数字标注示例

　　线性尺寸数字的方向,一般应按图 1-17(a)所示的方向注写,并尽可能避免在图示 30°范围内标注尺寸。当无法避免时,可按图 1-17(b)或(c)或(d)所示的形式标注。在不致引起误解时,也允许采用图 1-18 所示的方法注写。但在同一张图样中,应尽可能采用同一种方法。

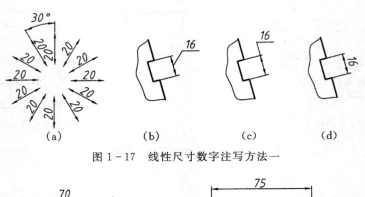

图 1-17　线性尺寸数字注写方法一

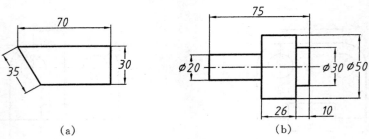

图 1-18　线性尺寸数字注写方法二

3. 各类尺寸注法

　　表 1-4 列出了各类尺寸的基本注法。

表 1-4　各类尺寸的基本注法

项目	说　明	图　例
线性尺寸	(1) 尺寸线必须与所标注的线段平行 (2) 两平行的尺寸线之间应留有充分的空隙,以便填写尺寸数字 (3) 标注两平行的尺寸应遵循"小尺寸在里,大尺寸在外"的原则	
直径与半径尺寸	(1)标注圆直径或圆弧半径时,尺寸线应通过圆心,并以圆周轮廓线为尺寸界线 (2)对于圆或超过半圆的圆弧,应标注直径,在尺寸数字前加注直径符号"∅"。对于小于或等于半圆的圆弧,应标注半径,在尺寸数字前加注半径符号"R" (3)当圆弧的半径过大或在图纸范围内无法标注其圆心位置时可采用折线形式,若圆心位置不需注明则尺寸线可只画靠近箭头的一段	

项 目	说　明	图　例
球面尺寸	（1）标注球面的直径尺寸或半径尺寸时,应在符号"∅"或符号"R"前再加注符号"S",如图(a) （2）对于铆钉的头部、轴和手柄的端部等,在不致引起误解的情况下,可省略符号"S",如图(b)	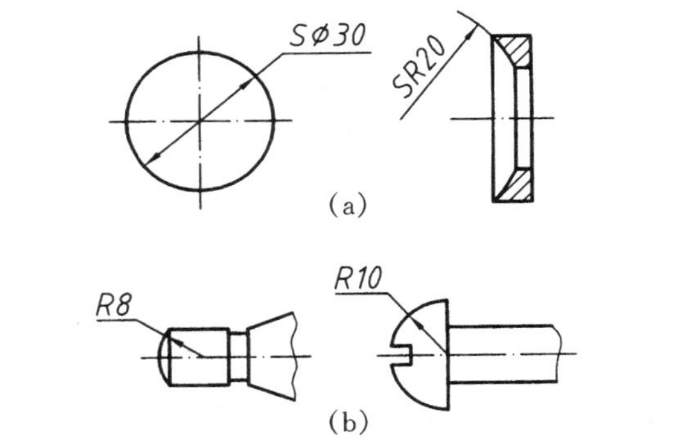
角度尺寸	（1）标注角度尺寸时,尺寸界线应沿径向引出;尺寸线应画成圆弧,其圆心是该角的顶点 （2）角度的数字一律写成水平方向,一般注写在尺寸线的中断处。必要时也可注写在尺寸线的上方或外面,狭小处可引出标注	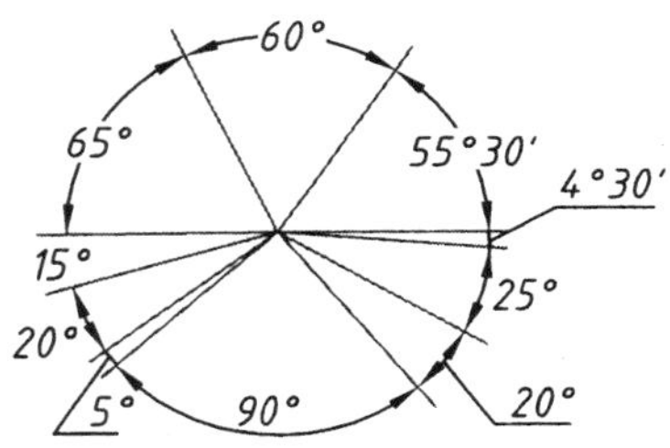
狭小部位尺寸	（1）在没有足够位置画箭头或注写尺寸数字时,可将箭头或尺寸数字布置在外面。当位置更小时,也可将箭头和数字都布置在外面。尺寸数字也可以用指引线引出标注 （2）几个小尺寸连续标注时,中间的箭头可用圆点或斜线代替	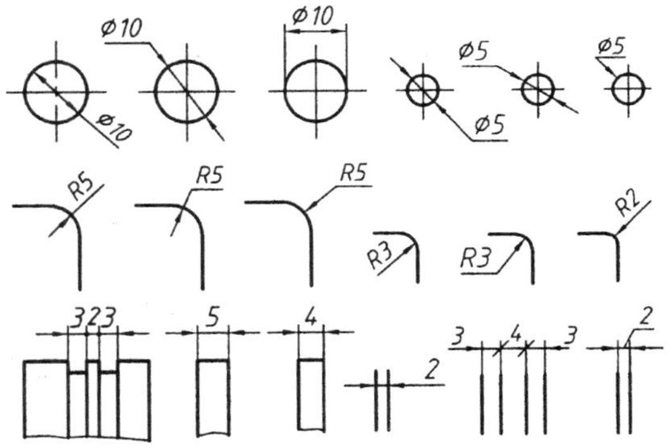
对称图形	当对称机件的图形只画出一半或略大于一半时,尺寸线应略超过对称中心线或断裂处的边界线,并可仅在尺寸线一端画出箭头	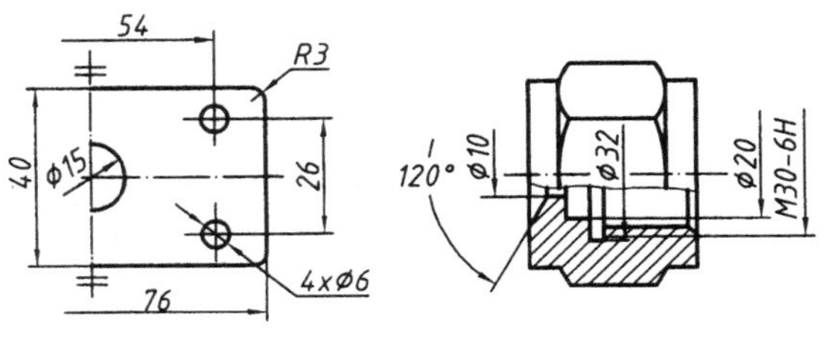

续表 1-4

项目	说明	图 例
方头结构	标注断面为正方形结构的尺寸时,可在正方形边长尺寸数字前加注符号"□",如:□14 或用 14×14 代替□14	14×14　□14 14×14　□14
几种直径相近且又重复出现的孔	在同一图形中,如有几种尺寸数值相近而又重复出现的孔时,可采用涂色标记或用标注字母的方法来区别。相同直径的圆孔可采用图中的标注方法,如 3×∅9,表示 3 个孔直径为 9	3x∅9　3x∅6　2x∅11
厚度	标注板状零件的厚度时,可采用指引线方式引出标注,并在尺寸数字前加注厚度符号"t"	t2

图 1-19 表示了各种尺寸标注示例。

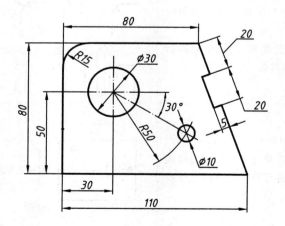

图 1-19　平面图形尺寸标注示例

1.2　绘制平面图形

　　任何平面图形都是由各种类型的线(直线、圆弧或其它曲线)组成的。要正确绘制平面图形和准确标注其尺寸,必须掌握一些常见几何图形的画法以及平面图形的尺寸分析和线段分析方法。如图 1-20 所示六角扳手的外形轮廓,就是由一些直线和圆弧连接组成的几何图形。

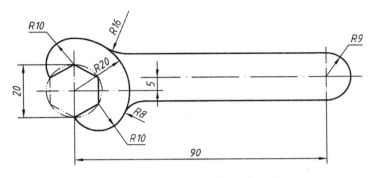

图 1-20　平面图形示例-六角扳手

1.2.1　几何作图

　　在绘制平面图形时,经常遇到正多边形、圆弧连接以及锥度和斜度等几何作图问题,表1-5列出了常见平面图形的几何作图方法。

表 1-5　常见平面图形的几何作图方法

种类	图　　例		作 图 说 明
正六边形	(a)	(b)	已知对角线长度画正六边形的方法: (1)利用外接圆半径作图,见图(a) (2)利用三角板和丁字尺配合作图,见图(b)
	规定符号及标注方法		定　　义
斜度	$斜度 = \dfrac{T-t}{l} = \dfrac{T}{L} = tg\alpha$ (a)斜度的符号	(b)斜度的画法和标注方法	斜度是指一直线对另一直线或一平面对另一平面的倾斜程度。其大小用该直线(或平面)间夹角的正切值来表示,图样中以 $1:n$ 的形式标注

种类	图　例		作图说明
	规定符号及标注方法		定　义
锥度	 锥度 $= \dfrac{D-d}{l} = \dfrac{D}{L} = 2tg\dfrac{\alpha}{2}$ （a）锥度的符号	 （b）锥度的画法和标注方法	锥度是指正圆锥的底圆直径与其高度之比。如果是正圆锥台则为底圆和顶圆直径之差与其高度之比,图样中以 $1:n$ 的形式标注
连接相交两直线	 （a）已知条件	 （b）作图方法	已知直线 I 和 II。作与两已知直线相距为 R 的平行线。两平行线相交于 O 点,过 O 点作两已知直线的垂线,K_1,K_2 即为切点。最后,以 O 点为圆心,R 为半径作圆弧交于 K_1,K_2 点
圆弧连接* / 连接直线和圆弧	 （a）已知条件	 （b）作图方法	已知直线 I 和半径为 R_1 的圆弧。以 O_1 为圆心,R_1+R 为半径（外切）作圆弧,与已知直线 I 相距为 R 的平行线交于 O 点。由 O 点向已知直线 I 作垂线交于 K_1 点,连 OO_1 与已知圆弧 R_1 交于 K_2 点。最后,以 O 点为圆心,R 为半径作圆弧交于 K_1,K_2 点
连接两圆弧（内外切）	 （a）已知条件	 （b）作图方法	已知两圆弧的半径分别为 R_1 和 R_2。以 O_1 为圆心,$R-R_1$ 为半径（内切）作圆弧。再以 O_2 为圆心,R_2+R 为半径（外切）作圆弧,两圆弧交于 O 点。连 OO_1 与已知圆弧 R_1 交与 K_1 点,再连 OO_2 与已知圆弧 R_2 交与 K_2 点,K_1,K_2 即为切点。最后,以 O 点为圆心,R 为半径作圆弧交于 K_1,K_2 点

* 注:圆弧连接的关键是准确地作出连接弧的圆心和切点。

1.2.2　平面图形的画法

一个平面图形由一个或几个封闭图形组成,而每一个封闭图形由彼此相交或相切的若干线段(直线或圆弧)组成。要正确绘制平面图形和标注其尺寸,必须掌握平面图形的尺寸分析和线段分析方法。

1. 平面图形的尺寸分析

平面图形的形状和大小由尺寸确定。平面图形的尺寸按其所起的作用,可分为定形尺寸和定位尺寸两种。

(1) 定形尺寸

确定平面图形中各封闭图形大小和形状的尺寸。

例如图 1-21 中所示的平面图形,由两个封闭图形组成。一个是中部小圆,另一个是外面带圆角的矩形。图中的尺寸 ∅12 确定了中部小圆的形状和大小,尺寸 50,35,R9 确定了带圆角矩形的形状和大小,因此都是定形尺寸。

(2) 定位尺寸

确定平面图形中所包含的封闭图形之间以及组成封闭图形的线段之间的相对位置的尺寸。

例如图 1-21 中尺寸 15 和 20 确定了小圆的位置,是定位尺寸。标注定位尺寸必须有一个确定尺寸位置的几何元素,例如尺寸 15 和 20 分别由下边轮廓线和左边轮廓线出发标注。这种确定尺寸位置的几何元素,称为尺寸基准,它是定位尺寸的计量起点。在平面图形中,通常选取图形的对称中心线,图形的轮廓线以及圆心等作为尺寸基准。

在平面图形中,长度方向和高度方向各有一个尺寸基准。尺寸基准选择不同,所标注的定位尺寸也就不同。在图 1-22 中,平面图形的右边轮廓线和上边轮廓线,分别是长度方向和高度方向的尺寸基准,尺寸 30 和 20 为小圆的定位尺寸。

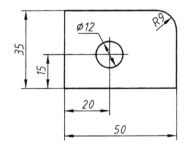 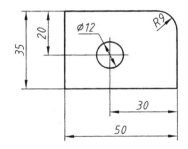

图 1-21　平面图形的尺寸分析一　　　　图 1-22　平面图形的尺寸分析二

2. 平面图形的线段分析

根据平面图形中所注的尺寸和线段间的连接关系,平面图形中的线段分为以下三种。

(1)已知线段

根据图形中所标注的尺寸,可以直接画出的圆、圆弧或直线。

(2)中间线段

除图形中注出的尺寸外,还需根据一个与已知线段的连接关系或通过一个已确定的点才能画出的圆弧或直线。

(3)连接线段

需要根据两个与已知线段的连接关系才能画出的圆弧或直线。

图 1-23 为挂钩的平面图形,其中圆 ∅14,∅
35、圆弧 $R18$ 和 $R40$ 都是已知线段;与圆弧 $R18$
相切的圆弧 $R84$ 是中间线段;圆弧 $R48$,$R54$ 和
$R6$ 都是连接线段。

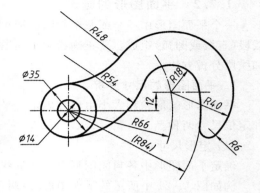

3. 平面图形的画图步骤

通过以上对平面图形的尺寸分析和线段分析
可知,在绘制平面图形时,首先应画出已知线段,
其次画出中间线段,最后画出连接线段。平面图
形的画图步骤为:

①分析图形的尺寸。

②确定线段性质。

③明确作图步骤。

挂钩平面图形的画图步骤,如图 1-24 所示。

图 1-23   吊钩平面图形的线段分析

(a) 画出图形的两条基线(互相
垂直的两条主要中心线)

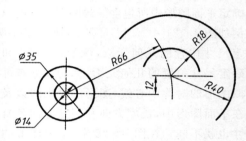

(b) 画出各已知线段

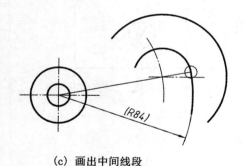

(c) 画出中间线段

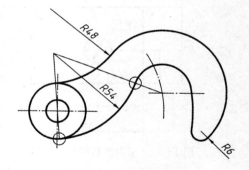

(c) 画出各连接线段

图 1-24   挂钩平面图形的画图步骤

4. 常见平面图形的尺寸注法

平面图形尺寸标注的要求是:正确、完整。

正确   平面图形中所标注的尺寸,必须严格遵守国家标准中有关尺寸注法的规定。

完整   平面图形中所标注的尺寸,必须完全确定平面图形的形状和大小,即不遗漏、不重
复也不多余地标注出确定各线段的相对位置及其大小的尺寸。

标注平面图形的尺寸时,应先分析平面图形的形状,选择合适的尺寸基准,并确定图形中各
线段的连接性质,即哪些是已知线段,哪些是中间线段,哪些是连接线段,然后按已知线段、中间

线段、连接线段的顺序,逐个注出各线段的尺寸。图 1-25 为挂钩平面图形的尺寸注法举例。

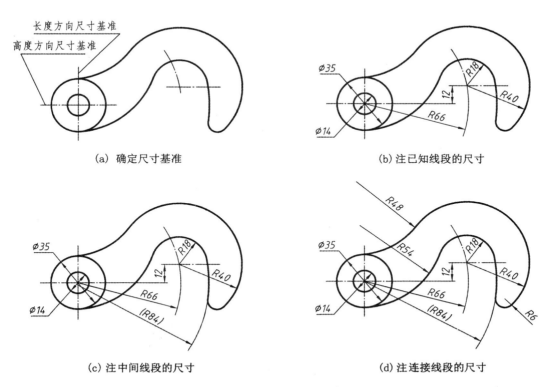

（a）确定尺寸基准　　　　　　　　　　　（b）注已知线段的尺寸

（c）注中间线段的尺寸　　　　　　　　　（d）注连接线段的尺寸

图 1-25　挂钩平面图形的尺寸注法

图 1-26 列举了常见平面图形尺寸标注的示例,供读者标注尺寸时参考。

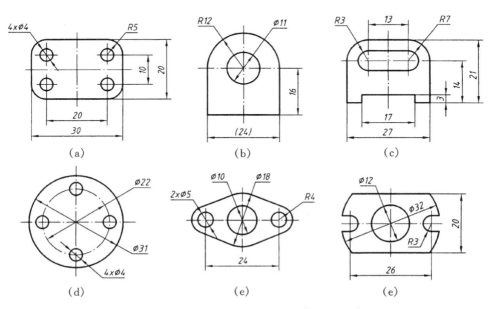

图 1-26　常见平面图形尺寸标注示例

小　结

　　制图基本知识是绘图的重要基础。本章主要介绍了有关《技术制图》和《机械制图》国家标准的部分内容:图纸幅面和格式、比例、字体、图线和尺寸注法以及绘制平面图形的基本方法。

　　本章学习的重点内容是掌握《技术制图》和《机械制图》国家标准的基本规定;掌握平面图形的尺寸分析、线段分析方法和尺寸标注。

　　本章学习的难点是平面图形的尺寸分析和线段分析方法以及尺寸标注。

复习思考题

1. 国家标准规定的图纸幅面有几种? 各种幅面大小之间有何规律?
2. 比例 1∶1,2∶1,1∶2 各表示什么? 可否使用 3∶1 的比例?
3. 字体的号数表示什么? 相邻两号字体的大小有何规律?
4. 国家标准规定机械图样中所使用的图线分几种宽度? 常用的粗实线、细虚线、细点画线、细双点画线和细实线的线宽各是多少?
5. 国家标准规定图样上线性尺寸数字的两种标注方法各有什么特点?
6. 圆的直径、圆弧的半径以及角度的注法各有什么特点?
7. 什么是斜度? ∠1∶5 表示什么?
8. 什么是锥度? ◁1∶5 表示什么?
9. 要保证图线光滑连接,其圆弧连接的作图关键是什么?
10. 平面图形的尺寸有哪几类? 什么是尺寸基准?
11. 平面图形的线段有哪几类? 绘图时各类线段的绘制顺序是什么?

第2章 绘图方法

图样是人类在生产实际中用于表达设计结果和交流设计思想的重要工具,也是生产中重要的技术文件。掌握正确的制图方法是提高绘图效率和绘图准确度的关键。按照使用工具划分,绘图方法有三种:仪器绘图、徒手绘图和计算机绘图。

2.1 仪器绘图

仪器绘图就是借助绘图仪器和工具进行手工绘图的绘图方法。常用的手工绘图仪器及工具有:图板、丁字尺、三角板、比例尺、圆规、分规、曲线板、铅笔、橡皮等,如图 2-1 所示。要提高绘图的准确性和效率,必须正确地使用各种绘图仪器,同时还必须掌握绘图的方法和步骤。

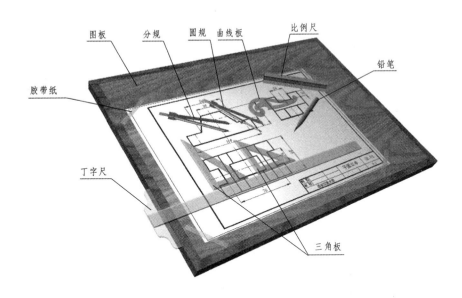

图 2-1 常用的手工绘图仪器及工具

2.1.1 绘图仪器和工具的使用方法

1. 图板、丁字尺和三角板的用法

图板是手工绘图的工作平台,其板面应平坦,用作导边的左侧边应平直。

丁字尺由尺头和尺身组成;绘图时,尺头的右侧应紧靠在图板的左侧边上下滑动,即可画水平线,如图 2-2(a)所示。

三角板有 30°(60°)和 45°两块,可以和丁字尺配合画垂直线,如图 2-2(b)所示。丁字尺和两块三角板配合可以画 15°角整倍数的斜线,如图 2-2(c)所示。

两块三角板配合还可以作已知线段的平行线和垂直线,如图 2-2(d)所示。

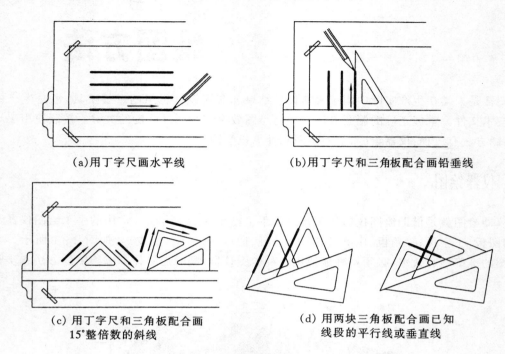

(a)用丁字尺画水平线　　　　　　　　　(b)用丁字尺和三角板配合画铅垂线

(c)用丁字尺和三角板配合画　　　　　　(d)用两块三角板配合画已知
　　　15°整倍数的斜线　　　　　　　　　　　线段的平行线或垂直线

图 2-2　图板、丁字尺和三角板的用法

2. 圆规的用法

圆规是用来画圆和圆弧的工具。它由针尖脚和铅芯脚组成。在使用前,应调整圆规的针尖脚,使其略长于铅芯脚,如图 2-3(a)所示;画圆时,针尖脚与铅芯脚均应垂直于纸面,如图 2-3(b)所示;一般情况下,圆规应按顺时针方向旋转画图,并稍向前倾斜,如图 2-3(c)所示。

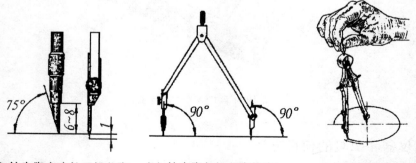

(a)针尖脚应略长于铅芯脚　　(b)针尖脚与铅芯脚均应　　　(c)圆规应按顺时针方向
　　　　　　　　　　　　　　　　垂直于纸面　　　　　　　　　旋转,并稍向前倾斜

图 2-3　圆规的用法

3. 分规和比例尺的用法

分规是用来量取尺寸、移置尺寸和等分线段的工具。分规两针尖要等长,合拢时要对准。使用时,要单手操作,调整间距,如图 2－4(a)和图 2－4(b)所示。

比例尺是刻有不同比例的直尺。其上的刻度不是尺子上的长度,而是在一定比例下对应的实际物体长度。通常做成三棱柱形,三个侧面上刻有不同的比例刻度供度量尺寸时选用。比例尺不可用来画线,一般用来在图样上直接度量尺寸,或通过分规从比例尺量取长度,如图 2－4(c)和图 2－4(d)所示。

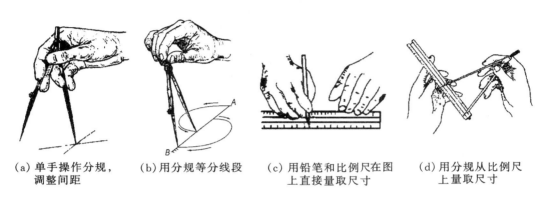

(a)单手操作分规, (b)用分规等分线段   (c)用铅笔和比例尺在图   (d)用分规从比例尺
　调整间距 　　　　　　　　　　　　　上直接量取尺寸 　　　　上量取尺寸

图 2－4   分规和比例尺的用法

4. 曲线板的用法

曲线板用来绘制非圆曲线。作图时先徒手用细线将各点连成曲线,然后选择曲线板上曲率合适的部分分段描绘。在画每一分段时,前后连接处应各有一小段重复,以保证所连各段曲线的光滑过渡,如图 2－5 所示。

5. 铅笔的削法

铅笔的铅芯可削成锥形或楔形,如图 2－6 所示。一般将 H、HB 型铅笔的铅芯削成锥形,用于画细线和写字;将 B 型铅笔的铅芯常削成楔形,用于画粗线。

图 2－5   曲线板的用法

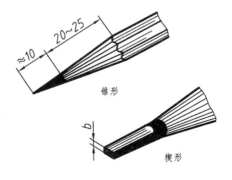

图 2－6   铅笔的削法

6. 擦图片的用法

擦图片由很薄的钢片（或塑料片）制成，其上刻有不同形状的镂空，如图 2-7 所示。利用擦图片可在密集的图形中擦去多余的图线，而不致于影响其相邻的图线。

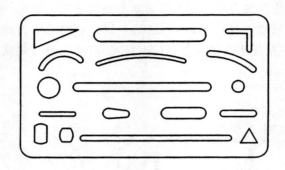

图 2-7　擦图片

2.1.2　仪器绘图的方法和步骤

要快速准确地绘制图样，除了正确使用绘图仪器和工具外，还应掌握绘图的方法和步骤。一般仪器绘图分为以下几个步骤。

1. 准备工作

画图前应先了解所画图样的内容和要求。准备好绘图用具，如丁字尺、三角板、绘图仪器，以及铅笔、小刀、橡皮、胶带和图纸等，并削好铅笔和圆规上的铅芯。

2. 选择比例和图纸幅面

根据所画图形的大小和复杂程度，按照国家标准选取合适的比例，并确定图纸幅面。

3. 固定图纸

图纸应用胶带固定在图板的左下方，并且使图纸下边与图板下边留有一定的距离。固定时图纸边应与丁字尺的上边平行。

4. 画图框及标题栏

按照国家标准规定的图框格式绘制图框，并在图框的右下角绘制标题栏。

5. 布置图形

根据每个图形的大小，确定各图形在图纸上的位置，使得图形之间的距离恰当，并留有足够的标注尺寸的空间。画出各图形的作图基准线。整张图面力求匀称、协调。

6. 绘制底稿

用 H 或 2H 铅笔轻轻画出图形底稿线。

注意：① 底稿线要细，但应清晰。② 画图形时应先画主要轮廓线，再画细节（如孔、槽、圆角等）。③ 底稿完成后应检查一遍，并擦去多余的图线。

7. 加深图形

用 B 或 2B 铅笔加深粗实线，用 HB 铅笔加深细线。加深图形的步骤与绘制底稿时不同。加深图形时应先加深细线，再加深粗实线，并按先曲线后直线，自上往下，自左到右的顺序进行。在加深粗实线时,应先将同一方向的直线加深完后,再加深另一方向的直线,一般先加深水平线和垂直线,再加深斜线。

8. 标注尺寸

按照国家标准规定,标注相应的尺寸。

9. 填写标题栏

仔细检查图纸后,填写标题栏内相应内容,完成全部绘图工作。

2.2　徒手绘图

徒手画图又称徒手绘制草图。根据目测估计物体各部分的尺寸比例,徒手绘制的图形,称作草图。一般在设计开始阶段,表达设计方案和技术交流,以及在现场测绘时,常用这种绘图方法。

2.2.1　徒手绘图的基本技巧

徒手绘图一般用 HB 铅笔,其铅芯应磨成锥形。为便于练习,可先在方格纸上进行。绘图时,手腕要悬空,小指接触纸面。一般图纸不固定,并且为了便于画图,还可以随时将图纸旋转适当的角度,如图 2-8 所示。

（a）　　　　　　　　　　　　　　（b）

图 2-8　徒手绘图的手法

一个物体的图形往往由直线、圆、圆弧以及椭圆等曲线组成,因此必须掌握徒手画各种线条的方法。

1. 直线的画法

画直线时,眼睛要注意线段的终点,以保证直线画得平直,方向准确。水平线一般自左向右画,垂直线由上向下画。对于具有 30°,45° 及 60° 角度的斜线,可根据两直角边的比例关系定出两端点,然后连接两点即可,如图 2-9 所示。

2. 圆的画法

画小圆时,可先徒手绘出两条相互垂直的中心线,定出圆心,再根据半径在中心线上截得四点,然后分段徒手将各点连接成圆,如图 2-10(a)所示。

当所画圆直径较大时,可过圆心再增画两条与水平成 45° 角的斜线,并在其上再取四点,然后分八段连接成圆,如图 2-10(b)所示。

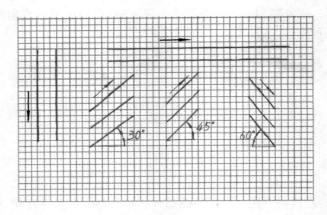

图 2-9　徒手画直线的方法

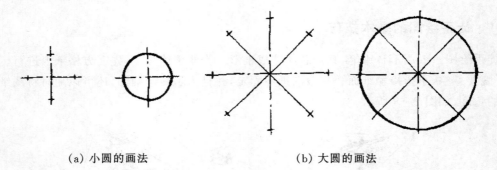

（a）小圆的画法　　　　　　　　　　（b）大圆的画法

图 2-10　徒手画圆的方法

3. 椭圆的画法

画椭圆时,可先根据椭圆的长、短轴长度,画出椭圆的外切矩形或菱形,然后作椭圆与矩形或菱形内切,如图 2-11 所示。

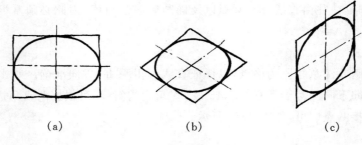

（a）　　　　　　　　　（b）　　　　　　　　　（c）

图 2-11　徒手画椭圆的方法

2.2.2　徒手绘图的方法和步骤

徒手绘图是工程技术人员必须具备的一项基本技能。除了了解徒手绘图的基本技巧外,还必须经过反复训练,才能提高徒手绘图的水平。

　　绘制草图尽管不使用绘图仪器,但切不可随意潦草,仍应做到图面整洁,图形正确,线型分明,比例匀称,字体工整。

　　绘制草图的步骤与仪器绘图基本相同。为了使所画图形能基本保持所表达物体的各部分比例关系,在绘制草图前,应先目测物体总长、总宽和总高的尺寸比例,然后再确定各细节部分之间的比例关系。由于草图是根据目测,大致比例画出的,因而草图的标题栏中不能填写比例。

　　图 2 - 12(a)为图 2 - 12(b)所示物体的草图。

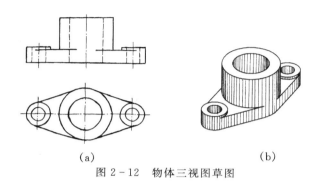

(a)　　　　　　　　　　　　　　　　(b)

图 2 - 12　物体三视图草图

2.3　计算机绘图

　　计算机绘图是利用计算机及其图形输入和输出设备,以及相应的绘图软件进行绘图的一种新型绘图方法。由于计算机具有计算速度快,信息处理能力强,修改、储存图形方便等优点,而且具有极高的绘图精度和效率,因此获得了广泛的应用。目前计算机绘图已成为机械、建筑、电子、航空航天、石油化工、广告装潢等工程设计领域不可缺少的辅助设计与绘图手段,是现代工程技术人员必须掌握的基本技能之一。

2.3.1　AutoCAD 2014 简介

　　AutoCAD 是美国 Autodesk 公司推出的交互式通用绘图软件系统。自 1982 年首次推出1.0 版本后,经过 30 多年应用和不断升级,使其在功能性、稳定性和操作性等方面日趋完善。目前 AutoCAD 以其良好的用户界面、完善的图形绘制与强大的图形编辑功能;较强的数据交换能力,可以进行多种图形格式的转换;开放的体系结构,易于进行二次开发,同时支持多种硬件设备和操作平台等特点,已成为最为流行的绘图软件之一。本书将以 AutoCAD 2014 中文版为例来介绍计算机绘图的方法。

　　1. AutoCAD 2014 界面

　　启动 AutoCAD 2014 后,系统将显示 AutoCAD 2014"欢迎"界面,如图 2 - 13 所示。

　　关闭 AutoCAD 2014"欢迎"界面,进入 AutoCAD 2014"草图与注释"界面,如图 2 - 14 所示。单击右下方状态栏中的"切换工作空间"按钮 ⚙,在弹出菜单中选择"AuoCAD 经典"命令,如图 2 - 15 所示,即可进入 AutoCAD 2014 经典界面。

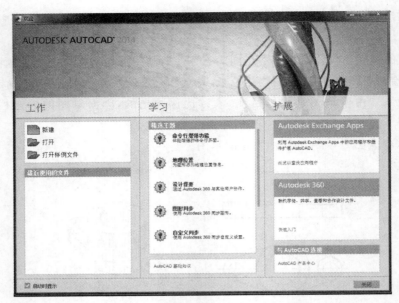

图 2-13 AutoCAD 2014"欢迎"界面

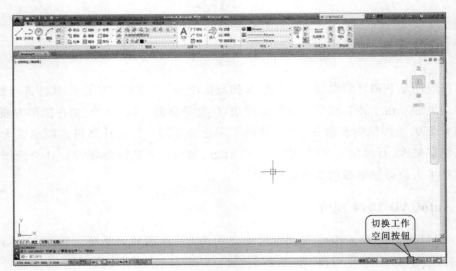

图 2-14 "草图与注释"界面

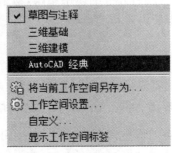

图 2-15 "切换工作空间"菜单

　　AutoCAD 2014 经典界面主要由标题栏、菜单栏、工具栏、绘图区、命令窗口、状态栏以及坐标系和十字光标等组成,如图 2-16 所示。

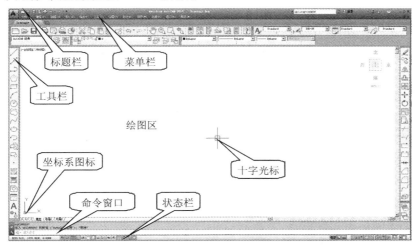

图 2-16　AutoCAD 2014 经典界面

　　标题栏:显示软件名称与版本以及当前图形文件名称,在标题栏左侧快速访问工具栏中提供【新建】、【打开】、【保存】、【打印】、【放弃】、【重做】等命令按钮用于快速管理与打印图形文件。

　　菜单栏:提供了 AutoCAD 的大部分命令,并将这些命令按照不同的类型分别组织在不同的下拉菜单中,通过逐层选择相应的下拉菜单可以激活 AutoCAD 命令或相应的对话框。在 AutoCAD 2014 中共有 12 个下拉菜单,分别为:【文件】、【编辑】、【视图】、【插入】、【格式】、【工具】、【绘图】、【标注】、【修改】、【参数】、【窗口】和【帮助】。凡是下拉菜单中有"▶"符号的菜单项,表示还有子菜单,如图 2-17 所示。凡是选择下拉菜单中有"…"符号的菜单项,则会打开一个对话框。

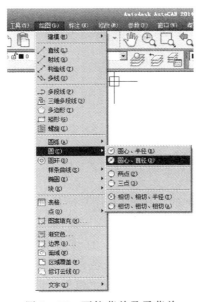

图 2-17　下拉菜单及子菜单

工具栏：是一些常用命令的集合，它由若干图标按钮组成。单击相应的图标按钮就可方便地激活相应的命令。在 AutoCAD 2014 中共有 52 个工具栏，默认界面一般只显示【标准】、【样式】、【工作空间】、【图层】、【特性】、【绘图】、【修改】7 个工具栏，其余的工具栏可通过【工具】下拉菜单中的【工具栏】选项打开工具栏子菜单，利用子菜单打开或关闭某一工具栏。或在任意一个工具栏上单击鼠标右键，从弹出的快捷菜单中选择需要的工具栏即可，如图 2-18 所示。

图 2-18　利用下拉菜单或快捷菜单选择工具栏

绘图区：绘图区是 AutoCAD 的工作区域，用户所绘制和编辑的图形在该区域内显示。绘图区没有边界，利用视窗功能可使绘图区域任意增大或缩小。一般默认绘图区的背景色为黑色，用户可以从【工具】下拉菜单中点击"选项"，打开选项对话框，点击【显示】选项卡中的"颜色"按钮，通过图形窗口颜色对话框来改变背景色，如图 2-19 所示。

绘图区底部设有模型和布局选项卡，可以在"模型空间"与"图纸空间"两种不同的工作环境之间进行切换。选择"模型"选项卡进入模型空间，可进行二维图形与三维模型设计；选择

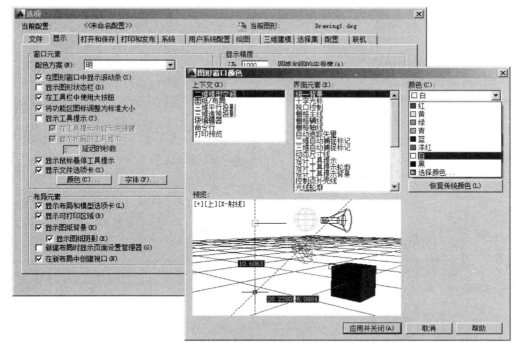

图 2-19　改变绘图区背景色

"布局"选项卡进入图纸空间,可以设置带有不同标题栏和注释的布局,并根据图纸需要创建显示模型空间的不同视图和缩放比例的布局视口。

　　命令窗口:是用户输入命令和 AutoCAD 显示提示符和信息的地方。当用户在命令窗口中看见"命令"提示符后,即标志着 AutoCAD 准备接受命令。用户输入一个命令后,按照提示区给出的提示进行选项的确定和参数的输入,即可完成相应的命令操作。

　　状态栏:用来显示或设置当前的工作状态。左侧数字反映当前光标所在位置的坐标值,此外是控制绘图方式的功能按钮,如捕捉模式、栅格显示、正交模式、极轴追踪、对象捕捉、对象捕捉追踪和线宽显示等功能开关。

　　坐标系图标与光标:坐标系图标表示当前绘图时所使用的坐标系形式。光标是软件运行时指示工作位置。当光标位于绘图区时为十字光标,中间小方框为靶框,当它移动到菜单栏和工具栏时将变成箭头。十字光标和靶框的大小,可通过"选项"对话框中【绘图】选项卡设置,如图 2-20 所示。

　　2. 命令的输入方法

　　AutoCAD 2014 提供工具栏图标按钮、下拉菜单和键盘输入三种命令输入方式。

　　(1)利用工具栏图标按钮输入

　　利用工具栏图标按钮是 AutoCAD 最简便的命令输入方式,单击工具栏上的图标按钮就可输入相应的命令。

　　(2)利用下拉菜单输入

　　打开菜单栏相应的菜单项,从下拉菜单或下拉子菜单中单击选中的条目即可输入相应的命令。

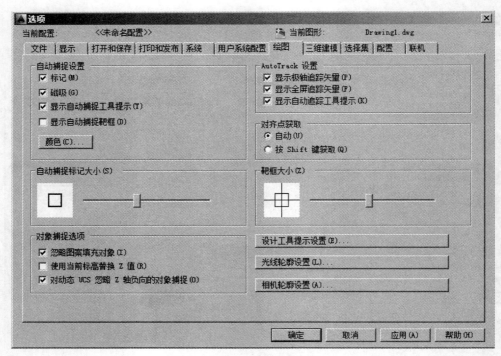

图 2-20　改变十字光标的大小

（3）利用键盘输入

在命令行窗口中的"命令"提示下输入相应的命令后回车即可执行该命令。例如：

命令：line	（Line 表示画直线段命令）
指定第一点：100,200	（提示输入直线段的起始点）
指定下一点或［放弃（U）］：200,200	（提示输入直线段的下一点）
指定下一点或［放弃（U）］：	（提示输入直线段的下一点,如用回车响应,则结束命令）

（4）重复命令的输入

如需重复执行刚执行过的命令,可以在命令提示状态下直接回车即可,或在绘图区单击鼠标右键,选择快捷菜单中的"重复"命令。

（5）命令的中止

在命令执行过程中,只需按下"Esc"键即可结束正在执行的命令。

3. 数据的输入方法

在执行 AutoCAD 命令时,系统经常会提示输入某些数据,如坐标点、直径（或半径）、距离和角度等,因此有必要了解 AutoCAD 中数据的输入方法。

（1）点的输入

点的输入实际上是输入点的坐标,AutoCAD 2014 提供了四种点的输入方法。

① 利用键盘输入:是通过键盘输入点的坐标值,又称坐标输入法。

坐标输入分为三种：

绝对坐标 x,y	（x,y 分别表示 X 和 Y 方向的绝对坐标值）；
相对坐标 @Δx,Δy	（Δx,Δy 分别表示 X 和 Y 方向相对于前一点的坐标增量）；

极坐标 @ R < α （R 表示两点间的距离，α 表示两点间的连线与 X 轴正方向之间的夹角）；

② 利用光标在屏幕上拾取点：在系统提示输入点时，也可用鼠标拖动绘图区中的十字光标到需要的位置直接点击鼠标左键来输入点，点击鼠标时光标的位置即为输入点的坐标值。

③ 利用对象捕捉确定点：在绘制图形时，经常会遇到有些点的位置有赖于其他一些特殊点的位置，若用坐标输入法就很难满足其要求，而用光标直接在屏幕上拾取点，又不能保证点的精确位置，这时可利用对象捕捉或对象追踪捕捉的方式迅速而精确地确定所需要点的位置。关于对象捕捉的方法将在 2.2.4 节中详细介绍。

④ 利用极轴追踪法确定点：打开状态栏中的【正交】或【极轴】，利用正交或极轴锁定方向，将光标移动到需要的方向后，输入一个长度即可确定点的位置。关于正交和极轴将在 2.2.4 节中详细介绍。

（2）角度的输入

AutoCAD 中所用的角度一般以"度"为单位（也可以选用其他单位），系统默认 X 轴的正方向角度为零，并且角度的增加是以逆时针方向来计算的。

角度的输入有两种方法：

① 通过键盘直接输入角度数值。例如：输入 30°，则只需在指定角度提示符下输入"30"即可。

② 由起始点和终止点所确定的方向与 X 轴的正方向的夹角来确定角度。

（3）距离和其他数据的输入

当系统提示要求输入距离、数量或半径、直径等数据时，可以直接从键盘输入相应的数值。

4. 对象的选择方法

在进行图样的编辑修改时，经常需要从所绘图形中选择某些要进行操作的对象（如直线、圆、圆弧、文字等），此时十字光标变成一个小方框（又称拾取框）。AutoCAD 提供了多种选择对象的方式，本书只介绍一些常用的选择方式。

（1）直接点选方式

将拾取框移动到需要选取的对象上点击鼠标，此时该对象以虚线方式显示，表明其已被选中，如图 2-21(a)所示。

（2）窗口方式

当系统出现"选择对象"提示时，键入"W"并回车，则系统会提示"指定第一个角点"，将拾取框移动到图中空白处点击鼠标，则系统会提示"指定对角点"，再将光标移动到另一位置点击鼠标，系统会自动以这两点作为矩形的对角点，确定一个矩形窗口，此时完全落在此两点所确定的矩形范围内的对象均被选中。例如图 2-21(b)中三角形被选择。

（3）交叉窗口方式

当系统出现"选择对象"提示时，键入"C"并回车，则系统同样会提示"指定第一个角点"和"指定对角点"，此时不仅完全落在此两点所确定的矩形范围内的对象均被选中外，而且与窗口边界相交的对象也将被选中。例如图 2-21(c)中圆和三角形均被选中。

（4）默认窗口方式

当系统出现"选择对象"提示时，如果将拾取框移动到图中空白处点击鼠标，则系统会提示"指定对角点"，此时若对角点在第一点的右下方，则系统默认为是"窗口方式"，若对角点在第一点的左上方，则系统默认为是"交叉窗口方式"。

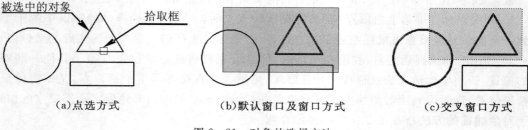

(a)点选方式　　　　　　　　(b)默认窗口及窗口方式　　　　　　(c)交叉窗口方式

图 2-21　对象的选择方法

5. 图层、颜色、线型和线宽的设置

图层是将图形信息分类进行组织管理的有效工具之一。在 AutoCAD 中,图层可以看作是叠加在一起的一系列没有厚度的透明玻璃纸,各图层之间的基准点完全对齐。在绘制图样时,用户可以根据需要设置若干个图层,并对每个图层设置相应的图层名、颜色、线型、线宽及打印式样,对于颜色、线型和线宽等属性相同的对象可放在同一层上,这既便于管理,又可节省存储空间。同时,还可通过图层控制开关来控制各层的显示、冻结、锁定、打印等,从而方便绘图和编辑。

设置图层需打开【图层特性管理器】,激活【图层特性管理器】有以下几种方式:

① 通过【格式】下拉菜单中的【图层】;

② 通过【对象特性】工具栏中的【图层】按钮,如图 2-22 所示;

③ 在命令提示行输入"Layer"并回车。

在弹出的【图层特性管理器】对话框中,可进行创建图层、设置各图层特性和状态等操作,如图 2-23 所示。

点击 按钮可创建用户需要的新图层。

图 2-22　利用工具栏激活

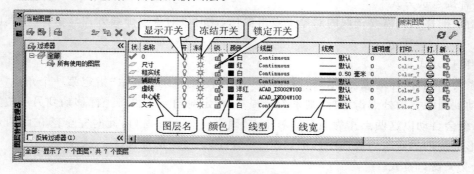

图 2-23　【图层特性管理器】对话框

点击 按钮可删除未被参照的选定图层。

点击 按钮可将选定图层设置为当前图层。

在对话框中,用户可以设置当前图层的名称、颜色、线型和线宽,也可以通过点击颜色图标打开【选择颜色】对话框设置颜色,如图 2-24 所示;或点击线型图标打开【选择线型】对话框来设置线型。当【选择线型】对话框中没有需要的线型时,可点击【选择线型】对话框中的【加载】

按钮打开【加载或重载线型】对话框,从中选择需要的线型,如图 2 – 25 所示。

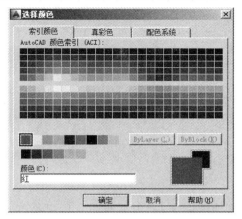

图 2 – 24　【选择颜色】对话框

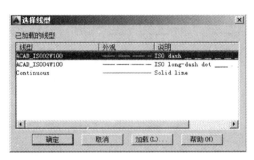　

（a）【选择线型】对话框　　　　　　　（b）【加载或重载线型】对话框

图 2 – 25　【选择线型】和【加载或重载线型】对话框

6. 图形的显示与缩放

在进行设计绘图时,经常需要能够在有限的计算机屏幕中显示设计的整体或局部细节,为此 AutoCAD 提供了一系列显示命令,以便于设计和绘图。

显示命令只改变图形在屏幕上的显示大小和显示位置,而并未改变图形的实际大小和实际的空间位置。常用的显示命令有以下几种。

（1）实时缩放（ZOOM）

ZOOM 命令如同摄象机的变焦镜头,图形随着光标的移动而缩放。

（2）实时平移（PAN）

PAN 命令可改变图形在窗口中的位置,而不改变图形的显示大小。PAN 命令移动的只是图形视口,并非真正改变图形的空间位置。

（3）窗口缩放（ZOOM）

窗口缩放时,系统会提示定义窗口的两个对角点,AutoCAD 将把两对角点所确定的矩形范围内的图形放大到全屏。

关于显示命令还有许多,如“比例缩放”、“范围缩放”、“缩放为上一个”等,在此不一一介绍。显示命令可通过【视图】下拉菜单中的【缩放】和【平移】来激活。也可以通过标准工具栏的右侧有四个显示命令按钮或缩放工具栏来激活,如图 2 – 26 所示。

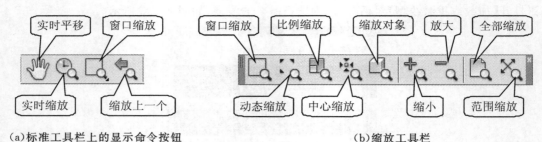

(a)标准工具栏上的显示命令按钮　　　　　　　　　　　　　(b)缩放工具栏

图 2-26　显示命令按钮和缩放工具栏

2.3.2　常用绘图命令

AutoCAD 提供了丰富的绘图命令,利用这些命令可以绘制出各种基本图形。在 Auto-CAD 2014 的【绘图】工具栏中提供了最常用的基本绘图命令,如图 2-27 所示。

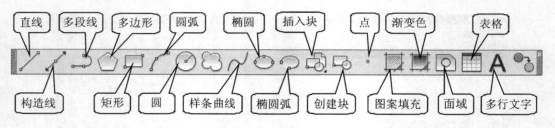

图 2-27　【绘图】工具栏

下面介绍一些常用的绘图命令(其中插入块和创建块命令用法参见 8.7 节;图案填充命令用法参见 6.6 节)。

1. 直线(LINE) ⟋

直线命令用来绘制直线段。激活 LINE 命令,并给出直线的起点和若干个终点,就可以画出一系列相连的线段。

例如绘制图 2-28 所示图形,只要执行如下操作。

命令:_line 指定第一点:100,100　　　　　　　　　　　　(定 A 点的绝对坐标)

指定下一点或 [放弃(U)]:200,100　　　　　　　　　　　(定 B 点的绝对坐标)

指定下一点或 [放弃(U)]:200,150　　　　　　　　　　　(定 C 点的绝对坐标)

指定下一点或 [闭合(C)/放弃(U)]:@-40,30　　　　　(用相对坐标定 D 点的位置)

指定下一点或 [闭合(C)/放弃(U)]:@-60,0　　　　　(用相对坐标定 E 点的位置)

指定下一点或 [闭合(C)/放弃(U)]:C　　　　　　　　　(输入 C 表示封闭图形)

2. 构造线(XLINE) ⟋

构造线是既无起点又无终点的无限长直线,即几何意义上的真正直线。在作图时,常被用作辅助线,图形制作完成后,常被删除或隐藏。激活 XLINE 命令,按照提示选择适当的选项,就可以画出水平线、垂直线或与水平方向成一定角度的直线等。

3. 多段线(PLINE)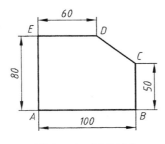

多段线是由多个直线段和圆弧段相连成的一个单一对象。激活 PLINE 命令,按照提示选择适当的选项,就可以画出不同线宽的直线、圆弧或封闭图形。

例如:绘制图 2-29 所示图形,可按如下步骤操作。

图 2-28 画直线段　　　　　图 2-29 画带圆弧的多段线

命令:_pline

指定起点:　　　　　　　　　　　　　　　　(用光标任意确定 A 点位置)

当前线宽为 0.0000

指定下一点或〔圆弧(A)/闭合(C)/半宽(H)/长度(L)/放弃(U)/宽度(W)〕:W

　　　　　　　　　　　　　　　　　　　　　　(设置线宽)

指定起点宽度 <0.0000>:2　　　　　　　　(设置起点线宽为2)

指定端点宽度 <2.0000>:　　　　　　　　(回车,确认端点线宽也为2)

指定下一点或〔圆弧(A)/闭合(C)/半宽(H)/长度(L)/放弃(U)/宽度(W)〕:@80,0

　　　　　　　　　　　　　　　　　　　　　　(输入下一点 B)

指定下一点或〔圆弧(A)/闭合(C)/半宽(H)/长度(L)/放弃(U)/宽度(W)〕:A

　　　　　　　　　　　　　　　　　　　　　　(画圆弧)

指定圆弧的端点或〔角度(A)/圆心(CE)/闭合(CL)/方向(D)/半宽(H)/直线(L)/半径(R)/第二点(S)/放弃(U)/宽度(W)〕:@0,60　　(指定圆弧端点C)

指定圆弧的端点或〔角度(A)/圆心(CE)/闭合(CL)/方向(D)/半宽(H)/直线(L)/半径(R)/第二点(S)/放弃(U)/宽度(W)〕:L　　(画直线)

指定下一点或〔圆弧(A)/闭合(C)/半宽(H)/长度(L)/放弃(U)/宽度(W)〕:@-80,0

　　　　　　　　　　　　　　　　　　　　　　(输入下一点 D)

指定下一点或〔圆弧(A)/闭合(C)/半宽(H)/长度(L)/放弃(U)/宽度(W)〕:C

　　　　　　　　　　　　　　　　　　　　　　(封闭图形)

4. 多边形(POLYGON)

多边形命令可以绘制 3 到 1024 条边的正多边形。

例如:绘制已知外接圆直径的正五边形,操作步骤如下:

命令:_polygon 输入边的数目 <4>:5　　　　(指定多边形边数为5)

指定多边形的中心点或〔边(E)〕:　　　　　　(定多边形的中心)

输入选项〔内接于圆(I)/外切于圆(C)〕<I>:　　(输入"I"表示用内接圆方式画图)

指定圆的半径:30　　　　　　　　　　　　　　(指定外接圆半径为30)

除了利用多边形内接于圆绘图(I方式)外,还可以利用多边形外切于圆(C方式)或多边形的边长(E方式)来绘图,图2-30为采用三种不同方式所绘制的多边形。

I方式   C方式   E方式

图2-30　绘制正多边形的三种方式

5. 矩形(RECTANGLE)

矩形命令是通过给定矩形的两个对角点的坐标来绘制矩形。激活 RECTANGLE 命令后,按照提示选择适当的选项,还可绘制带有倒角和圆角的图形,如图2-31所示。

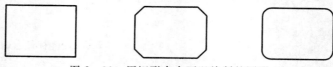

图2-31　用矩形命令可以绘制的图形

6. 圆(CIRCLE)

AutoCAD 2014 提供了6种绘制圆的方法。除了利用"圆心-半径"(或"圆心-直径")画圆外,还可以利用"两点"(两点间的距离即为圆的直径)、"三点"、"相切-相切-半径"或"相切-相切-相切"画圆。

【例2-1】　已知圆心和半径画圆。

命令:_circle 指定圆的圆心或 [三点(3P)/两点(2P)/相切、相切、半径(T)]:　(确定圆心)

指定圆的半径或 [直径(D)]:20　　　　　　　　　　　　　　　　　　　　　　　　(指定圆半径)

【例2-2】　作直径为50的两已知圆的外切圆,如图2-32所示(图中 O_1 和 O_2 为已知圆)。

命令:_circle

指定圆的圆心或 [三点(3P)/两点(2P)/切点、切点、半径(T)]:t (选择相切—相切—半径方式)

指定对象与圆的第一个切点:　(用光标自动捕捉 O_1 的切点 P_1,如图2-32(a))

指定对象与圆的第二个切点:　(用光标自动捕捉 O_2 的切点 P_2,如图2-32(b))

指定圆的半径:25　　　　(输入圆半径值,回车)

命令执行后的图形如图2-32(c)所示。

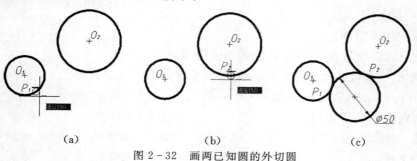

(a)   (b)   (c)

图2-32　画两已知圆的外切圆

7. 圆弧（ARC）

AutoCAD 2014 提供了 11 种绘制圆弧的方法，如图 2－33 所示。

图 2－33　画圆弧的 11 种方法

【例 2－3】　已知起点、圆心和终点画圆弧，如图 2－34(a)所示。

命令：_arc 指定圆弧的起点或［圆心（CE）］：　　　　　　　　　（定起点）

指定圆弧的第二点或［圆心（CE）/端点（EN）］：c　　　（输入"C"表示定圆心）

指定圆弧的圆心：　　（定圆心位置）

指定圆弧的端点或［角度（A）/弦长（L）］：　　　　　　（指定终点 B）

注意：用此方法画圆弧时，起点到圆心的距离即为圆弧半径，而且圆弧是以起点 A 开始按逆时针方向画弧，但圆弧不一定通过终点。

【例 2－4】　已知起点、圆心和角度画圆弧，如图 2－34(b)所示。

命令：_arc 指定圆弧的起点或［圆心（CE）］：　　　　　　　　　（定起点）

指定圆弧的第二点或［圆心（CE）/端点（EN）］：c　　　（输入"C"表示定圆心）

指定圆弧的圆心：　　　　　　　　　　　　　　　　（定圆心位置）

指定圆弧的端点或［角度（A）/弦长（L）］：a　　　　（输入"A"表示定圆心角）

指定包含角：－150　　　　　　　　　　（输入圆心角，负角度表示顺时针画弧）

注意：用此方法画圆弧时，正角度按逆时针方向画弧，负角度按顺时针方向画弧。

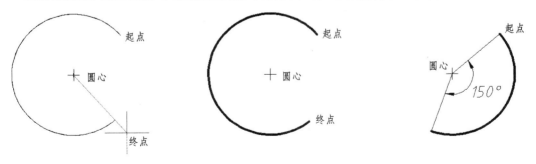

（a）起点、圆心、终点画弧　　　　　　　　　　（b）起点、圆心、角度画弧

图 2－34　常用的画圆弧的两种方法

8. 椭圆(ELLIPSE) 和椭圆弧

AutoCAD 2014 提供的椭圆和椭圆弧命令可绘制椭圆或椭圆弧。

在绘制椭圆时,最常用的方法有以下两种,如图 2-35 所示。

利用圆心和椭圆一个轴端点及另一个半轴长度画图。

利用椭圆一个轴的两个端点及另一个半轴长度画图。

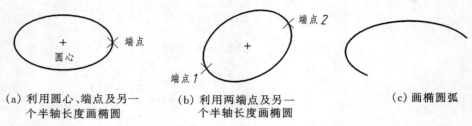

(a) 利用圆心、端点及另一   (b) 利用两端点及另一   (c) 画椭圆弧
　个半轴长度画椭圆　　　　　个半轴长度画椭圆

图 2-35　利用椭圆或椭圆弧命令画椭圆和椭圆弧

9. 多行文字(MTEXT) A

文字是图样中不可缺少的内容,在尺寸标注、图纸说明、注释、填写技术要求和标题栏时,均需要标注文字。AutoCAD 提供了很强的文字处理能力,可对中、西文字体进行标注和编辑。

由于国家标准中对于图样中文字的字体和高度有明确的要求,因此在文本标注之前,首先要对文字的样式进行设置。通过【格式】下拉菜单中的【文字样式】命令可打开【文字样式】对话框,如图 2-36 所示。在此对话框中可对文字的字体、字高、宽度系数、倾斜角度等进行设置。

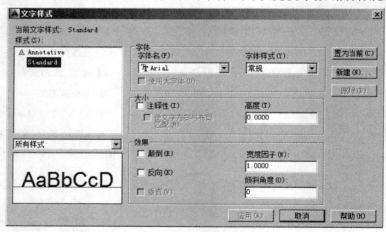

图 2-36　【文字样式】对话框

在图 2-36 所示的对话框中默认的文字样式名为 STANDARD 的文字样式设置,用户可以通过【新建】按钮打开【新建文字样式】对话框来建立新的文字样式名。例如,可以将文字样式名定为"国标字体",如图 2-37 所示。

图 2-37　【新建文字样式】对话框

　　AutoCAD 2014 提供了多种字体,可以通过【字体名】右侧的"▼"符号打开下拉列表从中选取。为设置符合我国国标的字体,可将字体选为"gbeitc",同时选中【使用大字体】复选框,并将【大字体】选项选为"gbcbig",如图 2-38 所示。

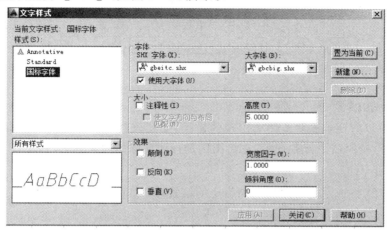

图 2-38　设置符合国标的文字样式

　　将设置好的"国标字体"置为当前字体,就可进行文字输入。激活多行文字命令后,命令行提示如下:

　　命令:_mtext

　　当前文字样式:"样式 1"　文字高度:2.5　注释性:否

　　指定第一角点:　　　　　　　　　　　　　　(单击鼠标确定文字区域角点)

　　指定对角点或 [高度(H)/对正(J)/行距(L)/旋转(R)/样式(S)/宽度(W)/栏(C)]:

　　　　　　　　　　　　　　　　　　　　　　(单击鼠标确定文字区域另一角点)

　　此时会弹出【多行文字编辑器】对话框,通过该对话框可对文字的字体、字高、对齐方式、行距等特性进行设置,并通过其文字输入窗口输入文字内容,如图 2-39 所示。输入完相应的文字内容,点击"确定"按钮,即可退出"多行文字编辑器"对话框图,并在屏幕上显示刚才输入的文字内容,如图 2-40 所示。

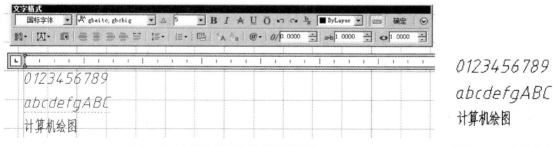

图 2-39　【多行文字编辑器】对话框　　　　　　　　　　图 2-40　多行文字

2.3.3　常用编辑命令

　　在绘制图样时,经常需要对某些图形进行修改,AutoCAD 2014 中的各种编辑命令可实现此功能。AutoCAD 2014 的修改工具条提供了常用的编辑命令,如图 2-41 所示。

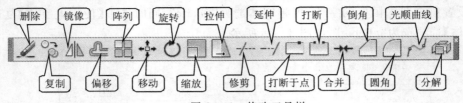

图 2-41　修改工具栏

1. 删除(ERASE)

删除命令可以方便地删除绘图中出现的错误,如同仪器绘图中用橡皮擦除错误一样。激活 ERASE 命令,按照命令行的提示,在绘图区选择要删除的对象后,按回车键即可。

2. 复制(COPY)

复制命令可以将选定的对象复制到指定的位置,而原对象不受任何影响。

【例 2-5】　将图 2-42(a)中的圆复制到 B 处。

命令:_copy

选择对象:找到 1 个　　　　　　　　　　　　　　　　(选择圆)

选择对象:　　　　　　　　　　　　　　　　　　　　(回车,表示选择完毕)

当前设置:复制模式 = 多个

指定基点或[位移(D)/模式(O)][<位移>:　　　　　(用对象捕捉方法捕捉圆心 A)

指定第二个点或[阵列(A)]<使用第一个点作为位移>:@50,0　(输入 B 点的相对坐标)

指定第二个点或[阵列(A)/退出(E)/放弃(U)]<退出>:(回车,结束命令)

复制命令执行前后的图形如图 2-42 所示。

　　　　(a) 复制命令执行前　　　　　　　　　　　(b) 复制命令执行后

图 2-42　复制命令执行前后图形的比较

3. 镜像(MIRROR)

镜像命令可以将选定的对象沿一条指定的镜像线进行对称拷贝,常用于绘制对称图形。

【例 2-6】　将图 2-43(a)中的图形以垂直点画线为镜像线进行镜像复制。

命令:_mirror

选择对象:指定对角点:找到 10 个　　　　　　　　(利用窗选将垂直点画线除外的所有对象选中)

选择对象:　　　　　　　　　　　　　　　　　　　(回车,表示选择完毕)

指定镜像线的第一点:指定镜像线的第二点:　　　　(选择垂直点画线的两个端点)

是否删除源对象?[是(Y)/否(N)]<N>:　　　　　(回车选默认值,表示不删除原对象)

命令执行前后的图形如图 2-43 所示。

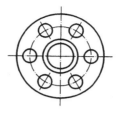

（a）镜像命令执行前　　　　　　　　（b）镜像命令执行后

图 2-43　镜像命令执行前后图形的比较

4. 偏移（OFFSET）

偏移命令可以生成相对于已有对象的平行直线、平行曲线、同心圆或多边形。

【例 2-7】　将图 2-44（a）中的图形以 10mm 的距离进行偏移。

命令：_offset

当前设置：删除源＝否　图层＝源 OFFSETGAPTYPE＝0

指定偏移距离或［通过（T）/删除（E）/图层（L）］＜通过＞：10　　　（给定偏移距离为 10）

选择要偏移的对象，或［退出（E）/放弃（U）］＜退出＞：　　　　（选择曲线）

指定要偏移的那一侧上的点，或［退出（E）/多个（M）/放弃（U）］＜退出＞：

（在曲线左侧任选一点确定偏移方向）

选择要偏移的对象，或［退出（E）/放弃（U）］＜退出＞：　　　　（选择圆）

指定要偏移的那一侧上的点，或［退出（E）/多个（M）/放弃（U）］＜退出＞：

（在圆内部任选一点确定偏移方向）

选择要偏移的对象，或［退出（E）/放弃（U）］＜退出＞：　　　　（选择直线）

指定要偏移的那一侧上的点，或［退出（E）/多个（M）/放弃（U）］＜退出＞：

（在直线右侧任选一点确定偏移方向）

选择要偏移的对象，或［退出（E）/放弃（U）］＜退出＞：　　　（回车，结束命令）

命令执行前后的图形如图 2-44 所示。

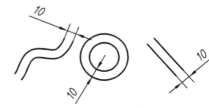

（a）偏移命令执行前　　　　　　　　（b）偏移命令执行后

图 2-44　偏移命令执行前后图形的比较

5. 移动（MOVE）和旋转（ROTATE）

移动命令是将选定对象从当前位置移动到一个新位置，而不改变图形的大小和方向。旋转命令是将选定对象统一指定点旋转一定的角度。

【例 2-8】　将图 2-45(a)中的圆移动到中心线交点处。

命令：_move

选择对象：找到 1 个　　　　　　　　　　　　　　　（选择圆）

选择对象：　　　　　　　　　　　　　　　　　　　（回车，表示选择完毕）

指定基点或［位移(D)］＜位移＞：　　　　　　　　（用对象捕捉方法捕捉圆心）

指定第二个点或 ＜用第一个点作为位移＞：　　　　（用对象捕捉方法捕捉中心线交点）

移动命令执行前后的图形如图 2-45 所示。

（a）移动命令执行前　　　　　　　　　（b）移动命令执行后

图 2-45　移动命令执行前后图形的比较

【例 2-9】　将图 2-46(a)中的六边形绕圆心旋转 90°。

命令：_rotate

UCS 当前的正角方向：ANGDIR＝逆时针　　　　　ANGBASE＝0

选择对象：找到 1 个　　　　　　　　　　　　　　　（选择六边形）

选择对象：　　　　　　　　　　　　　　　　　　　（回车，表示选择完毕）

指定基点：　　　　　　　　　　　　　　　　　　　（用对象捕捉方法捕捉圆心）

指定旋转角度，或［复制(C)/参照(R)］＜0＞：90　（输入角度数值，正角度表示逆时针旋转）

旋转命令执行前后的图形效果如图 2-46 所示。

（a）旋转命令执行前　　　　　　　（b）旋转命令执行后

图 2-46　旋转命令执行前后图形的比较

6. 阵列(ARRAY)

阵列命令可以将选定的对象生成按一定规律排列的相同的图形。单击"阵列"命令按钮，在弹出的下拉工具栏中分别选择"矩形阵列"、"路径阵列"或"环形阵列"，或在"修改"下拉菜单中通过"阵列"子菜单选择"矩形阵列"、"路径阵列"或"环形阵列"选项，即可启动相应的阵列命令。

【例 2-10】　将图 2-47(a)中的图形以行间距为 80，列间距为 100 进行 2 行 3 列矩形阵列的方式进行排列。

命令：_arrayrect　　　　　　　　　　　　　　　　（单击按钮，激活矩形阵列命令）

选择对象：指定对角点：找到 2 个　　　　　　　　（通过窗口选择方式，选择六边形和圆）

选择对象：　　　　　　　　　　　　　　　　　　　（回车，表示选择完毕）

类型 ＝ 矩形　关联 ＝ 是

选择夹点以编辑阵列或［关联（AS）/基点（B）/计数（COU）/间距（S）/列数（COL）/行数
（R）/层数（L）/退出（X）］＜退出＞：r　　　　　　　　（输入"r"选择输入"行数"）

　　输入行数数或［表达式（E）］＜3＞：2　　　　　　（输入行数 2,并回车）

　　指定 行数 之间的距离或［总计（T）/表达式（E）］＜49.8263＞：80

　　　　　　　　　　　　　　　　　　　　　　　　　（输入行间距 80,并回车）

　　指定 行数 之间的标高增量或［表达式（E）］＜0＞：　（回车,选择默认值）

选择夹点以编辑阵列或［关联（AS）/基点（B）/计数（COU）/间距（S）/列数（COL）/行数
（R）/层数（L）/退出（X）］＜退出＞：col　　　　　（输入"col"选择输入"列数"）

　　输入列数数或［表达式（E）］＜4＞：3　　　　　　（输入列数 3,并回车）

　　指定 列数 之间的距离或［总计（T）/表达式（E）］＜57.5345＞：100

　　　　　　　　　　　　　　　　　　　　　　　　　（输入列间距 100,并回车）

选择夹点以编辑阵列或［关联（AS）/基点（B）/计数（COU）/间距（S）/列数（COL）/行数
（R）/层数（L）/退出（X）］＜退出＞：　　　　　　　（回车,结束命令）

矩形阵列命令执行后的图形效果如图 2-47(b)所示。

　　（a）要进行阵列的对象　　　　（b）矩形阵列最终效果

图 2-47 进行矩形阵列前后图形效果的比较

　　注意:行、列之间的偏移距离以向右和向上为正。如阵列的方向向左或向下,则应在相应
偏移数值前加"-"号即可。

　　【例 2-11】　将图 2-48(a)中的图形以 A 点为中心进行数目为 6 的环形阵列。

命令：_arraypolar　　　　　　　　　　　　（单击 ⊞ 按钮,激活环形阵列命令）

选择对象：指定对角点：找到 2 个　　　　　　（通过窗口选择方式,选择三角形和圆）

选择对象：　　　　　　　　　　　　　　　　（回车,表示选择完毕）

类型 ＝ 极轴　关联 ＝ 是

　　指定阵列的中心点或［基点（B）/旋转轴（A）］：　（用对象捕捉方法捕捉阵列中心 A 点）

选择夹点以编辑阵列或［关联（AS）/基点（B）/项目（I）/项目间角度（A）/填充角度（F）/行
（ROW）/层（L）/旋转项目（ROT）/退出（X）］＜退出＞：i　（输入"i"选择输入"项目数"）

　　输入阵列中的项目数或［表达式（E）］＜6＞：8　　（输入项目数 8,并回车）

选择夹点以编辑阵列或［关联（AS）/基点（B）/项目（I）/项目间角度（A）/填充角度（F）/行
（ROW）/层（L）/旋转项目（ROT）/退出（X）］＜退出＞：f　（输入"f"选择输入"填充角度"）

　　指定填充角度（＋＝逆时针、－＝顺时针）或［表达式（EX）］＜360＞：

　　　　　　　　　　　　　　　　　　　　　　　　　（回车,选择默认值）

选择夹点以编辑阵列或［关联（AS）/基点（B）/项目（I）/项目间角度（A）/填充角度（F）/行

(ROW)/层(L)/旋转项目(ROT)/退出(X)]<退出>：rot　(输入"rot"选择输入"旋转项目")

是否旋转阵列项目？[是(Y)/否(N)]<是>：　　　　　　　　(回车,选择默认值)

选择夹点以编辑阵列或[关联(AS)/基点(B)/项目(I)/项目间角度(A)/填充角度(F)/行(ROW)/层(L)/旋转项目(ROT)/退出(X)]<退出>：　　　　　(回车,结束命令)

环形阵列命令执行后的图形效果如图2-48(b)所示。如果"是否旋转阵列项目?"输入为"N",则生成的环形阵列最终效果如图2-48(c)所示。

注意：① 项目数包含要进行阵列的对象本身。

　　　　② 除了利用项目总数和填充角度确定环形阵列外,还可通过设置"项目间角度"来确定项目的阵列范围。

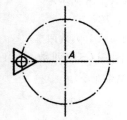  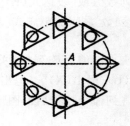

(a)要进行环形阵列的对象　(b)旋转阵列项目时阵列效果　(c)不旋转阵列项目时阵列效果

图2-48 进行环形阵列前后图形效果的比较

【例2-12】 将图2-49(a)中的图形以沿曲线路径进行数目为3的路径阵列。

命令：_arraypath　　　　　　　　　　　　　　(单击 [⟳] 按钮,激活环形阵列命令)

选择对象：指定对角点：找到2个　　　　　　(通过窗口选择方式,选择六边形和圆)

选择对象：　　　　　　　　　　　　　　　　(回车,表示选择完毕)

类型 ＝ 路径　关联 ＝ 是

选择路径曲线：　　　　　　　　　　　　　　(点击曲线,选择路径)

选择夹点以编辑阵列或[关联(AS)/方法(M)/基点(B)/切向(T)/项目(I)/行(R)/层(L)/对齐项目(A)/Z方向(Z)/退出(X)]<退出>：i　(输入"i"选择输入"项目数")

指定沿路径的项目之间的距离或[表达式(E)]<96.0795>：120

　　　　　　　　　　　　　　　　　　　　　(输入项目之间距离并回车)

最大项目数 ＝ 4

指定项目数或[填写完整路径(F)/表达式(E)]<4>：3

　　　　　　　　　　　　　　　　　　　　　(输入项目数为3)

选择夹点以编辑阵列或[关联(AS)/方法(M)/基点(B)/切向(T)/项目(I)/行(R)/层(L)/对齐项目(A)/Z方向(Z)/退出(X)]<退出>：a　(输入"a"选择输入"项目对齐方式")

是否将阵列项目与路径对齐？[是(Y)/否(N)]<是>：

　　　　　　　　　　　　　　　　　　　　　(回车,选择默认值)

选择夹点以编辑阵列或[关联(AS)/方法(M)/基点(B)/切向(T)/项目(I)/行(R)/层(L)/对齐项目(A)/Z方向(Z)/退出(X)]<退出>：　　　　　(回车,结束命令)

路径阵列命令执行后的图形效果如图2-49(b)所示。如果"是否将阵列项目与路径对齐?"输入为"N",则生成的路径阵列效果如图2-49(c)所示。

 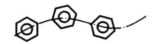 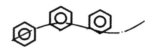

（a)阵列对象与曲线路径   （b)阵列项目与路径对齐时效果   （c)阵列项目与路径不对齐时效果

图 2-49 进行路径阵列前后图形效果的比较

7. 修剪(TRIM) 和延伸(EXTEND)

修剪命令可以将对象上超出边界(可以是直线、圆弧、圆等)的多余部分剪切掉。

延伸命令可以将非封闭对象(如直线、圆弧等)的一个或两个端点延伸到指定的边界(可以是直线、圆弧、圆等)。

【例 2-13】 将图 2-50(a)中的五角星修改成图 2-50(c)所示的图形。

命令：_trim

当前设置：投影＝UCS,边＝无

选择剪切边…

选择对象或 ＜全部选择＞：指定对角点：找到 5 个   (用窗选方式选择五条边为切边)

选择对象：   (回车,表示选择完毕)

选择要修剪的对象,或按住 Shift 键选择要延伸的对象,或

[栏选(F)/窗交(C)/投影(P)/边(E)/删除(R)/放弃(U)]：

                                            (选择被剪切的边,如图 2-50(b)所示)

…   (依次选择被剪切的各边)

选择要修剪的对象,或按住 Shift 键选择要延伸的对象,或

[栏选(F)/窗交(C)/投影(P)/边(E)/删除(R)/放弃(U)]：

                                            (回车,结束命令)

 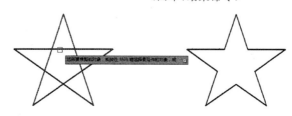

（a) 待修剪的对象   （b)选择被剪切的边   （c)修改后的效果

图 2-50 进行剪切前后图形效果的比较

注意：每个对象既可以作为剪切边修剪其他对象,而且也可以作为被修剪边被其他剪切边修剪。

【例 2-14】 将图 2-51(a)中的图形修改成图 2-51(c)所示的图形。

命令：_extend

当前设置：投影＝UCS,边＝无

选择边界的边…

选择对象或 ＜全部选择＞：找到 1 个   (选择左侧线段为延伸边界)

选择对象：   (回车,表示选择完毕)

选择要延伸的对象,或按住 Shift 键选择要修剪的对象,或

［栏选(F)/窗交(C)/投影(P)/边(E)/放弃(U)］：   （选择要延长的边,如图 2-51(b)所示）

…   （依次选择要延长的各边）

选择要延伸的对象,或按住 Shift 键选择要修剪的对象,或

［栏选(F)/窗交(C)/投影(P)/边(E)/放弃(U)］：   （回车,结束命令）

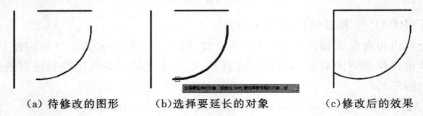

（a）待修改的图形   （b）选择要延长的对象   （c）修改后的效果

图 2-51 进行延伸前后图形效果的比较

8. 倒角(CHAMFER) 和圆角(FILLET)

倒角命令可以对相交(或隐含相交)的两直线倒角。圆角命令可以用指定半径的圆弧光滑连接两相交线段。

【例 2-15】 将图 2-52(a)中相交的两直线进行倒角。

命令：_chamfer

（"修剪"模式）当前倒角距离 1 = 0.0000,距离 2 = 0.0000

选择第一条直线或［放弃(U)/多段线(P)/距离(D)/角度(A)/修剪(T)/方式(E)/多个(M)］：d   （设置距离）

指定 第一个 倒角距离 <0.0000>：20   （指定第一条边倒角距离）

指定 第二个 倒角距离 <20.0000>：10   （指定第二条边倒角距离）

选择第一条直线或［放弃(U)/多段线(P)/距离(D)/角度(A)/修剪(T)/方式(E)/多个(M)］：   （选择第一条边 L1）

选择第二条直线,或按住 Shift 键选择直线以应用角点或［距离(D)/角度(A)/方法(M)］：   （选择第二条边 L2）

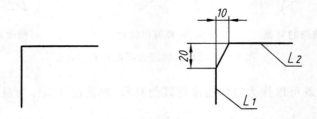

（a）倒角命令执行前   （b）倒角命令执行后

图 2-52 倒角命令执行前后图形的比较

【例 2-16】 用半径为 20mm 的圆弧光滑连接图 2-53(a)中相交的两直线。

命令：_fillet

当前设置：模式 = 修剪,半径 = 0.0000

选择第一个对象或[放弃(U)/多段线(P)/半径(R)/修剪(T)/多个(M)]：r
　　　　　　　　　　　　　　　　　　　　　　　　　　　　（设置圆角半径）

指定圆角半径＜0.0000＞：20　　　　　　　　　　　　　　　　（指定圆角半径为 20）
选择第一个对象或[放弃(U)/多段线(P)/半径(R)/修剪(T)/多个(M)]：
　　　　　　　　　　　　　　　　　　　　　　　　　　　　（选择第一条边）

选择第二个对象，或按住 Shift 键选择对象以应用角点或[半径(R)]：（选择第二条边）

（a）圆角命令执行前　　　　（b）圆角命令执行后

图 2-53　圆角命令执行前后图形的比较

当将倒角距离设为 0（或圆角距离设为 0）时，可直接使两线段相交在一起，并修剪掉多余的线段，如图 2-54 所示。

（a）倒角（或圆角）命令执行前　　　　（b）倒角（圆角）命令执行后

图 2-54　距离（或半径）为 0 时，倒角（或圆角）命令执行前后图形的比较

2.3.4　辅助作图工具

　　为了提高绘图速度和精度，AutoCAD2014 提供了一系列有效的辅助绘图工具，如捕捉、栅格、正交、极轴追踪、对象捕捉和对象追踪等。通过【工具】下拉菜单中的"绘图设置"或在状态栏中的相应的图标按钮上单击鼠标右键可打开"草图设置"对话框，如图 2-55 所示。

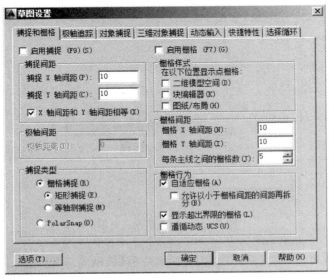

图 2-55　【草图设置】对话框

在【草图设置】对话框中有【捕捉和栅格】、【极轴追踪】、【对象捕捉】、【三维对象捕捉】、【动态输入】、【快捷特性】和【选择循环】七个选项卡。通过不同的选项卡可进行不同设置。

1. 栅格(GRID)▦ 和捕捉(SNAP)▦

单击状态栏中的栅格按钮,在绘图区会出现许多间距相同的栅格,使用户在绘图时有一个参考的基准,如图 2-56 所示。注意栅格不影响最终打印出图的效果,其间距可以通过【草图设置】对话框进行设置。

单击状态栏中的捕捉按钮,则打开栅格捕捉功能。此时光标在绘图区不能连续移动,当捕捉间距与栅格间距相同时,光标只能在栅格交点上阶跃地跳动。

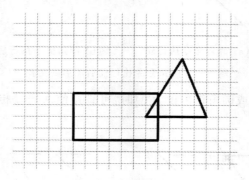

图 2-56 绘图区的栅格

2. 正交模式(ORTHO)▙

单击状态栏中的正交按钮,可打开正交模式。此时在绘制图形或移动(复制)图形时,光标只能沿水平或垂直方向移动。一般常在正交模式下绘制水平线或垂直线。

3. 极轴追踪(POLAR TRACKING)◪

极轴追踪可以根据所给定的角度快速定位。单击状态栏中的极轴追踪按钮,可打开极轴追踪功能。在极轴追踪方式下绘图时,一旦光标移动到接近设定的增量角或增量角的倍数角时,就会出现对齐路径(虚线射线)和提示,如图 2-57 所示,此时,可以在该对齐路径方向上拾取一点,或直接输入该方向上的距离。

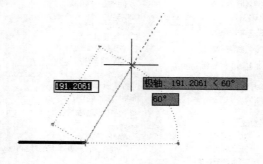

图 2-57　对齐路径和提示

极轴追踪的角度可以通过【草图设置】对话框中的【极轴追踪】选项卡进行设置,如图 2-58 所示。

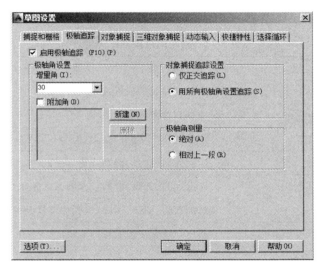

图 2-58　在【草图设置】对话框中设置极轴角度

4. 对象捕捉(Object Snap)

利用对象捕捉功能可以迅速地精确获取现有几何对象上的几何特征点,如圆心、线段的端点和中点、圆和圆弧的切点等。

单击状态栏中的对象捕捉按钮,可打开对象捕捉功能。对象捕捉的类型可以通过【草图设置】对话框中的【对象捕捉】选项卡进行设置,如图 2-59 所示。也可以在需要某种类型特征点时,单击【对象捕捉】工具栏上的相应按钮。【对象捕捉】工具栏如图 2-60 所示。

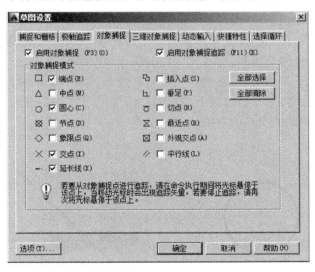

图 2-59　在【草图设置】对话框中设置捕捉类型

图 2-60　【对象捕捉】工具栏

常用的对象捕捉类型如表 2-1 所示

表 2-1　常用的对象捕捉类型

图　标	对象捕捉名称	作　用
	捕捉到端点	捕捉到对象的最近端点
	捕捉到中点	捕捉到对象的中点
	捕捉到交点	捕捉到几何对象的交点
	捕捉到圆心	捕捉到圆、圆弧、椭圆或椭圆弧的中心点
	捕捉到象限点	捕捉到圆、圆弧、椭圆或椭圆弧的象限点
	捕捉到切点	捕捉到圆、圆弧、椭圆、椭圆弧或样条曲线的切点
	捕捉到垂足	捕捉到垂直于选定几何对象的点
	捕捉到平行线	可约束新线段与选定线性对象平行
	捕捉到最近点	捕捉到对象上的最近点
	捕捉到延长线	捕捉到圆弧或直线的延长线上的点
	无捕捉	禁止对当前选择执行对象捕捉
	对象捕捉设置	设置执行对象捕捉模式

5. 对象捕捉追踪(OTRACK)

对象捕捉追踪可以沿着基于对象捕捉点的辅助线方向进行定位。单击状态栏中的对象捕捉追踪按钮,可打开对象追踪功能。

在对象捕捉追踪模式下,当系统要求输入一个点时,可将光标移动到某一几何对象的几何特征点上停留片刻,在该点会出现一个"+",此时表示该点已被捕捉到。当再将光标从该点移开,就会出现一条过此点的水平、垂直或以一定角度倾斜的临时辅助线。此时,可以在该辅助线方向上拾取一点,或直接输入该方向上的距离。图 2-61 表示了捕捉过圆心的水平辅助线与过直线端点的垂直辅助线交点的方法。

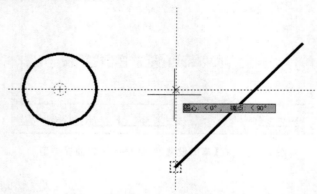

图 2-61　利用对象追踪定位点

2.3.5　综合举例

利用 AutoCAD2014 绘制图 2-62 所示的平面图形(不标注尺寸)。

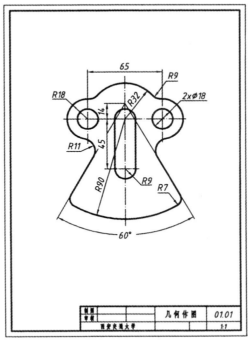

图 2-62　平面图形

作图步骤如下：

1. 新建一个无样板文件

单击新建命令按钮,弹出"选择样板"对话框,如图 2-63 所示。点击"打开"按钮旁边的"▼"打开图 2-64 所示的下拉选项,选择"无样板打开-公制(M)",则建立了一个公制单位的无样板文件。

图 2-63　"选择样板"对话框

图 2-64　新建一个无样板文件

2. 设置图层、颜色和线型

单击"图层特性管理器" 按钮,在弹出的"图层特性管理器"对话框中按图 2 - 65 所示,设置图层、颜色和线型。

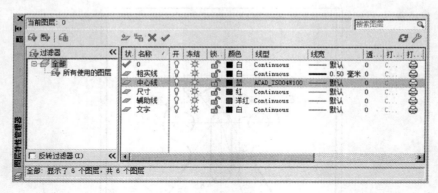

图 2 - 65　设置图层、颜色和线型

3. 绘制图框(如图 2 - 66 所示)

①在 0 层利用矩形命令绘制 A4 图幅(210×297)

命令:_rectang

指定第一个角点或[倒角(C)/标高(E)/圆角(F)/厚度(T)/宽度(W)]:0,0

指定另一个角点或[面积(A)/尺寸(D)/旋转(R)]:@210,297

②将"粗实线"层置为当前层,利用矩形命令绘制 A4 图框

命令:_rectang

指定第一个角点或[倒角(C)/标高(E)/圆角(F)/厚度(T)/宽度(W)]:5,5

指定另一个角点或[面积(A)/尺寸(D)/旋转(R)]:@205,292

4. 绘制标题栏(如图 2 - 67 所示)

①将 0 层置为当前层,利用直线命令绘制标题栏基准线,如图 2 - 68 所示。

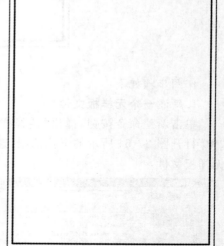

图 2 - 66　A4 图框

命令:_line

指定第一个点:　　　　　　　　　　　　(用光标任选一点)

指定下一点或[放弃(U)]:22　　　　　　(利用极轴追踪法确定第二点,画出线段 A)

指定下一点或[放弃(U)]:140　　　　　　(利用极轴追踪法确定第二点,画出线段 B)

指定下一点或[闭合(C)/放弃(U)]:　　　(回车,结束命令)

②利用偏移命令画出标题栏中其它图线,如图 2 - 69 所示。

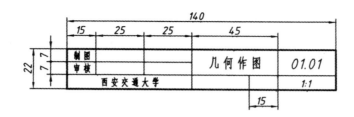

图 2-67　标题栏

图 2-68　绘制标题栏基准线　　　　　　　图 2-69　利用偏移命令画标题栏横线

命令：_offset

当前设置：删除源＝否 图层＝源 OFFSETGAPTYPE＝0

指定偏移距离或[通过(T)/删除(E)/图层(L)]＜通过＞：7　　　(给出偏移距离)

选择要偏移的对象，或[退出(E)/放弃(U)]＜退出＞：　　　(选择要偏移的对象线段 B)

指定要偏移的那一侧上的点，或[退出(E)/多个(M)/放弃(U)]＜退出＞：

　　　　　　　　　　　　　　　　　　　(在线段 B 下方点击鼠标，得到线段 C)

选择要偏移的对象，或[退出(E)/放弃(U)]＜退出＞：　　　(选择线段 C)

指定要偏移的那一侧上的点，或[退出(E)/多个(M)/放弃(U)]＜退出＞：

　　　　　　　　　　　　　　　　　　　(在线段 C 下方点击鼠标，得到线段 D)

选择要偏移的对象，或[退出(E)/放弃(U)]＜退出＞：　　　(回车，结束命令)

重复执行偏移命令，依次画出所有图线，如图 2-70 所示。

③利用修剪命令修剪掉图 2-70 中多余的图线，完成标题栏，如图 2-71 所示。

当前设置：投影＝UCS，边＝无

选择剪切边...

选择对象或 ＜全部选择＞：找到 1 个　　　　　　　(选择线段 D)

选择对象：找到 1 个，总计 2 个　　　　　　　　(选择线段 E)

选择对象：　　　　　　　　　　　　　　　　(回车，表示选择完毕)

选择要修剪的对象，或按住 Shift 键选择要延伸的对象，或

[栏选(F)/窗交(C)/投影(P)/边(E)/删除(R)/放弃(U)]：

　　　　　　　　　　　　　　　　(依次选择线段Ⅰ、线段Ⅱ、线段Ⅲ和Ⅳ)

...

选择要修剪的对象，或按住 Shift 键选择要延伸的对象，或

[栏选(F)/窗交(C)/投影(P)/边(E)/删除(R)/放弃(U)]：　　　(回车，结束命令)

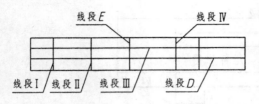

图 2-70   利用偏移命令画标题栏

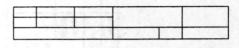

图 2-71   利用修剪命令完成标题栏

④将"文字"层置为当前层,填写标题栏中的文字,再将标题栏上、下、左、右四条外框线置于"粗实线"层,绘制完成的标题栏如图 2-67 所示。

⑤利用移动命令将标题栏移动到图框右下角,完成图 2-62 所示的图框和标题栏图形。

5. 绘制平面图形

(1)绘制作图基准线

首先,将"辅助线"层置为当前层,根据平面图形大小进行布局,利用结构线命令画出左右对称中心线和过 ∅18 圆心的水平线。然后,再利用偏移命令绘出其它基准线,如图 2-72 所示。

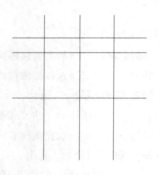

图 2-72   绘制作图基准线

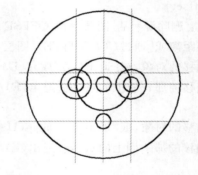

图 2-73   画圆

(2)绘制平面图形

将"粗实线"层置为当前层,按照图 2-62 给出的尺寸画出图 2-73 所示的圆。然后,将极轴角增量设置为 30°,绘制直线段,如图 2-74 所示。

利用修剪命令修剪掉多余图线,修剪后图形如图 2-75 所示。

利用圆角命令画圆角,得到图 2-76 所示的图形。擦除多余图线,得到图 2-77 所示图形。

(3)完成平面图形

将"中心线"层置为当前层,画出中心线,然后关闭"辅助线"层,完成图 2-62 所示的平面图形。

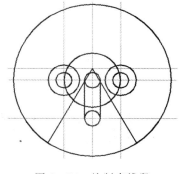

图 2-74　绘制直线段

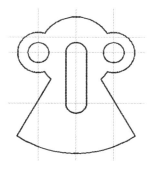

图 2-75　修剪图形

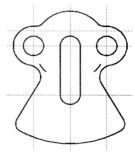

图 2-76　画圆角

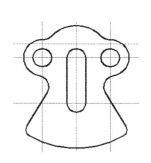

图 2-77　擦除多余图线

小　结

工程制图是一门实践性很强的课程,制图基本知识和技能是绘图的重要基础。本章主要介绍仪器绘图、徒手绘图和计算机绘图的基本方法。

本章学习的重点是:掌握仪器绘图、计算机软件绘图的基本方法和技能。

本章学习的难点是:熟练掌握仪器绘图的基本方法和技能;熟练掌握用 AutoCAD 绘图软件绘制平面图形的基本方法。

复习思考题

1. 制图有几种方法,分别是什么?
2. 仪器绘图的步骤是什么?
3. 丁字尺与三角板如何配合使用?
4. 什么叫草图? 在什么情况下需绘制草图?
5. 计算机绘图系统应具备那些基本功能?
6. 交互绘图软件 AutoCAD 有那些特点?
7. AutoCAD 有几种命令输入方式,各是什么?
8. 如何理解图层概念? 利用图层绘图有什么优点?
9. 点的坐标有哪几种输入方式?
10. 直线与多段线两种画线命令有什么不同?

第 3 章
正投影法基础

投影法是用二维图形表示三维物体的基本方法。本章主要介绍投影法的基本概念,三视图的形成及其投影规律,立体三视图的画法和尺寸注法,基本几何元素的投影分析,利用AutoCAD绘制立体的三视图。

3.1 投影法概述

3.1.1 投影法的基本概念

众所周知,空间物体在灯光或在日光的照射下,就会在地面或墙壁上出现该物体的影子,制图中采用的投影法与这种自然现象类似。

投影法是投射线通过物体,向选定的面(投影面)投射,并在该面上得到图形的方法。图 3-1 表示,先建立一个投影面 P 和不在该平面内的一点 S(投射中心),空间物体 △ABC 上任一点 A 与投射中心 S 的连线 SA 称为投射线;SA 与投影面 P 的交点 a 称为点 A 在投影面 P 上的投影。同理,可作出点 B,C 和 △ABC 在投影面 P 上的投影 b,c 和 △abc。

根据投影法所得到的图形称为**投影**(投影图)。

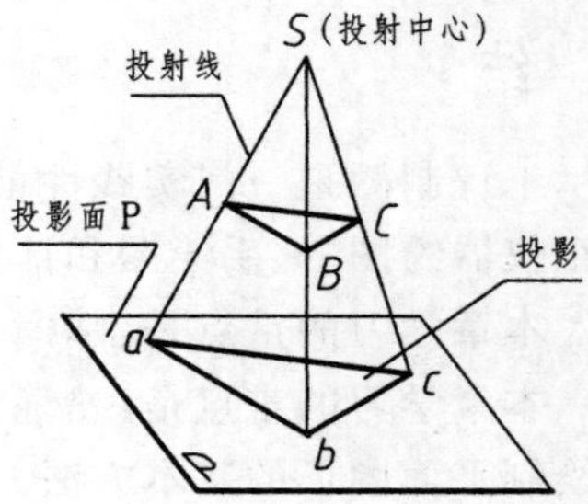

3.1.2 投影法分类

图 3-1 中心投影法

投影法分为两大类:中心投影法和平行投影法。

1. 中心投影法

投射线汇交于一点的投影法称为**中心投影法**,如图 3-1 所示。中心投影法常用于绘制建筑物的透视图等。

2. 平行投影法

若投射中心位于无限远处,所有投射线相互平行的投影法称为**平行投影法**,如图 3-2 所示。按投射方向与投影面是否垂直,平行投影法分为正投影法和斜投影法两种。

①**正投影法** 投射线与投影面相垂直的平行投影法称为**正投影法**,如图 3-2(a)所示。根据正投影法所得到的图形称为**正投影**(正投影图)。

②**斜投影法** 投射线与投影面相倾斜的平行投影法称为**斜投影法**,如图 3-2(b)所示。

根据斜投影法所得到的图形称为**斜投影**(斜投影图)。

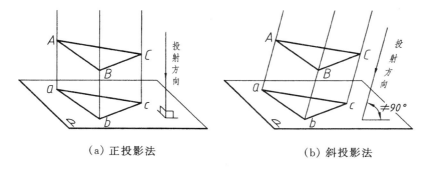

　　　　(a) 正投影法　　　　　　　　　　　(b) 斜投影法

图 3-2　平行投影法

　　机械图样除了后面介绍的斜二等轴测图(详见 5.3 节)是采用斜投影法绘制外,都是采用正投影法绘制的。为了方便叙述,本书后面常把正投影简称为**投影**。

3.1.3　平面和直线的投影特点

　　正投影法中,物体上的平面和直线的投影有以下三个投影特点:

　　1. 实形性

　　当物体上的平面和直线平行于投影面时,平面的投影反映平面图形的真实形状,直线的投影反映直线段的实长,如图 3-3(a)。

　　2. 积聚性

　　当物体上的平面和直线垂直于投影面时,平面的投影积聚成为一直线,直线的投影积聚成为一点,如图 3-3(b)。

　　3. 类似性

　　当物体上的平面和直线倾斜于投影面时,平面的投影为缩小的类似形(特点是:投影面积缩小,但图形的基本特征不变。如多边形的投影边数不变等),直线的投影仍为直线,但长度缩短,如图 3-3(c)。

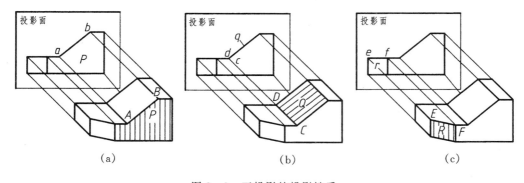

　　(a)　　　　　　　　　　　(b)　　　　　　　　　　　(c)

图 3-3　正投影的投影性质

　　从上述平面和直线的投影特点可以看出:绘制物体的投影时,为了使投影反映物体表面的真实形状,并使画图简便,应该让物体上尽可能多的平面和直线平行或垂直于投影面。

3.2　三投影面体系及三视图的投影规律

3.2.1　三投影面体系

　　从图 3-4 可以看出,空间两个形状不同的物体,在同一投影面上的投影却是相同的,这就说明仅有一个投影是不能准确地表示物体形状的。因此,要使投影图能确切而唯一地反映物体的空间形状,有必要建立一个多投影面体系。通常把物体放在三个互相垂直的平面所组成的投影面体系中(简称三投影面体系),这样就可得到物体的三面投影。

　　如图 3-5 所示,由三个互相垂直的平面把空间分成八个部分,每部分称为一个**分角**,依次为Ⅰ、Ⅱ、Ⅲ、Ⅳ、Ⅴ、Ⅵ、Ⅶ、Ⅷ 分角。我国国家标准规定:绘制技术图样应优先采用第一角画法,即将物体置于第一分角内进行投射。本书以介绍第一角投影为主,以后凡不作特别说明的投影都是第一角投影。

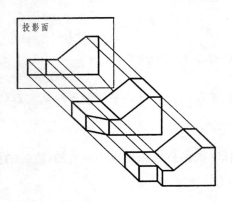

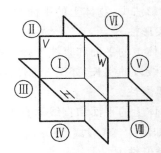

图 3-4　一个投影不能确定物体的空间形状　　　　　　　图 3-5　三投影面体系

3.2.2　三视图的形成及其投影规律

　　在三投影面体系中,三个投影面分别称为**正面投影面**(简称正面,用 V 表示)、**水平投影面**(简称水平面,用 H 表示)、**侧面投影面**(简称侧面,用 W 表示)。物体在这三个投影面上的投影分别称为**正面投影、水平投影和侧面投影**。

　　绘图时,通常把互相平行的投射线看做是无限远处观察者的视线。投影时,将物体置于观察者与投影面之间,并把物体在每个投影面上的正投影称为视图。机械图样中的图形就是机件的多面正投影面。《机械制图》国家标准规定:物体的正面投影称为**主视图**,水平投影称为**俯视图**,侧面投影称为**左视图**。国家标准还规定:在视图中,物体的可见轮廓线用粗实线表示,不可见的轮廓线用细虚线表示,如图 3-6(a)的左视图所示。

　　为了使三个视图能画在一张图纸上,国家标准规定:V 面保持不动,H 面绕 V 面和 H 面的交线向下旋转 90°后与 V 面重合;W 面绕 V 面和 W 面的交线向后旋转 90°后与 V 面重合,如图 3-6(b)所示。这样就得到在同一平面上的三视图,如图 3-6(c)所示。为了便于画图和看图,在三视图中不画投影面的边框线,各视图之间的距离可根据图纸幅面适当确定,也不注写视图的名称,如图 3－6(d)所示。

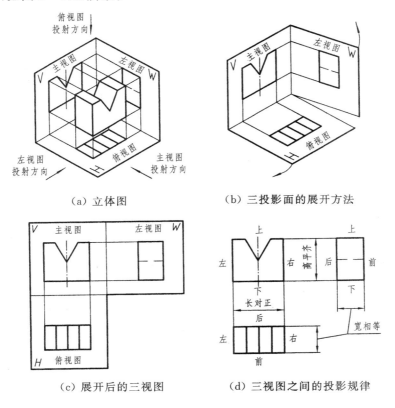

（a）立体图　　　　　　　　　　　（b）三投影面的展开方法

（c）展开后的三视图　　　　　（d）三视图之间的投影规律

图 3－6　三视图的形成及其投影规律

　　由于三个视图表示的是同一物体,因此三视图是不可分割的一个整体。根据三个投影面的相对位置及其展开的规定,三视图的位置关系是:以主视图为基准,俯视图在主视图的正下方,左视图在主视图的正右方。如果把物体左右方向度量的尺寸称为**长**,前后方向度量的尺寸称为**宽**,上下方向度量的尺寸称为**高**,那么,主视图和俯视图都反映了物体的长度,主视图和左视图都反映了物体的高度,俯视图和左视图都反映了物体的宽度。因此,三视图之间存在着下述关系:

　　主视图和俯视图:长对正;

　　主视图和左视图:高平齐;

　　俯视图和左视图:宽相等。

　　"长对正、高平齐、宽相等"是三视图之间的投影规律,不仅适用于整个物体的投影,也适用于物体中的每一局部的投影。例如,图3－6中物体 V 型缺口的三个投影,也同样符合这一投影规律。在应用这一投影规律画图和看图时,必须特别注意物体的前后位置在视图上的反映:在俯视图和左视图中,靠近主视图的一边都反映物体的后面,远离主视图的一边则反映物体的前面。因此,在根据"宽相等"作图时,不但要注意量取尺寸的起点,而且要注意量取尺寸的方向。

　　下面举例说明物体三视图的画法。

【例3－1】　画出图3－7所示物体的三视图。

解　分析

这个物体是在长方体的左上方切去一角，左端中部开了一个方槽后形成的。

作图

①画切去左上角物体的三视图（图3－8(a)）先画反映切角形状特征的主视图，然后根据投影规律画出俯、左视图。

②画左端方槽的三视图（图3－8(b)）由于构成方槽的三个平面的水平投影都积聚成直线，反映了方槽的形状特征，所以应先画出其水平投影，根据俯视图画左视图时，要注意量取尺寸的起点和方向。

③检查并清理底稿后加深三视图（图3－8(c)）。

图3－7

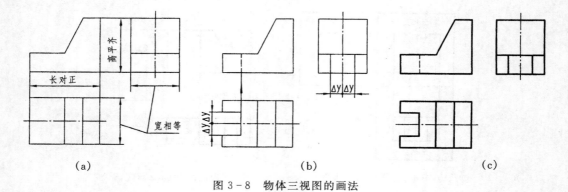

　　　(a)　　　　　　　　　　　　(b)　　　　　　　　　　　　(c)

图3－8　物体三视图的画法

3.3　立体三视图的画法和尺寸注法

根据立体表面的性质，立体可分为平面立体和曲面立体两种。常见的基本几何体有棱柱、棱锥、圆柱、圆锥、球和圆弧回转体，如图3－9所示。

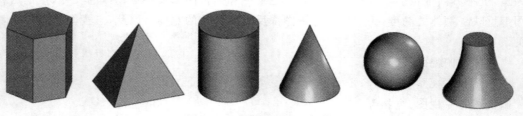

图3－9　常见的基本几何体

3.3.1　平面立体三视图的画法

表面由平面组成的立体，称为平面立体。平面立体的形状是多种多样的，但常见的基本平面立体只有两种：**棱柱**和**棱锥**。棱柱和棱锥是由棱面和底面围成的实体，相邻两棱面的交线称为**棱线**，棱柱的各棱线互相平行，常见的有正四棱柱和正六棱柱；而棱锥的所有棱线汇交于锥顶，常见的有正三棱锥和正四棱锥。底面和棱面的交线就是底面的**边**。

1. 基本平面立体三视图的画法

画基本平面立体的投影图,实质上是画所有棱线和底边的投影,并判别可见性。

下面以表 3-1 中的正六棱柱和四棱锥为例,说明基本平面立体的三视图及画图步骤。

表 3-1　基本平面立体的三视图及画图

	立体图	画图步骤 1	画图步骤 2	画图步骤 3
正六棱柱	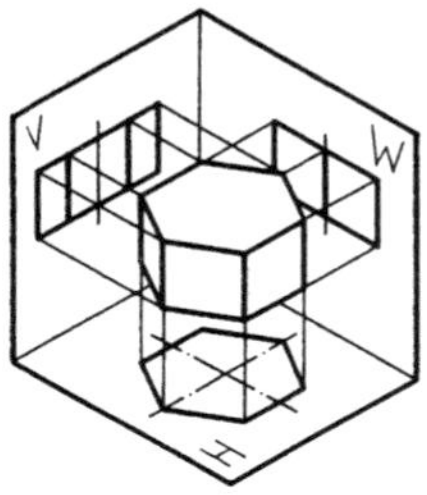	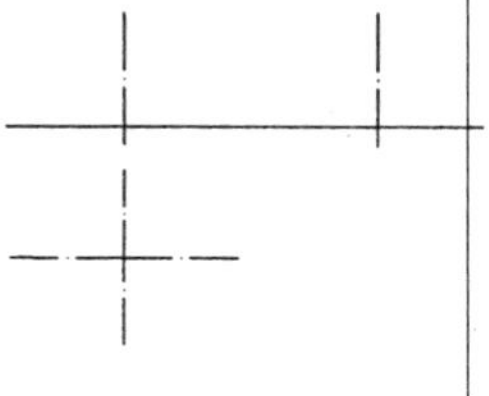	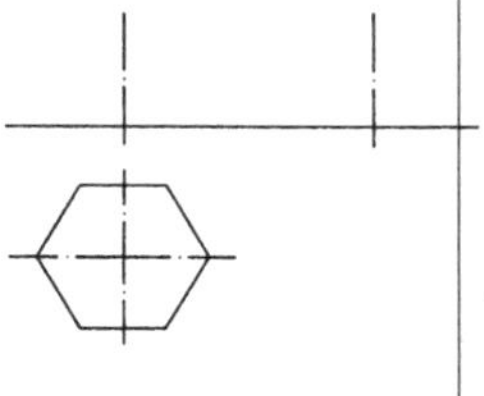	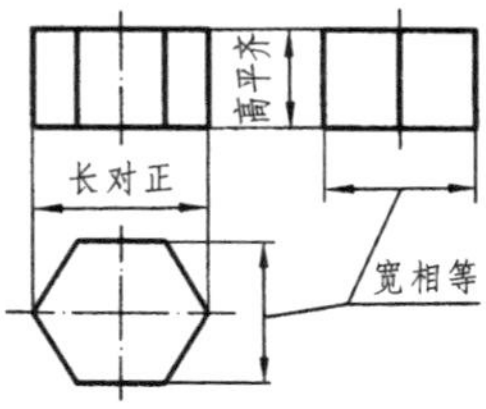
四棱锥	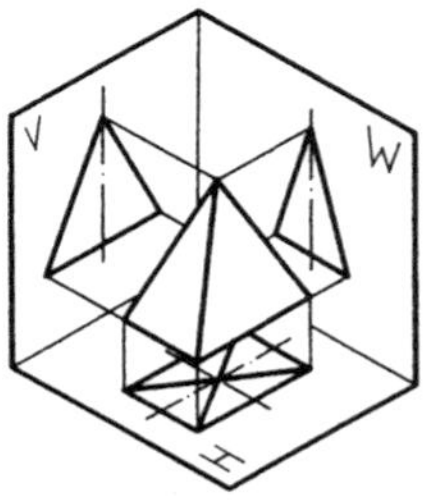	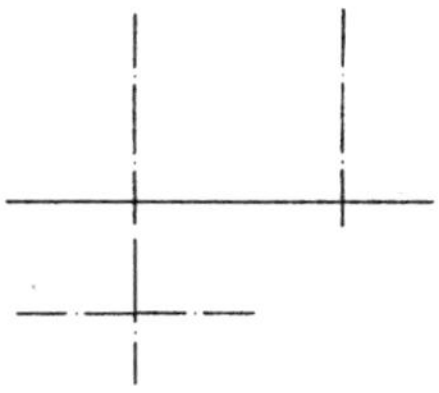	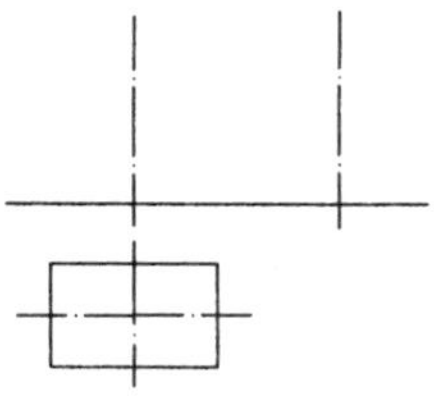	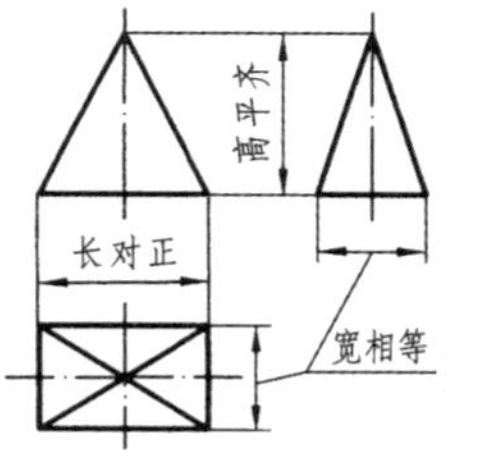
说明	应把平面立体放正,使其主要平面与投影面平行或垂直	画作图基线,包括视图的对称中心线和底面作图基线。	画出反映底面实形的俯视图	根据投影规律,画其余两视图,检查并清理底稿后,加深图线
请注意	(1)如果图形对称,必须用细点画线画出物体的对称中心线。 (2)在视图中,当粗实线和细虚线或细点画线重合时,应画成粗实线。如正六棱柱左视图的中间位置,其粗实线、细虚线和细点画线重合,按规定在重合处画成粗实线,上、下两端不重合处画成细点画线(用细实线代替)。			

2. 简单平面立体的三视图画法

在基本平面立体的基础上经过一些简单挖切或叠加的形体称为简单平面立体。

【例 3-2】　画出如图 3-10(a)所示的简单平面立体的三视图。

分析

该平面立体的基本形状是 L 形棱柱体(弯板),在其底板的左端中部挖一方槽,在其竖板的前方切去一角后形成的。

作图

具体作图步骤如下:

(1)选择主视方向

将立体摆平放正,让尽可能多的平面和直线的投影反映其真实形状和实长。其主视方向如图 3-10(a)所示。

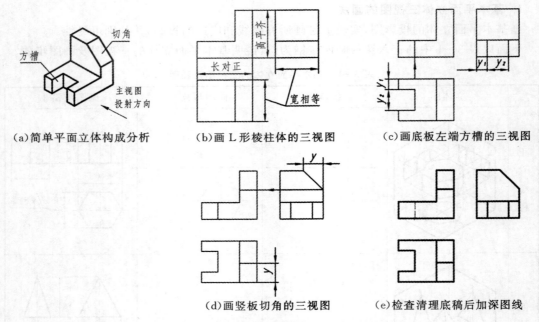

(a)简单平面立体构成分析　　　(b)画L形棱柱体的三视图　　　(c)画底板左端方槽的三视图

(d)画竖板切角的三视图　　　　(e)检查清理底稿后加深图线

图3－10　简单平面立体的作图方法和步骤

（2）画L形棱柱体的三视图

先画反映L形棱柱体形状特征的主视图,再根据投影规律画出其俯、左视图,如图3－10(b)所示。

（3）画底板左端方槽的三视图

先画反映底板左端方槽形状特征的俯视图,再根据投影规律画出其主、左视图,如图3－10(c)所示。根据俯视图画左视图时,要注意 y_1 和 y_2 尺寸的量取起点和方向。

（4）画竖板切角的三视图

先画能反映竖板切角形状特征的左视图,再根据投影规律画出其主、俯视图,如图3－10(d)所示。根据左视图画俯视图时,要注意 y 尺寸的量取起点和方向。

（5）检查、清理底稿后,按线型要求加深图线

完成的三视图如图3－10(e)所示。

3.3.2　曲面立体三视图的画法

工程中最常见的曲面立体是回转体,如图3－9中的圆柱、圆锥、球和圆弧回转体,它们是由回转面或回转面与垂直于轴线的平面作为表面的实体。

1. 回转面的形成

图3－11表示动线 ABC 绕定线 OO 回转一周后所形成的曲面,这个曲面称为**回转面**。其中,动线 ABC 称为**母线**(可以是**直线**或曲线),定线 OO 称为**回转轴线**(直线),母线在回转面上的任意位置称为**素线**。

从回转面的形成可知:母线上任意一点的运动轨迹是一个圆,称为**回转面上的纬圆**。纬圆的半径是母线上的点到轴线 OO 的距离,纬圆所在的平面

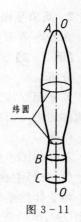

图3－11

垂直于轴线 OO。

回转面的形状取决于母线的形状及母线与轴线的相对位置。

2. 回转体的三视图及其投影特性

机器零件上常见的回转体有圆柱、圆锥(台)、球和圆弧回转体。表 3 - 2 介绍了它们的三面投影图和投影特性。

表 3 - 2　常见回转体的三视图和投影特性

	立体图	三面投影图	投影特性
圆柱	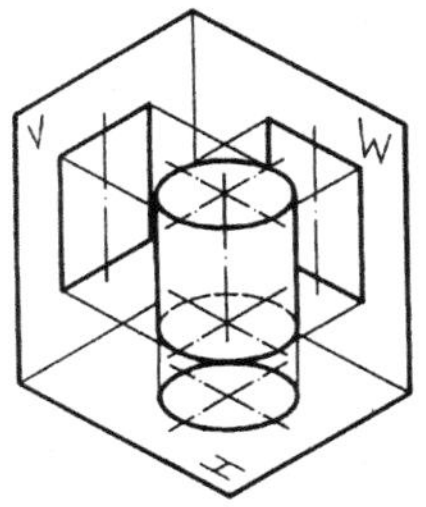	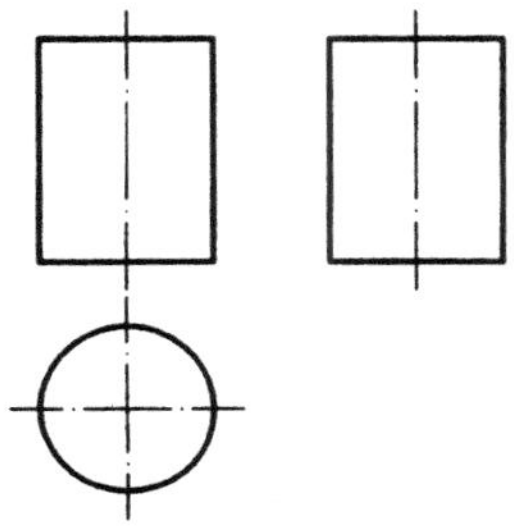	(1)圆柱的轴线垂直于水平面,其水平投影是一个圆,这个圆的圆周是圆柱面的投影,具有积聚性 (2)正面投影和侧面投影是大小相同的矩形
圆锥	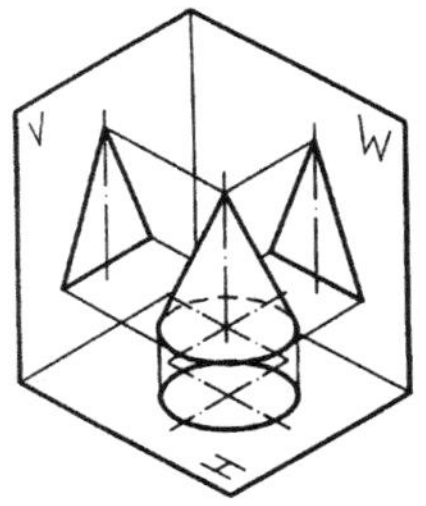	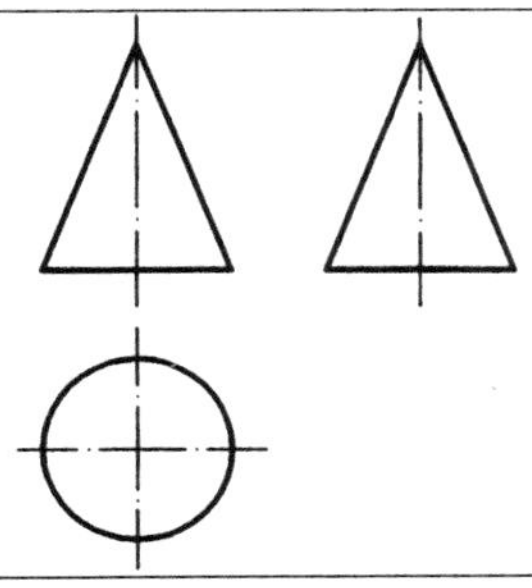	(1)圆锥的轴线垂直于水平面,其水平投影是一个圆。由于圆锥面上所有素线都倾斜于水平面,因此其水平投影没有积聚性 (2)正面投影和侧面投影是大小相同的等腰三角形
球	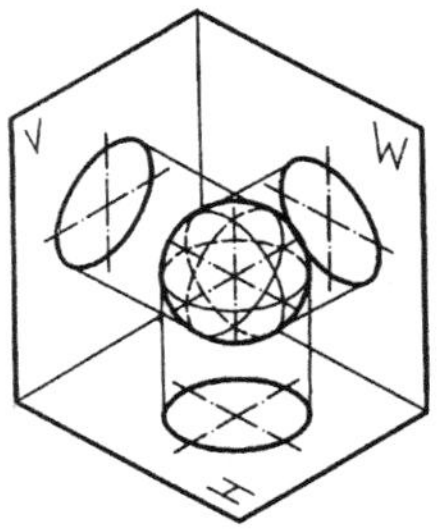	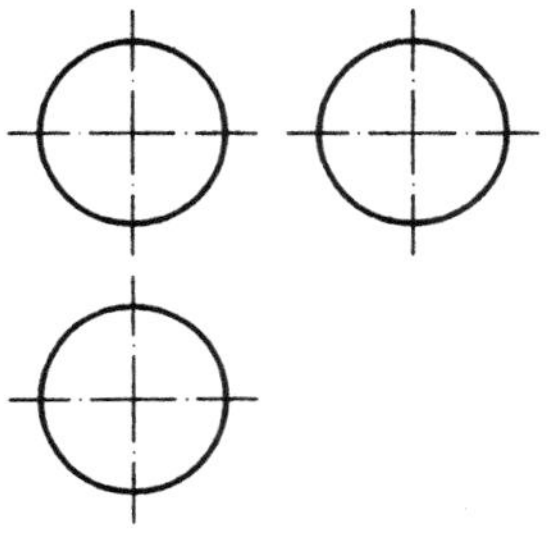	(1)球的三面投影都是大小相同的圆,且没有积聚性 (2)圆的直径都等于球的直径
圆弧回转体	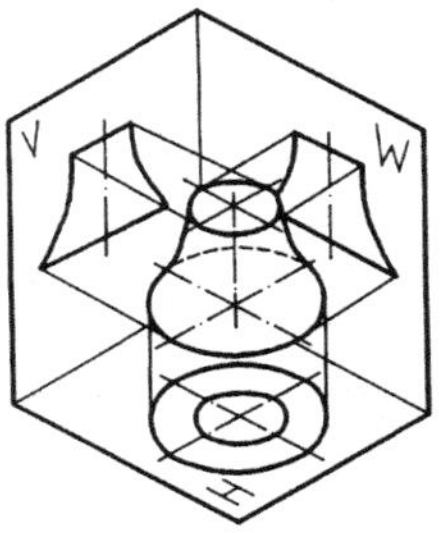	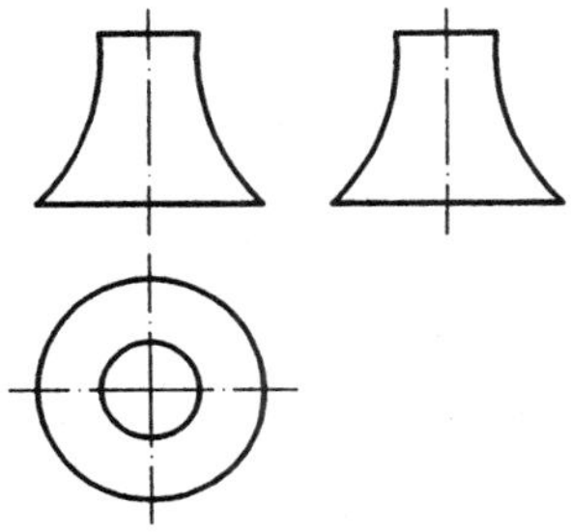	(1)圆弧回转体的轴线垂直于水平面,其水平投影是两个同心圆,且没有积聚性 (2)正面投影和侧面投影是大小相同的、以轴线为对称线的图形
回转体共同的投影特性:(1) 在垂直于轴线的投影面上的投影是圆或同心圆。 (2) 其余投影是大小相同的、以轴线为对称线的图形。			

特别注意：在回转体的任何一个投影图中，都必须用细点画线画出轴线和圆的对称中心线。

从表 3-2 中可以看出，当回转体的轴线平行于某一投影面时，回转面在该投影面上的投影轮廓线是轴线两侧最远处的素线，通过这两条线上所有点的投射线都与回转面相切，确定了回转面的投影范围，称为**转向轮廓线**。回转面的转向轮廓线具有以下两个性质：

① 回转面的转向轮廓线是相对于某投射方向而言的。

② 转向轮廓线是回转面上对某投射方向可见部分与不可见部分的分界线。

绘图时，转向轮廓线只画确定投影范围的那个投影，另外两个投影不画（其位置与轴线重合）。例如：表 3-2 中的圆柱，其正面投影中的最左、最右两条轮廓线是圆柱面对**正面的转向轮廓线**，其侧面投影与轴线重合。

3.3.3　基本几何体的尺寸注法

基本几何体的尺寸注法都已定型，如表 3-3 所示。一般情况下基本几何体的尺寸不允许多注，也不可随意改变注法。例如，标注棱柱、棱锥和圆柱、圆锥的尺寸时，只需注出其底面形状的大小尺寸及高度尺寸；而标注球的尺寸时，只需注出确定其球面直径大小的尺寸，并在尺寸数字前加写符号"S∅"（若标注半球尺寸应在尺寸数字前加写符号"SR"）。因此，标注基本几何体的尺寸时，请参照表 3-3 进行。

表 3-3　基本几何体的尺寸注法

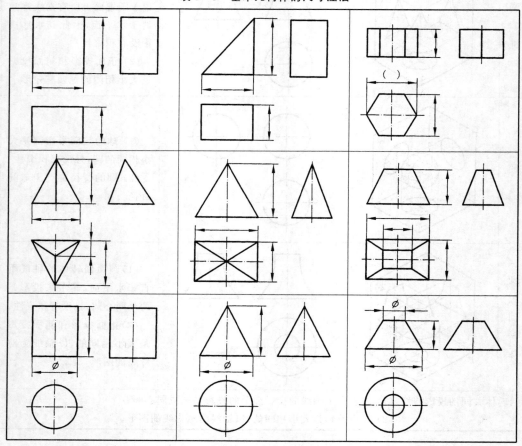

续表 3 - 3

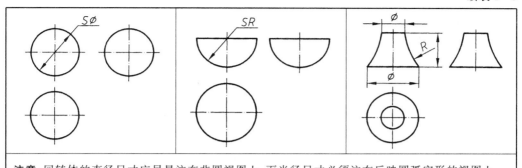

注意:回转体的直径尺寸应尽量注在非圆视图上,而半径尺寸必须注在反映圆弧实形的视图上。

3.4　基本几何元素的投影分析

由于点、线、面是组成立体的基本几何元素,因此,掌握基本几何元素的投影特性是绘制、阅读复杂立体(组合体)视图的基础。

3.4.1　点的投影

1. 点的投影规律

图 3 - 12 表示空间点 A 在三投影面体系中的投影情况及展开后的投影图。三投影面之间的交线 OX,OY,OZ 称为投影轴。如果把三个投影面看成坐标面,则互相垂直的三根投影轴即为坐标轴。三根投影轴的交点称为原点。

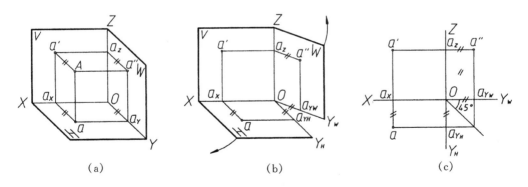

图 3 - 12　点的投影

根据正投影法,点 A 在三个投影面上的投影分别用 a(水平投影)、a'(正面投影)、a''(侧面投影)表示,投射线段 Aa'',Aa' 和 Aa 分别是点 A 到三投影面的距离,即点 A 的三个坐标 x、y、z,如图 3 - 12(a)所示。

通过各个投影向相应投影面内的坐标轴作垂线后,这些垂线和投射线及坐标轴一起组成一个长方形的框架。从长方形的框架可以看出:在投影面上,点的每一个投影都反映该点两个坐标,而每两个投影都反映该点一个相同的坐标。由此可知:点的三个投影之间有着密切的联系。

图 3－12(b)表示了三投影面体系的展开情况,其中 H 面与 W 面沿 OY 轴分开,各自向下和向右展开。展开后的 OY 轴在不同的投影面上,分别用 OY_H 和 OY_W 来表示。

图 3－12(c)为展开后点 A 的三面投影图。

通过分析点在三投影面体系中得到投影图的过程,可得出点的投影规律:

① 点的正面投影和水平投影的连线垂直于 OX 轴, $a'a \perp OX$;

② 点的正面投影和侧面投影的连线垂直于 OZ 轴, $a'a'' \perp OZ$;

③ 点的水平投影到 OX 轴的距离等于点的侧面投影到 OZ 轴的距离 $a a_x = a'' a_z$。

点的投影规律表明了点的任一投影和其余两个投影之间的联系,它是今后作点的投影图的依据。另外,根据点的第三条投影规律可以得出:过 a 的水平线和过 a'' 的铅垂线必定交于过原点 O 的 45°斜线上,如图 3－12(c)所示。

2. 根据点的两个投影求第三投影

由于点的两个投影反映了该点的 X, Y, Z 三个坐标,因此该点的空间位置已确定,应用点的投影规律,就可以根据点的任意两个投影求出第三投影。

【例 3－3】 已知点 A 的两个投影 a' 和 a'',求作 a(图 3－13(a))。

解　分析

由于点的两投影已完全能够确定点的空间位置,因此应用点的投影规律,即能作出点的第三投影。

作图(图 3－13(b))

①过 a' 作线 $\perp OX$ 轴;

②过点 O 作 45°斜线;

③过 a'' 作平行于 Z 轴的直线交于 45°斜线,再由交点向左画平行于 X 轴的直线,与过 a' 的竖直线相交的交点即为所求 a。

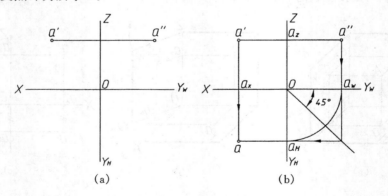

图 3－13　已知 a' 和 a'',求作 a

3. 两点的相对位置和重影点

(1) 两点的相对位置

两点间的相对位置可通过它们的坐标差来确定。从图 3－14 中点 A 和点 B 的三投影可以看出,点的投影既能反映点的坐标,也能反映出两点的坐标差,$\Delta X, \Delta Y, \Delta Z$ 就是 A, B 两点的相对坐标。因此,如果知道了点 A 的三个投影(a, a', a''),又知道了点 B 对点 A 的三个相对坐标,即使没有投影轴,而以点 A 为参考点,也能确定点 B 的三个投影。

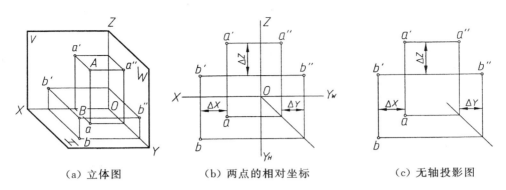

| (a) 立体图 | (b) 两点的相对坐标 | (c) 无轴投影图 |

图 3 - 14 两点的相对坐标及无轴投影图

不画投影轴的投影图,称为无轴投影图,如图 3 - 14(c)所示。无轴投影图是根据相对坐标来绘制的,其投影图仍符合点的投影规律。

根据相对坐标绘制投影图时,假设以点 A 为参考点,若点 B 在点 A 的左方(沿 X 轴正方向)、前方(沿 Y 轴正方向)和上方(沿 Z 轴正方向),则其 ΔX、ΔY 和 ΔZ 均为正,反之为负。

【例 3 - 4】 已知点 A 的三投影,又知另一点 B 对点 A 的相对坐标 $\Delta X = -12$,$\Delta Y = -8$,$\Delta Z = 10$,求点 B 的三投影(图 3 - 15(a))。

解 分析

点 A 是参考点,根据相对坐标 ΔX、ΔY、ΔZ 的正负值,可判定点 B 在点 A 的右方、后方和上方。

作图

过程如图 3 - 15(b)所示,要特别注意水平投影和侧面投影中 ΔY 的量取方向。

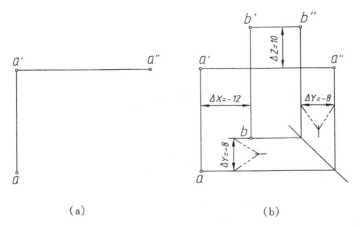

| (a) | (b) |

图 3 - 15 在无轴投影图上,根据相对坐标,求点 B 的三投影

(2)重影点

重影点是指处于同一投射线上的空间两点(即这两点的两个坐标相同),它们在某投影面上的投影互相重合。

重影点投影的可见性要根据不相同的第三坐标来判断,其中坐标值大者为可见,小者为不可见,并规定不可见点的投影加括弧表示,如图 3 - 16 所示。

注意:重影点投影的可见性采用观察方向与对投影面的投射方向一致的观察法来判断,且先看到者为可见。

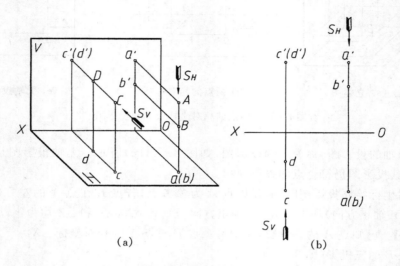

（a）   （b）

图 3 - 16　重影点投影及其可见性判别

3.4.2　直线的投影

直线的投影一般情况下仍为直线。直线由两点确定,因此,直线的投影由直线上两个端点的同面投影连线来确定。

在三投影面体系中,直线有三种位置:

投影面平行线——平行于一个投影面,对另外两个投影面都成倾斜位置的直线;

投影面垂直线——垂直于一个投影面,对另外两个投影面都成平行位置的直线;

一般位置直线——对三个投影面都成倾斜位置的直线。

投影面垂直线和投影面平行线统称为**特殊位置直线**。

直线与投影面的夹角称为倾角。在三投影面体系中,直线与 H、V、W 面的倾角分别用 α,β,γ 表示。

1. 各种位置直线的投影特性

（1）投影面平行线

投影面平行线分为三种:平行于正面 V 的直线称为**正平线**;平行于水平面 H 的直线称为**水平线**;平行于侧面 W 的直线称为**侧平线**。

各种投影面平行线的投影特性如表 3 - 4 所示。

（2）投影面垂直线

投影面垂直线分为三种:垂直于正面 V 的直线称为**正垂线**;垂直于水平面 H 的直线称为**铅垂线**;垂直于侧面 W 的直线称为**侧垂线**。

表 3 - 4　投影面平行线的投影特性

	正平线	水平线	侧平线
空间情况	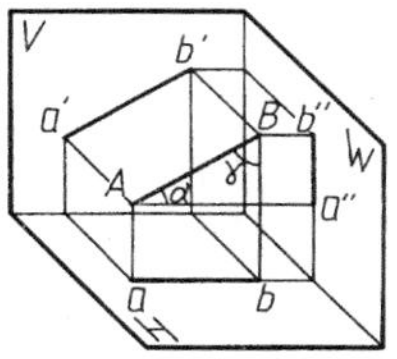	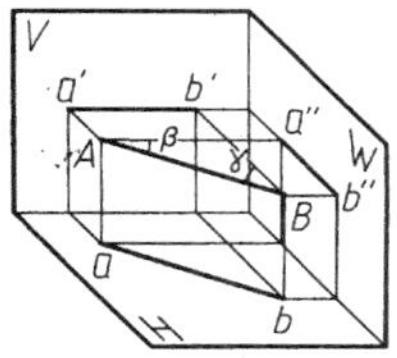	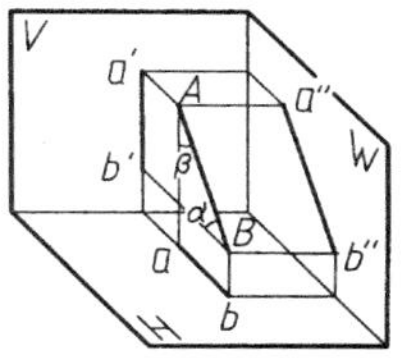
投影图	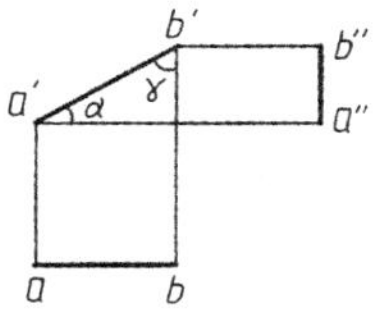	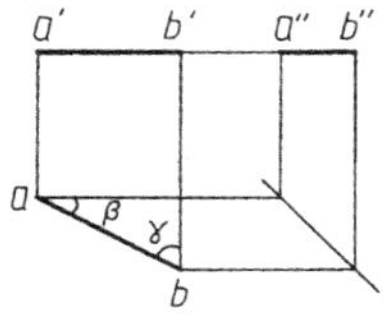	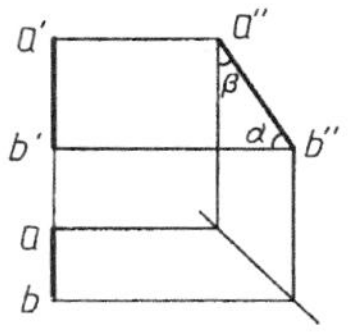
投影特性	（1）在与线段平行的投影面上，该线段的投影为倾斜线段，反映实长，且反映与其他两个投影面的倾角； （2）其余两个投影分别平行相应的投影轴，且都小于实长。		

各种投影面垂直线的投影特性如表 3 - 5 所示。

表 3 - 5　投影面垂直线的投影特性

	正垂线	铅垂线	侧垂线
空间情况	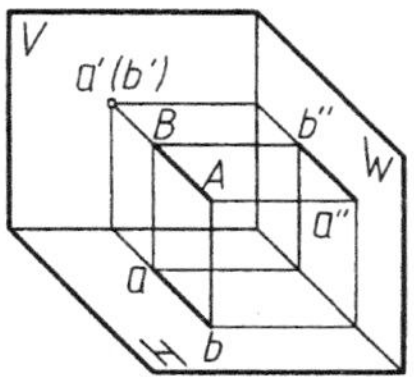	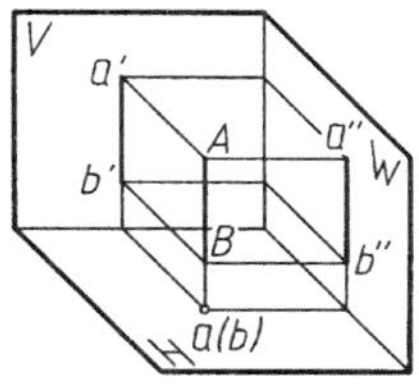	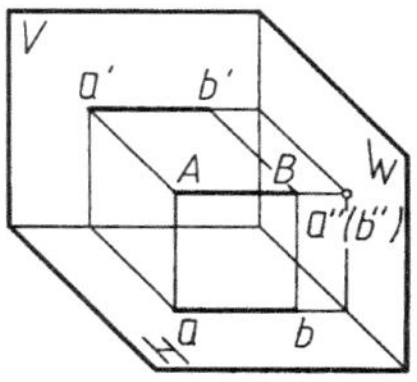
投影图	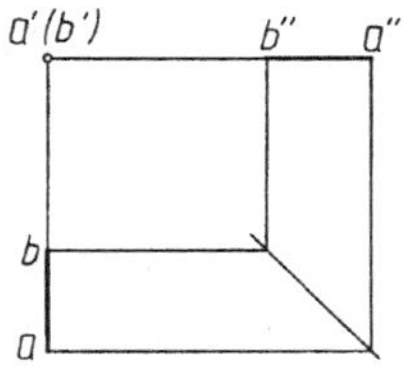	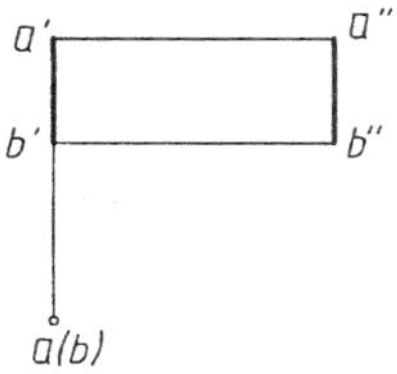	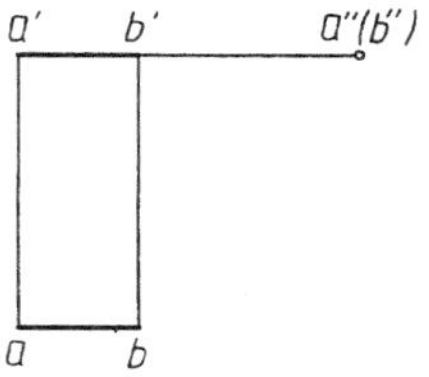
投影特性	（1）在与线段垂直的投影面上，该线段的投影积聚为一点； （2）其余两个投影分别垂直于相应的投影轴，且都反映实长。		

（3）一般位置直线

由于一般位置直线对三个投影面都是倾斜的，因此，其三个投影都是倾斜线段，且都小于该直线段的实长，如图 3 - 17 中的一般位置直线 AB。

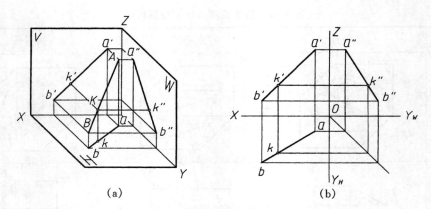

图 3-17   一般位置直线的投影和直线上点的投影

2. 直线上点的投影

从图 3-17 可以看出,直线 AB 上的任一点 K 有以下投影特性:

① 点在直线上,则点的各个投影必定在该直线的同面投影上。例如点 K 的投影 k,k',k'' 分别在 ab,$a'b'$,$a''b''$ 上。

② 同一直线上两线段实长之比等于其投影长度之比。例如点 K 分线段 AB,因此 $AK:KB=ak:kb=a'k':k'b'=a''k'':k''b''$。

【例 3-5】 已知截头三棱锥的正面投影,完成其水平投影(图 3-18(b))。

解   分析

平面 P 截切三棱锥,与三棱锥的三条棱线都相交,交点为 Ⅰ,Ⅱ,Ⅲ,根据直线上点的投影特性,只要作出三个交点的水平投影,然后依次连接并补全三条棱线的投影,即可完成作图。

作图过程见图 3-18(c)所示。

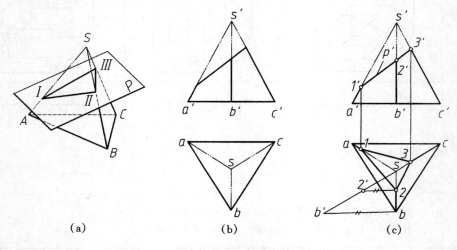

图 3-18   完成截头三棱锥的水平投影

3. 两直线的相对位置及其投影特性

两直线的相对位置有三种:平行、相交和交叉,如表 3-6 所示。平行两直线和相交两直线都可组成一个平面,因此称为同面直线,而交叉两直线则不能,故称为异面直线。

表 3 - 6　两直线的相对位置

	空间情况	三面投影图	投影特性
平行两直线	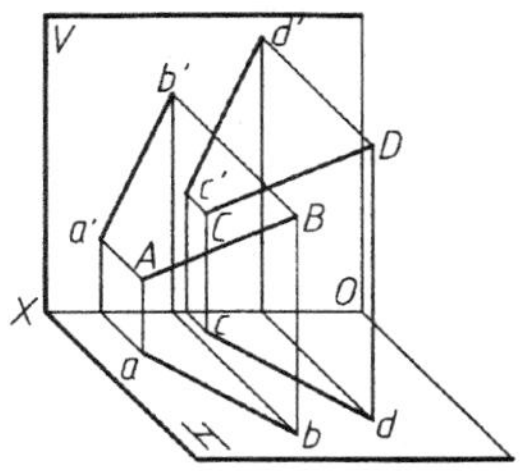	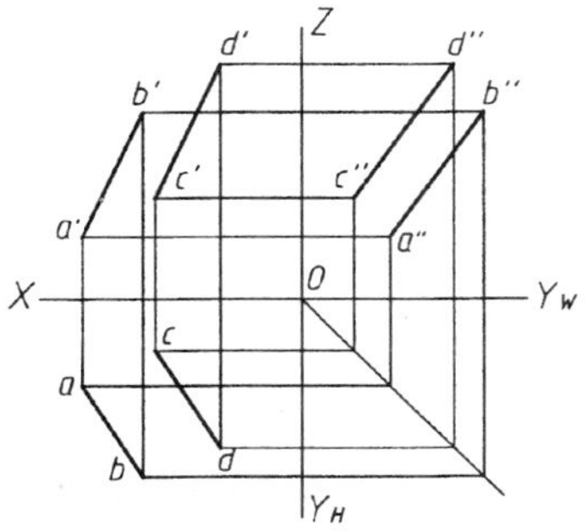	空间两直线互相平行,其各同面投影必互相平行
相交两直线	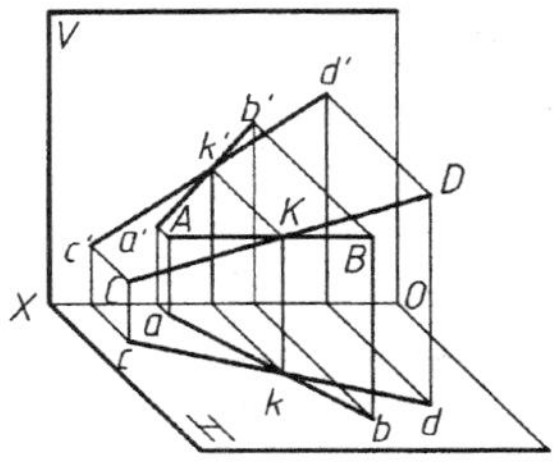	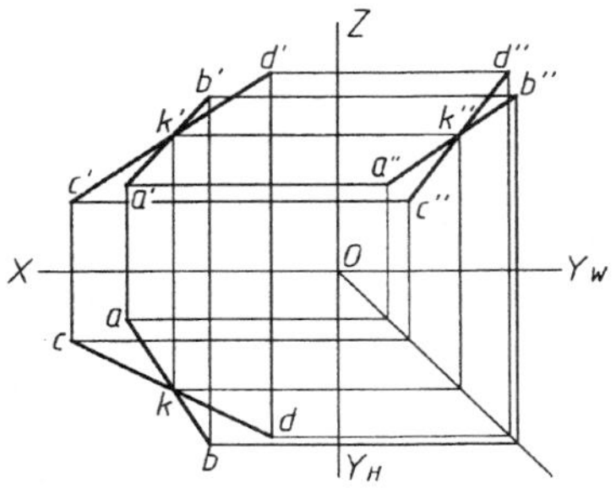	空间两直线相交,其各同面投影一般相交,且各同面投影的交点必符合点的投影规律。特殊情况下相交两直线的投影为一条直线
交叉两直线	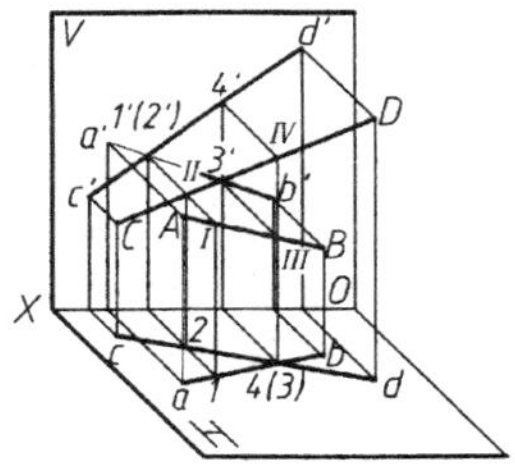	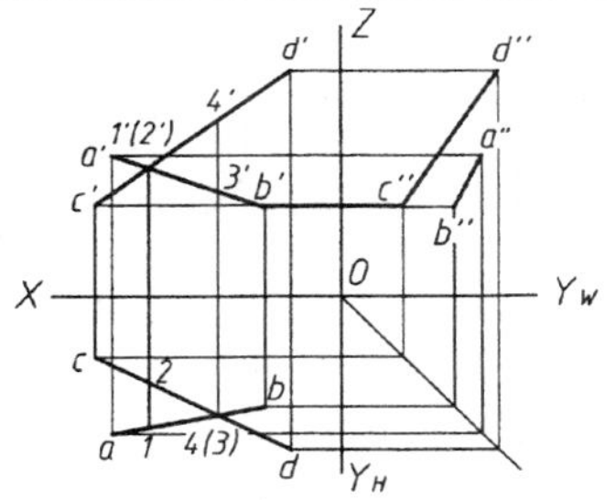	空间两直线交叉,其投影不具有两直线平行或相交的投影特性 重影点的可见性要根据它们另外的两投影来判别,判别方法参见图 3 - 16

3.4.3　平面的投影

1. 平面的表示法

平面的空间位置可由图 3 - 19 所示的任意一组几何元素来确定:① 不在一直线上的三点;② 一直线和直线外的一点;③ 相交两直线;④ 平行两直线;⑤ 任意平面图形。这五种确定平面的方法是可以互相转化的,其中最常用的方法是用平面图形来表示平面。

2. 各种位置平面的投影特性

在三投影面体系中,平面有三种位置:

投影面垂直面——垂直于一个投影面,对另外两个投影面都成倾斜位置的平面。

投影面平行面——平行于一个投影面,对另外两个投影面都垂直的平面。

一般位置平面——对三个投影面都成倾斜位置的平面。

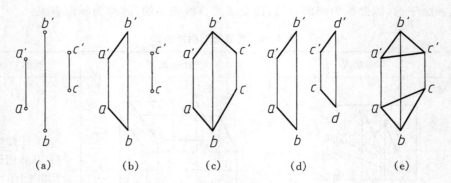

（a）　　　　　　（b）　　　　　　（c）　　　　　　（d）　　　　　　（e）

图 3-19　平面的表示法

投影面平行面和投影面垂直面统称为**特殊位置平面**。

（1）投影面垂直面

投影面垂直面分为三种：垂直于正面 V 的平面称为**正垂面**；垂直于水平面 H 的平面称为**铅垂面**；垂直于侧面 W 的平面称为**侧垂面**。

各种投影面垂直面的投影特性如表 3-7 所示。

表 3-7　投影面垂直面的投影特性

	正 垂 面	铅 垂 面	侧 垂 面
空间情况			
投影图			
投影特性	（1）在与平面垂直的投影面上，该平面的投影为一倾斜线段，有积聚性； （2）其余两个投影都是缩小的类似形。		

（2）投影面平行面

投影面平行面分为三种：平行于正面 V 的平面称为**正平面**；平行于水平面 H 的平面称为**水平面**；平行于侧面 W 的平面称为**侧平面**。

各种投影面平行面的投影特性如表 3-8 所示。

表 3 - 8　投影面平行面的投影特性

	正 平 面	水 平 面	侧 平 面
空间情况			
投影图			
投影特性	（1）在与平面平行的投影面上，该平面的投影反映实形； （2）其余两个投影分别平行于相应的投影轴，且都具有积聚性。		

（3）一般位置平面

图 3 - 20 为一般位置平面 R 的投影。由于它对三个投影面都是倾斜的，因此，一般位置平面的投影特性是：三个投影（r，r' 和 r''）都是小于实形的类似形。

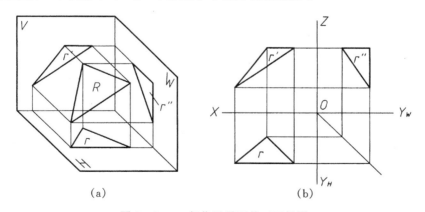

（a）　　　　　　　　　　　　　　　　　（b）

图 3 - 20　一般位置平面的三面投影

3. 面内的取点、线的作图方法

（1）平面内取点、取直线的方法

从立体几何中可知，点在平面内的几何条件是：点在该平面内的一条线上。

在图 3 - 21 中，点 D 在 $\triangle ABC$ 平面内的 $A\text{Ⅰ}$ 线上，则可判断点 D 在 $\triangle ABC$ 平面内。因此，要在平面内作点，一般情况先需在平面内找一已知直线（称为辅助线），如图 3 - 21（a）中的 $A\text{Ⅰ}$ 线和图 3 - 21（b）中的 $D\text{Ⅱ}$ 线，然后再在线上作点。

从立体几何中可知，直线在平面内的几何条件是：直线通过该平面内的两点，或者通过平面内的一点且平行于该平面内的另一条直线。

在图 3-22 中,直线 DE 通过△ABC 平面内的两个已知点Ⅰ和Ⅱ,则可判断直线 DE 在△ABC 平面内。因此,要在平面内作直线,则必须先在平面内找两已知点或者过平面内的一已知点作直线并且平行于该平面内的另一已知直线。

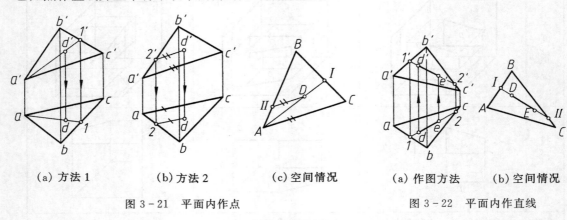

(a)方法1　　　　(b)方法2　　　　(c)空间情况　　　　(a)作图方法　　　　(b)空间情况

图 3-21　平面内作点　　　　　　　　　　图 3-22　平面内作直线

【例 3-6】 已知三棱锥表面上点 E 的正面投影 e' 和点 D 的水平投影 d,试完成点 E,D 的其余两投影(图3-23(a))。

解　分析

点 E 在三棱锥的△ABS 棱面内,则必定在△ABS 棱面内的一条直线上。可通过点 e' 任作一辅助线,如直线 $SⅠ$,根据点在直线上的投影特性,即可求出 e 和 e''。又已知点 D 在三棱锥的△ACS 棱面内,且△ACS 棱面为侧垂面,故其棱面内各点的侧面投影都积聚在相应的直线上,因此,可先作出 d'',然后再作出 d'(由于△ACS 棱面的正面投影不可见,故点 D 的正面投影也不可见)。

作图过程如图 3-23(b)所示。

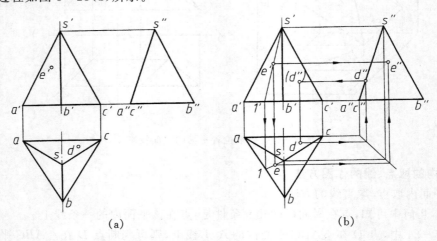

(a)　　　　　　　　　　　　　　　(b)

图 3-23　求三棱锥表面上点 E,D 的其余两投影

【例 3-7】 已知四棱台内有一个三棱柱形通孔,试完成立体的俯视图(图 3-24(a),(b))。

解 分析

根据立体图和投影图可看出,四棱台的水平投影是完整的,只有三棱柱形通孔尚未表达清楚。由于四棱台的后棱面是正平面,其上所有形状的水平投影都积聚在相应的直线上。因此,本题主要是求作前棱面内△ABC的水平投影△abc。

作图

方法 1:利用面内作点、线的方法求作△abc(图 3 - 24(c))

① 由于 AB 平行于底边,故可利用延长 a'b' 作平行于底边的辅助线,作出 a,b 点。同理,过 c' 作辅助线平行于底边,可求出 c。

② 连接 a,b,c 即得到△ABC 的水平投影△abc。

③ 画出通孔中的三条棱线的水平投影,因不可见而画成细虚线。

方法 2:根据三视图的投影规律求作△abc(图 3 - 24(d))

① 根据四棱台的主、俯视图画出左视图。

② 根据三棱柱形通孔俯、左视图宽相等的投影规律,画出△abc 和通孔中三条棱线的水平投影(不可见画成细虚线)。

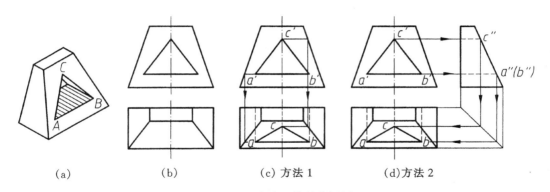

(a)　　　　　(b)　　　　　(c) 方法 1　　　　　(d) 方法 2

图 3 - 24　完成立体的俯视图

(2) 回转面上取点、取线的作图方法

回转面上的点根据其所在的位置,可分为两类:

①点在转向轮廓线上;

②点在回转面内。

对于在转向轮廓线上的点,其作图关键是找到该点所在轮廓线的投影位置。根据转向轮廓线的投影特性,即可直接求出点的其余两投影。

对于回转面内的点,根据其所在表面的几何性质可分别利用积聚性、辅助素线或辅助纬圆来作图,其中最常用的方法是利用辅助纬圆来作图求投影。当利用纬圆作图时,首先要依据纬圆所在平面垂直于轴线,其半径是轮廓线上的点到轴线距离的几何性质,确定纬圆的半径和圆心;其次再利用纬圆求出点的投影,最后还需判别所求点投影的可见性。

对于回转面内的非圆曲线,其作图的一般方法是先求出该曲线上的一系列点,然后判别可见性后顺次光滑连接。

常见回转面上取点、取线的作图方法见表 3 - 9 所示。

表 3－9　常见回转面上取点、取线的作图方法

已 知 条 件	求 解 过 程	作 图 分 析 和 方 法
圆柱面		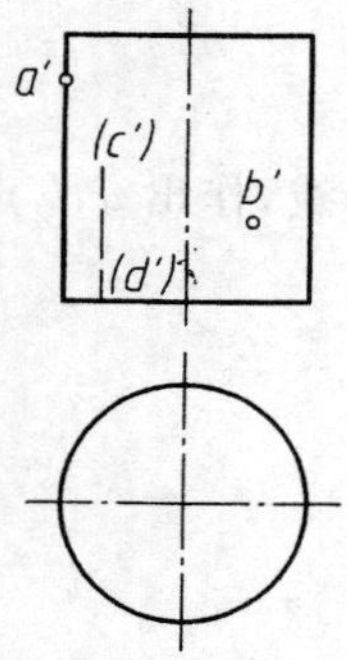 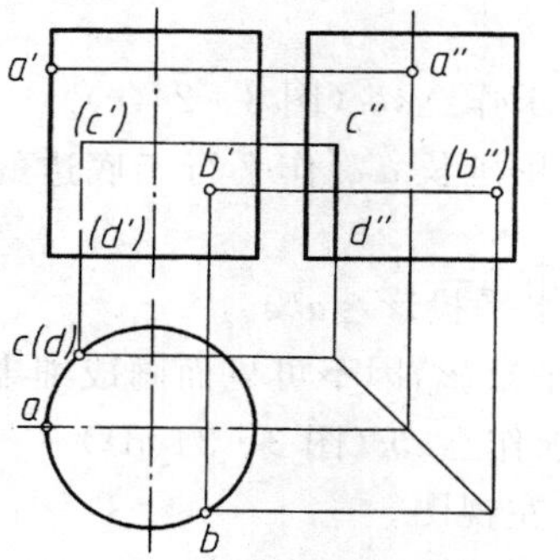 （1）点 A 在对正面的转向轮廓线上。找出转向轮廓线的其余两投影后，便可直接求出 a 及 a″ （2）点 B 在前半个圆柱面上。利用圆柱面的水平投影具有积聚性的性质，先求 b，再求 b″（不可见） （3）直线段 CD 是一条素线。因此可分析出 cd 积聚成一点。c″d″仍为直线段。根据图中 c′d′ 是虚线及在轴线左边，可判定 CD 线在圆柱面的左后侧，故 c″d″可见，画成粗实线
圆锥面		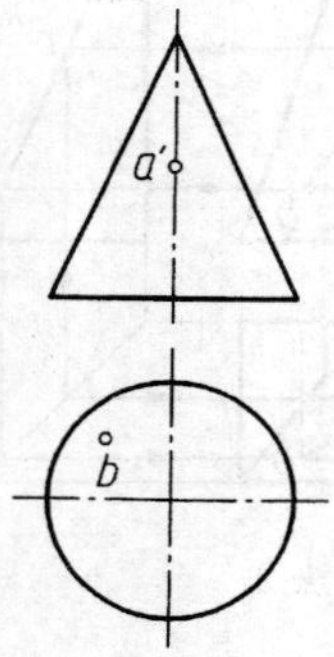 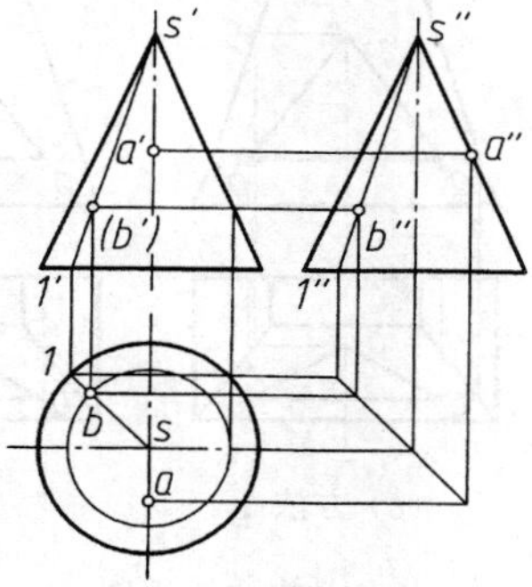 （1）点 A 在对侧面的转向轮廓线上。找出转向轮廓线的其余两投影后，便可直接求出 a 及 a″（均可见） （2）点 B 在圆锥面上，必须利用辅助线作图，有两种方法： ① 利用辅助素线作图：先找 SI 的三个投影 s1、s′1′和 s″1″，然后作出 b′（不可见）和 b″ ② 利用辅助纬圆作图：先以 sb 为半径画出纬圆的水平投影，再作出纬圆的正面投影和侧面投影（两条水平线），最后求出 b′（不可见）和 b″
圆球面		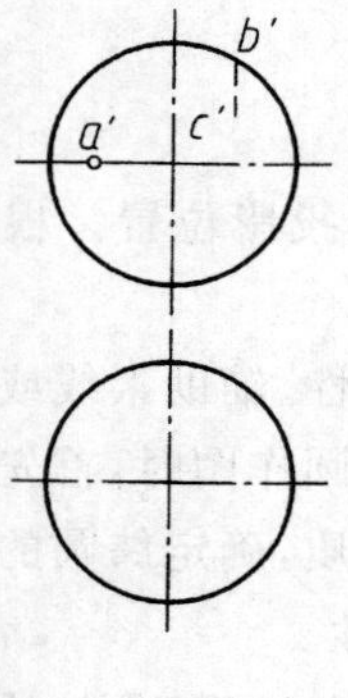 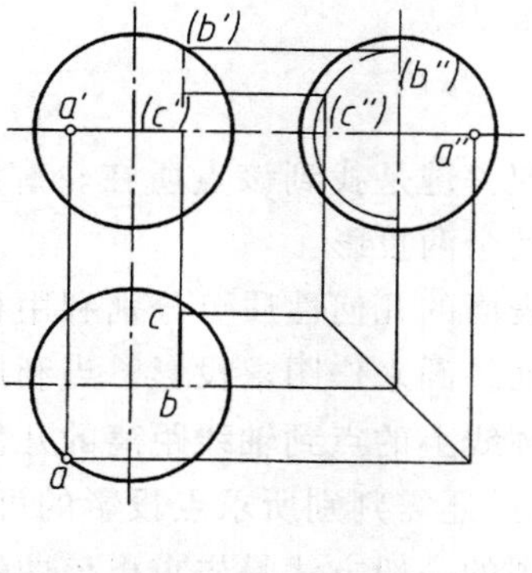 （1）点 A 在对水平面的转向轮廓线上，只要找出转向轮廓线的其余两投影后，便可直接求出 a 及 a″（均可见） （2）BC 是平面曲线（圆弧），在平行于侧面的一个纬圆上。根据正面投影图的位置，可判定圆弧 BC 在球面的右、后、上方，故 b″c″不可见应画成细虚线；而 bc 可见，应画成粗实线

	已 知 条 件	求 解 过 程	作 图 分 析 和 方 法
圆弧回转面			（1）点 A 在对正面的转向轮廓线上，只要找出转向轮廓线的其余两投影后，便可直接求出 a 及 a″（均可见） （2）点 B 在圆弧回转面上，利用辅助纬圆作图，即可求出 b 和 b″（不可见）

3.4.4　直线与平面、平面与平面的相对位置

　　直线与平面、平面与平面的相对位置有平行和相交两种。下面只介绍两几何元素中至少有一个几何元素为特殊位置时，有关线面平行、相交问题的几何特性和投影分析（见表 3 - 10）。

表 3 - 10　直线与平面、平面与平面的相对位置

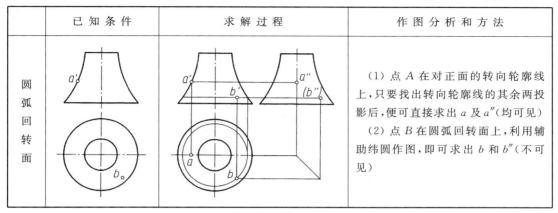

	几 何 特 性	空 间 情 况 及 投 影 图	投 影 分 析
直线与平面平行	若平面外的一条直线与平面内的一条直线平行，则这条直线与这个平面互相平行	（a）空间情况　（b）投影图	当直线与垂直于投影面的平面平行时，则它们在这个投影面上的投影一定互相平行 例如：直线 AB 与铅垂面 P 平行，则它们的水平投影必定互相平行
平面与平面平行	若一平面内的两相交直线分别平行于另一平面内的两相交直线，则这两个平面互相平行	（a）空间情况　（b）投影图	当两个互相平行的平面垂直于同一投影面时，则它们在这个投影面上的投影一定互相平行 例如：互相平行的两个铅垂面 P 与 Q 的水平投影必定互相平行

几何特性	空间情况及投影图	投影分析
直线与平面相交 直线与平面相交,其交点是直线与平面的共有点	(a) 空间情况　　(b) 投影图 **注意**:求交点作图时,除了求出交点的投影外,还需通过直观性或重影点原理来判别直线的可见性	由于铅垂面的水平投影具有积聚性,因此一般位置直线 AB 与铅垂面 P 的水平投影的交点 k 必是线面空间交点 K 的水平投影 直线与平面相交时,交点 K 是直线 AB 在正面投影图上可见部分与不可见部分的分界点
平面与平面相交 两平面相交,其交线是两平面的共有线(直线)。同时,交线也是两平面投影重合处的可见部分与不可见部分的分界线	(a) 空间情况　　(b) 投影图 **注意**:求交线作图时,除了求出交线的投影外,还需通过直观性或重影点原理来判别两平面的可见性。	由于铅垂面的水平投影具有积聚性,因此一般位置平面 $\triangle ABC$ 与铅垂面 P 的水平投影的交线 12 必是两平面空间交线 $I\,II$ 的水平投影 两平面相交时,交线 $I\,II$ 是两平面在正面投影图上可见部分与不可见部分的分界线

　　平面立体上的每一条轮廓线都是相邻两平面的交线。画平面立体的投影时,必须画出每条轮廓线的投影。因此,弄清各种情况下的两平面交线对投影面的相对位置,对于正确而又迅速地画出各种平面立体的投影,大有帮助。

　　各种位置平面的交线,主要有下列四种情况(参见图 3-25)。

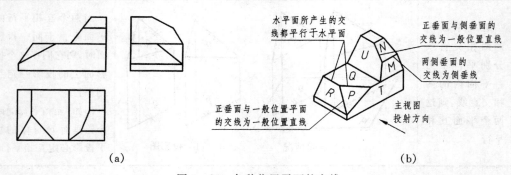

(a)　　　　　　　　　　　　　　　　　　　　(b)

图 3-25　各种位置平面的交线

① 投影面平行面与任何位置平面的交线,一定平行于相应投影面。例如,水平面 Q 与正垂面 R、与一般位置平面 P、与正平面 T 的交线都平行于水平投影面。

② 当两平面垂直于同一投影面时,其交线是该投影面的垂直线。例如,两侧垂面 M 与 N 的交线为侧垂线、水平面 Q 与正垂面 R 的交线为正垂线。

③ 当两个投影面垂直面垂直于不同的投影面时,其交线是一般位置直线。例如:正垂面 U 与侧垂面 M 和 N 的交线,都是一般位置直线。

④ 投影面垂直面与一般位置平面相交,或者两个一般位置平面相交的交线,一般情况为一般位置直线(特殊情况下为投影面平行线)。例如,正垂面 R 与一般位置平面 P 的交线是一般位置直线。

下面举例说明,两平面交线的投影分析及作图方法在绘制平面立体视图中的应用。

【例 3 - 8】　画出图 3 - 26(a)所示立体的三视图。

解　分析

该立体可以看成从长方体上先后被正垂面 P 切去左上角和被铅垂面 Q 切去左前角后形成的;也可以看成以平行于正面的五边形为底面的五棱柱切去左前角后形成的。用后一种方法画图时,先画出五棱柱的三视图,然后画切去左前角后产生的平面 Q 的投影。

作图

①画出五棱柱的三视图(图 3 - 26(b))。正垂面 P 与长方体上底面和左端面的交线都为正垂线。

②画出平面 Q 的投影(图 3 - 26(c))。铅垂面 Q 与四个邻面产生的交线为梯形 $ABCD$,其中 AB 和 DC 都为铅垂线,BC 为水平线,铅垂面 Q 与正垂面 P 的交线 AD 为一般位置直线。

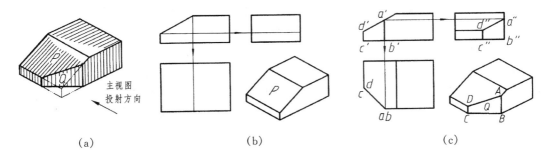

(a) 　　　　　　　(b) 　　　　　　　(c)

图 3 - 26　画出图(a)所示立体的三视图

【例 3 - 9】　如图 3 - 27(a)所示,已知四棱台的上部开有矩形槽,试完成立体的俯视图和左视图。

解　分析

根据立体图和已知投影图可看出,四棱台的水平投影是基本完整的,只有矩形槽的俯、左视图尚未完成。矩形槽是由两个左右对称的侧平面 P 和一个水平面 Q 组成的,侧平面 P 与四个邻面产生的交线为梯形 $ABCD$,其中 AD 和 BC 都是正垂线,侧平面 P 与水平面 Q 的交线为正垂线 BC。

作图

①画出矩形槽的侧面投影。矩形槽的底面(水平面)Q 的侧面投影不可见,侧平面 P 的侧

面投影反映实形（图 3 - 27(b)）。

②画出矩形槽的水平投影。矩形槽中两个左右对称的侧平面 P 的水平投影分别积聚成一直线,水平面 Q 的水平投影反映实形(图 3 - 27(b))。

③画全四棱台顶面的水平投影(图 3 - 27(b))。

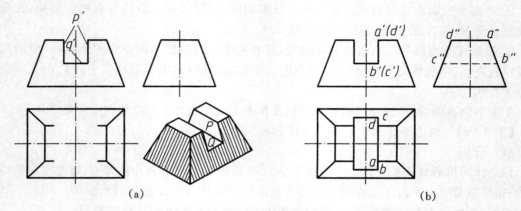

图 3 - 27   完成上部开槽的四棱台的俯视图和左视图

3.5   利用 AutoCAD 绘制立体的三视图

用 AutoCAD 绘制立体的三视图有两种方法:一种方法是根据三视图的投影规律(长对正、高平齐、宽相等),直接绘制立体的三视图;另一种方法是先构建三维立体,再将其分别沿 X,Y,Z 投影轴进行投影,得到立体的三视图。本节只介绍前一种方法。

根据三视图的投影规律,绘制立体三视图的基本方法是辅助线法。其作图步骤是:先绘制一些构造线作为作图基线,再根据立体各部分结构的尺寸,利用 offset 命令偏移作图基准线,得到所需绘制图形的作图辅助线,然后换层,打开交点捕捉将所需绘制的图形准确地绘制出来。

下面以绘制图 3 - 28(a)所示平面立体的三视图为例,说明其作图步骤。

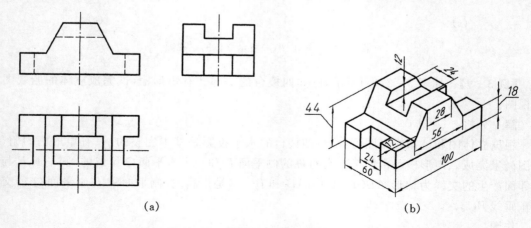

图 3 - 28   利用 AutoCAD 绘制三视图

（1）新建一个无样板文件

单击新建命令按钮,在弹出"选择样板"对话框中,点击"打开"按钮旁边的"▼"下拉选项,选择"无样板打开-公制(M)",建立一个公制单位的无样板文件。

（2）设置图层、颜色和线型

单击"图层特性管理器" 按钮,在弹出的"图层特性管理器"对话框中,设置图层、颜色和线型。具体要求如下:

层　名	颜　色	线　型	线　宽
粗实线	7（白）	continuous	0.6mm
点画线	1（红）	Acad_Iso04w100	默认
虚　线	5（蓝）	Acad_Iso02w100	默认
辅助线	6（洋红）	Acad_Iso07w100（点线）	默认
文　字	7（白）	continuous	默认

（3）画作图辅助线,绘制图 3-29(a)所示八棱柱体的三视图

① 设置"辅助线"层为当前层,根据八棱柱体前后、左右对称的形状特征,画四条构造线(作图基线),用来确定三视图的位置,如图 3-29(b)所示。

② 根据八棱柱体长、宽、高的尺寸和左上方尺寸,多次利用 offset 命令偏移作图基线,得到所需绘制图形的作图辅助线,然后在"点画线"层绘制四条对称中心线,如图 3-29(c)所示。

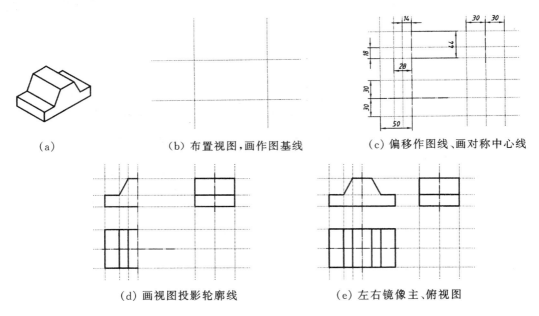

(a)　　　　　　　　(b) 布置视图,画作图基线　　　　　(c) 偏移作图线、画对称中心线

(d) 画视图投影轮廓线　　　　　　　(e) 左右镜像主、俯视图

图 3-29　画八棱柱体三视图的方法及作图步骤

③ 设置"粗实线"层为当前层,单击状态栏的对象捕捉按钮,打开对象捕捉功能,选择交点捕捉,准确地画出主视图、俯视图的左半边图形和完整的左视图,如图 3-29(d)所示。

　　④ 利用 mirror 命令分别镜像主、俯视图的左半边图形,从而得到八棱柱体的三视图,如图 3-29(e)所示。

　　(4)画平面立体左、右部分长方形切口的三视图(图 3-30)

　　① 根据长方形切口的底面尺寸 12×24,利用 offset 命令偏移作图线,如图 3-30(a)所示。

　　② 在"虚线"层画出长方形切口的主视图;在"粗实线"层画出长方形切口的俯、左视图,如图 3-30(b)所示。

　　③ 先镜像切口的主、俯视图,再修剪长方形切口的俯视图,如图 3-30(c)所示。

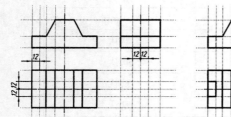 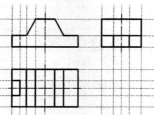 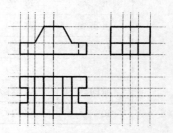

(a) 根据切口尺寸偏移作图线　　(b) 画长方形切口的三视图　　(c) 镜像并修剪切口的主、俯视图

图 3-30　画平面立体左、右部分长方形切口的三视图

　　(5)画平面立体上端长方形切口的三视图(图 3-31)

　　① 根据长方形切口的尺寸 24×12,利用 offset 命令偏移作图线,如图 3-31(a)所示。

　　② 在"虚线"层画出长方形切口的主视图;在"粗实线"层画出长方形切口的俯、左视图,如图 3-31(b)所示。

　　③ 修剪长方形切口的俯、左视图,如图 3-31(c)所示

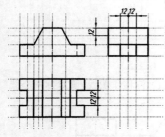 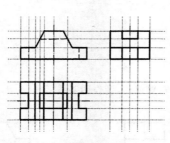 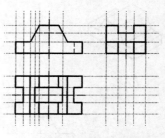

(a) 根据切口尺寸偏移作图线　　(b) 画长方形切口的三视图　　(c) 镜像切口的俯、左视图

图 3-31　画平面立体上端长方形切口的三视图

　　(6)关闭"辅助线"层,得到平面立体的三视图,如图 3-28(a)所示。

小　结

　　正投影法基础知识是机械制图的重要理论依据。本章主要介绍了投影法的基本概念,三视图的形成及其投影规律,立体三视图的画法和尺寸注法,几何元素的投影分析,以及直线与平面、平面与平面的相对位置及其作图方法,用 AtuoCAD 绘制立体的三视图。

　　本章学习的重点内容是：掌握三视图的投影规律；掌握平面立体上特殊位置直线、特殊位置平面的投影特点；掌握面内取点、取线的作图方法；掌握直线与平面、平面与平面的相对位置及其作图方法。

　　本章的学习难点是重影点、面内取点、取线以及直线与平面、平面与平面相交。

复习思考题

　　1. 投影法有几种？

　　2. 什么是三视图的投影规律？

　　3. 根据点的投影图怎样想象该点的空间位置？

　　4. 在投影图上如何判断两点间的相对位置？

　　5. 什么叫重影点？怎样判断重影点的可见性？

　　6. 根据直线的投影图如何想象它的空间位置？

　　7. 试述投影面平行线和投影面垂直线的投影特性。

　　8. 试述直线上点的投影特性。

　　9. 两直线的相对位置有几种？在投影图上各有什么投影特性？

　　10. 在投影图上怎样表示平面？

　　11. 试述投影面平行面和投影面垂直面的投影特性？

　　12. 如何判别一点或一直线是否在某一平面内？

　　13. 当回转面的轴线垂直于投影面时，其投影图有什么投影特点？

　　14. 在回转面上作点、作线有哪些作图方法？怎样判别所作点、线的可见性？

　　15. 直线与垂直于投影面的平面平行时，有什么投影特性？

　　16. 两个垂直于同一投影面的平面相互平行时，有什么投影特点？

　　17. 怎样利用积聚性求作直线与平面的交点以及两平面的交线？

　　18. 怎样利用面内作点、线的方法，求作带切口的平面立体的三视图？

第 **4** 章
组合体

组合体由基本几何体组合而成,其形状由实际零件的主要结构简化而来。本章主要介绍组合体的三视图画法、尺寸注法、组合体的读图方法以及用 AutoCAD 标注尺寸和样板文件的制作。

4.1 组合体的构形分析

4.1.1 组合体的构形方式及形体分析方法

1. 组合体的构形方式

从几何角度分析,大多数机器零件都可以看成是由基本几何体(棱柱、棱锥、圆柱、圆锥、球等)按一定方式组合而成的,如图 4-1 所示。由基本几何体通过**"叠加"**和**"挖切"**两种方式组合而成的立体,称为**组合体**。图 4-1(a)所示的立体,可以看成是由圆柱和半球叠加而成的;图 4-1(b)所示的立体,可以看成是在五棱柱的左前和左后方分别切去一角,并从上至下打一长圆形孔形成的;而图4-1(c)所示立体的构成方式,既有叠加,又有挖切。

(a) 铆钉(叠加)　　　　(b) 压板(挖切)　　　　(c) 端盖(叠加和挖切)

图 4-1　组合体的构形方式

2. 形体分析方法

把形状复杂的立体(组合体)分析成由若干个基本几何体构成的方法,称为**形体分析法**。形体分析法是解决组合体画图、读图和尺寸标注问题的基本方法。运用形体分析法可以把一个形状复杂的组合体或机器零件分解为一些基本几何体,以便化繁为简、化难为易,解决复杂问题。

对于一些常见的简单的组合体,如空心圆柱、弯板等,一般可视为一个立体,称为**简单形**

体,不必再作更细的分析,如图 4 - 2 所示。

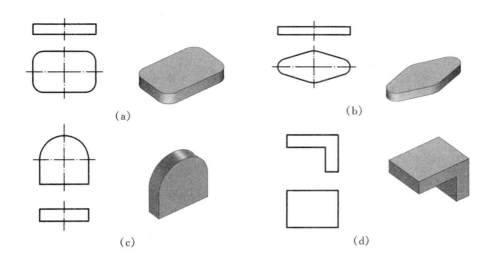

(a)　　　　　　　　　　　　　　　　(b)

(c)　　　　　　　　　　　　　　　　(d)

图 4 - 2　简单形体

有时,同一组合体会有几种不同的形体分析结果,这就需要选用其中最便于解决画图、读图和尺寸标注问题的分析方法。

4.1.2　组合体中相邻形体表面之间的关系

在组合体中,相邻两个基本形体(包括孔和切口)表面之间的关系,有平齐、相交、相切三种情况,如图 4 - 3 所示。

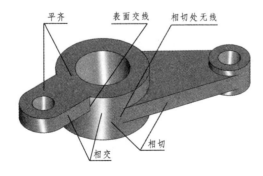

图 4 - 3　相邻形体之间的表面关系

①**平齐**　当相邻两个基本形体表面平齐时,二者共面,平齐处无分界线。

②**相交**　当相邻两个基本形体表面相交时,表面交线是它们的分界线。表面交线的投影画法,将在 4.2 节和 4.3 节中介绍。

③**相切**　当相邻两个基本形体表面相切时,相切处无分界线。相切处的画法将在 4.4 节中介绍。

4.2 截交线的画法

4.2.1 概述

平面与立体表面相交的交线称为**截交线**，该平面称为**截平面**，如图 4-4 所示。

截交线的形状取决于两个条件：

①立体的形状（图 4-4(a)，(b)）；

②截平面与立体的相对位置（图4-4(b)，(c)）。

所有截交线都具有两个基本性质：

① 截交线是截平面与立体表面共有点的集合；

② 截交线一般为封闭的平面图形。

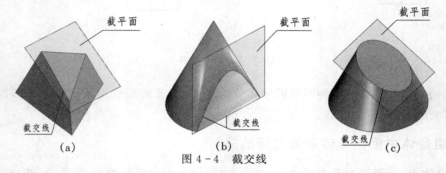

图 4-4　截交线

根据以上性质，截交线的画法可归结为求作平面与立体表面共有点的作图问题。

平面与平面立体表面相交的截交线是封闭的平面多边形。如图 4-4(a)所示的截交线为三边形，其各边是三棱锥的各棱面与截平面的交线，其各顶点是三棱锥的各棱线与截平面的交点。因此，求平面立体表面上截交线的方法有两种：

① 分别求出截平面与各棱线的交点投影，并判别其投影的可见性，依次用直线相连即可（图 3-18）。

② 分别求出截平面与各棱面的交线投影，并判别各投影的可见性即可（图 3-27）。

当截平面与回转体表面相交时，回转体表面截交线一般是非圆平面曲线，或平面多边形，特殊情况（截平面垂直于回转体轴线）是圆。根据截交线的性质，求回转体表面截交线可归结为求截平面与回转体表面共有点的问题，其作图步骤如下：

① 进行空间分析和投影分析。分析回转体的几何形状、截平面与回转体轴线的相对位置，并判断截交线的空间形状及其每个投影的形状特点，从而确定作图方法。

② 作共有点。先作特殊点。特殊点主要是转向轮廓线上的点；极限位置点（最高、最低、最左、最右、最前、最后点）；以及非圆平面曲线的几何特征点，如椭圆长、短轴的端点。几类特殊点有时互相重合。然后作一般点。

③ 判别可见性，依次光滑连接各共有点，完成投影。

工程上常见的回转体是圆柱、圆锥、球和圆弧回转体等。下面分别介绍平面与圆柱、平面与圆锥，以及平面与球相交，其截交线的画法。

4.2.2　平面与圆柱相交

根据平面与圆柱轴线的不同相对位置,平面与圆柱相交的截交线可以有三种基本情况,如表 4-1 所示。

表 4-1　平面与圆柱相交的三种截交线

截平面位置	平行于轴线	垂直于轴线	倾斜于轴线
截交线形状	圆柱面:两平行素线 上下底面:两直线段	圆	椭　圆
立体图			
投影图			

下面举例说明平面与圆柱相交,其截交线投影的作图方法和步骤。

【例 4-1】　根据图 4-5(a)所示立体的俯视图和左视图,画出其主视图。

解　分析

① 空间分析　由图 4-5(d)可知,该立体是圆柱上部斜切去一部分后形成的。截平面 P 倾斜于圆柱的轴线,与圆柱面的所有素线都相交,截交线为椭圆。

② 投影分析　由于圆柱的轴线为铅垂线,截平面 P 为侧垂面,因此截交线的侧面投影重合在线段 p'' 上;水平投影重合在圆上;待求的是正面投影,它是缩小了的椭圆。

作图

① 画出完整圆柱的主视图后,作出截交线上的特殊点(图 4-5(b))。本例中,转向轮廓线上的点 Ⅰ,Ⅱ,Ⅲ,Ⅳ 也是极限位置点和椭圆长、短轴的端点。根据它们的侧面投影和水平投影,可求得正面投影 $1',2',3',4'$。

② 作若干一般点(图 4-5(c))。为使作图准确,需要作出若干一般点。在截交线的侧面投影上任取一重影点的投影 $5'',6''$,利用圆柱表面取点的方法求得 $5,6$,和 $5',6'$。一般点选取的位置和数量视截交线投影的弯曲情况而定,曲率大处可多选几个一般点。

③ 判别可见性,依次光滑连接各共有点的正面投影,完成投影图(图 4-5(c))。

注意:圆柱对正面转向轮廓线的投影应画至 $3'$,$4'$。

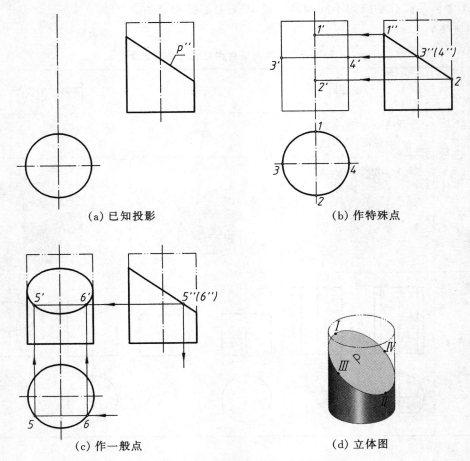

(a) 已知投影　　　　　　　　　　(b) 作特殊点

(c) 作一般点　　　　　　　　　　(d) 立体图

图 4-5　平面与圆柱轴线倾斜时截交线的画法

【例 4-2】 根据图 4-6(a)所示立体的主视图和俯视图,画出其左视图。

解　分析

该立体是在圆柱上部对称地切去两块和下部切去方槽后形成的,立体的左右、前后都对称。由于截切该立体的平面较多,因此截交线也较多。构成切口和方槽的截平面只有平行于轴线的侧平面 P,Q(均为左右对称平面)和垂直于轴线的水平面 R(左右对称)和 S。它们与圆柱面的截交线分别为直线和圆弧,平面 P 和 R 以及 Q 和 S 彼此相交于直线段。

截交线的正面投影重合在积聚性的截平面投影 p',q',r',s' 上,是已知的;水平投影分别是点和圆弧,也是已知的;待求的是侧面投影。

作图

① 先画出完整圆柱的左视图,然后作出上部切口的投影。平面 P 与圆柱面的截交线为直线 AB 和 CD,由正面投影 $a'b'$,$c'd'$ 和水平投影 ab,cd,可作出侧面投影 $a''b''$ 和 $c''d''$,这里应注意宽相等的关系(图中用 Δy 表示)。平面 R 与圆柱面的截交线为圆弧 BD,侧面投影是一条 b'' 与 d'' 间的直线段。

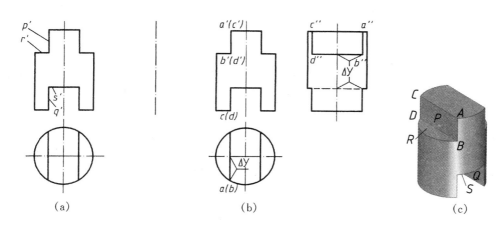

图 4 - 6　圆柱上开切口和方槽的画法

② 下部方槽处截交线的作法与上部相同,但由于方槽位于中间,圆柱面对侧面的转向轮廓线在方槽范围内的一段被切去。此外,截平面 Q 与 S 的交线的侧面投影不可见,故画成细虚线。

4.2.3　平面与圆锥相交

表 4 - 2 列出了平面与圆锥轴线处于不同相对位置时所产生的五种截交线。

表 4 - 2　平面与圆锥的截交线

截平面位置		过锥顶	不过锥顶			
			$\theta = 90°$	$\theta > \alpha$	$\theta = \alpha$	$\theta < \alpha$
截交线形状	圆锥面	相交两素线	圆	椭圆	抛物线	双曲线
	底面	直线段	不相交	不相交	直线段	直线段
立体图						
投影图						

下面举例说明平面与圆锥相交后其截交线投影的作图方法。

【例 4 - 3】 画出正平面 P 与圆锥交线的正面投影(图 4 - 7(a))。

解 分析

截平面 P 是平行于圆锥轴线的正平面,它与圆锥面的交线为双曲线,与圆锥底面的交线为直线段.截交线的水平投影是已知的,它是重合在 p 上的一段直线,如图 4 - 7(a)所示。

作图

① 作出截交线上的特殊点 Ⅰ,Ⅱ,Ⅲ,见图 4 - 7(b)。点 Ⅰ 是在圆锥面对侧面转向轮廓线上,同时也是双曲线的顶点和最高点。点 Ⅱ,Ⅲ 在圆锥底圆上,是双曲线的端点,同时也是最左、最右和最低点。$2',3'$ 可根据 $2,3$ 直接求得,但 $1'$ 需通过辅助纬圆求出,这个纬圆的水平投影与直线 23 相切于 1。

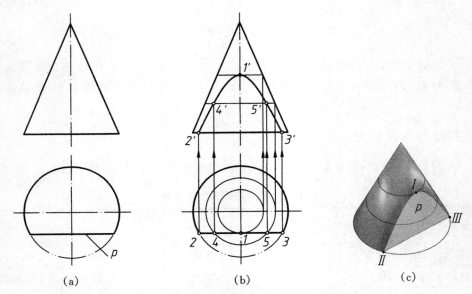

图 4 - 7 平面与圆锥轴线平行时截交线的画法

② 作一般点。由于一般点的已知投影在直线段 23 上,因此可通过纬圆法求出其正面投影。先在水平投影上任取一点 4,利用辅助纬圆求得 $4'$,同时还得到了与 $4'$ 对称的另一点 $5'$。
③ 判别可见性,依次光滑连接各共有点的正面投影,完成作图。

4.2.4 平面与球相交

平面与球的截交线总是圆。当截平面与投影面平行时,截交线在该投影面上的投影为反映真形的圆,而在其他两个投影面上的投影为直线段(长度等于圆的直径)。

【例 4 - 4】 画出开槽半球(见图 4 - 8(a))的三视图。

解 分析

该立体是在半球上部开出一个方槽后形成的.左右对称的侧平面 P 与球面的截交线是两段侧平的圆弧,槽底水平面 Q 与球面的截交线是两段水平的圆弧,P 和 Q 彼此相交于直线段。

作图

画出立体的主视图及半球的水平投影和侧面投影轮廓后,根据方槽的正面投影画出其水

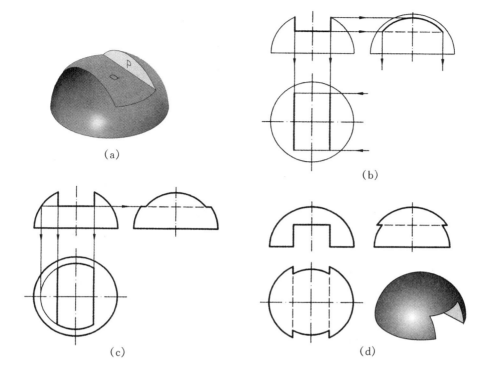

图 4 - 8　球上开方槽的画法

平投影和侧面投影。

① 画出侧平面 P 与球面的截交线(图 4 - 8(b))。根据分析可知,该截交线是平行于侧面的两段圆弧,其正面投影积聚为两段直线,而侧面投影在一段纬圆上(注意纬圆半径的量取)。

② 画出方槽底面 Q 与球面的截交线(图 4 - 8(c))。根据分析可知,该截交线是平行于水平面的两段水平圆弧,其正面投影积聚为一段水平直线段,其水平投影可根据正面投影所在位置的纬圆投影画出,其侧面投影积聚成前后两段可见直线。

由于方槽位于中间,球面对侧面的转向轮廓线,在方槽范围内已不存在。此外,截平面 Q 与 P 的交线的侧面投影不可见,故画成细虚线。

对于本题的半球,如果方槽开在下面,其三视图如图 4 - 8(d)所示。请读者注意分析图 4 - 8(d)与图 4 - 8(c)作图的共同之处和特点。

4.2.5　平面与组合体相交

与组合体相交的平面可以是单一平面或多个平面。不论有几个平面参与相交,首先必须对组合体进行形体分析,弄清它由哪些基本几何体组成,截平面与组合体上的哪些基本几何体相交,并判断每一处截交线的形状和投影,然后逐个作出每个截平面所产生的截交线。当同一平面和几个回转面相交时,应先找出相邻回转面之间的分界线,再分别作出每个回转面与截平面的截交线,相邻两段截交线的分界点就在分界线上。

如图 4 - 9 所示,该组合体是轴线垂直于侧面的圆锥和圆柱组成的同轴回转体,圆锥和圆柱的公共底面是它们的分界线。组合体上的切口由平行于轴线的水平面 P 和倾斜于轴线的正垂

面 Q 截切而成。水平面 P 与圆锥和圆柱都相交，截交线分别为双曲线 A 和直线段 B，这两段截交线在圆锥底圆上相接，点 Ⅰ 是截交线 A,B 的分界点；正垂面 Q 只与圆柱面斜交，交线为一段椭圆弧 C,C 和 B 两段截交线在平面 P 和 Q 的交线上相接，点 Ⅱ 是截交线 B,C 的分界点。

　　应当注意：三个面相交必交于一点（三面共点），该点又称为**三面结合点**。例如：图 4-9 中的 Ⅰ 点和 Ⅱ 点。

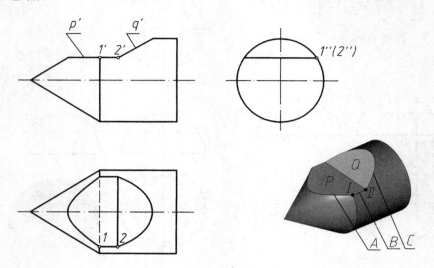

图 4-9　组合回转体表面的交线

4.3　相贯线的画法

4.3.1　概述

　　两立体表面相交所产生的交线称为**相贯线**，如图 4-10 所示。两曲面相交时，相贯线有以下两个基本性质：

　　① 相贯线是两曲面共有点的集合。

　　② 相贯线一般是封闭的空间曲线，特殊情况下可能是平面曲线或直线。

图 4-10　相贯线

　　当两曲面都是回转面时，相贯线的形状取决于两回转面的形状、大小和它们轴线的相对位置。

4.3.2　相贯线的作图方法

　　求作相贯线投影的方法和步骤与作截交线投影相类似，依然是求取立体表面共有点的作图问题，其作图步骤如下：

　　① 根据立体或给出的投影，作空间分析，分析相交两回转体的形状、大小及轴线的相对位置，判断相贯线的形状特点；再根据两回转面轴线对各投影面的相对位置，判定相贯线各投影的特点，从而确定作图方法。

② 作共有点。先作特殊点,特殊点主要是转向轮廓线上的点和极限位置点。然后作一般点。

③ 判别可见性,依次光滑连接各共有点,完成投影。

1. 两圆柱面相交

【例 4 - 5】 完成图 4 - 11(a),(b)所示组合体的主视图。

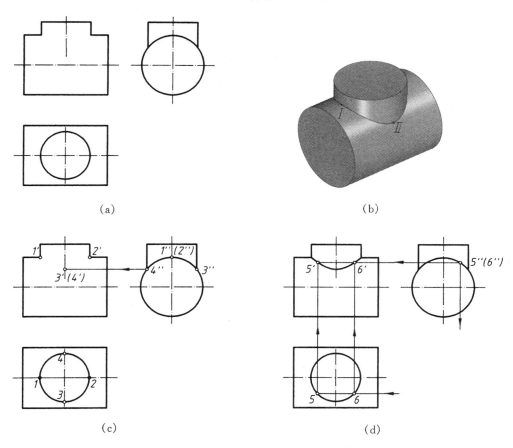

图 4 - 11　轴线垂直相交的两圆柱面交线的画法

解 分析

① 空间分析　该立体是由两个直径不同、轴线垂直相交(称为正交)的圆柱组合而成的。小圆柱面的所有素线与大圆柱面相交,相贯线是一条前后、左右对称的封闭的空间曲线。

② 投影分析　由于大圆柱的轴线垂直于侧面,小圆柱的轴线垂直于水平面,因此相贯线的侧面投影重合在大圆柱的侧面投影上,为一段圆弧,相贯线的水平投影重合在小圆柱的水平投影上,为一个圆,只有相贯线的正面投影需要作出。

作图

① 作特殊点(图 4 - 11(c))。本例中,转向轮廓线上的共有点Ⅰ,Ⅱ,Ⅲ,Ⅳ也是极限位置点。这四个点的水平投影 1 ,2 ,3 ,4 和侧面投影 1″,2″,3″,4″都是已知的,利用面上取点的方法,可以求得 1′,2′,3′,4′。

② 作一般点(图 4 – 11(d))。在相贯线的侧面投影上,任取一重影点的投影 $5''$,$6''$,找出水平投影 5,6,然后作出 $5'$,$6'$。

③ 判别可见性,依次光滑连接各共有点,完成投影图。因相贯线前后对称,所以只需按顺序光滑连接前面可见部分各共有点的正面投影,即完成作图。

轴线垂直相交的两圆柱,在机械零件上是最常见的。两圆柱面相交时,相交的表面可能是圆柱的外表面,也可能是内表面,因此就会出现表 4 – 3 所示的两外表面相交、外表面和内表面相交、两内表面相交的三种基本形式。

表 4 – 3　两圆柱面相交的三种基本形式

相交形式	两外表面相交	外表面和内表面相交	两内表面相交
立体图	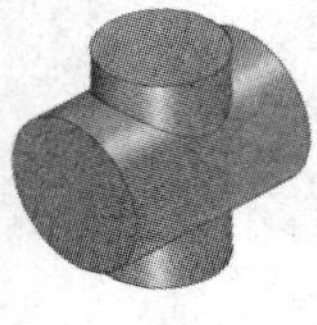	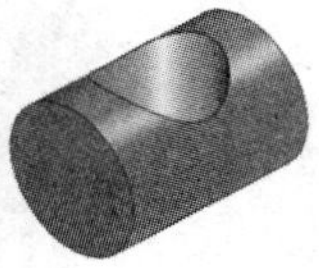	
投影图	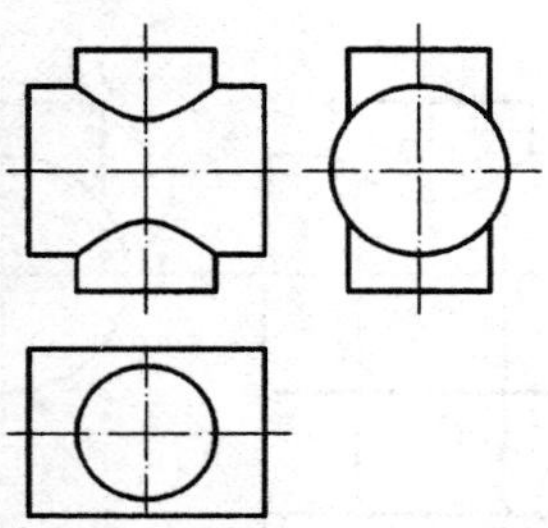	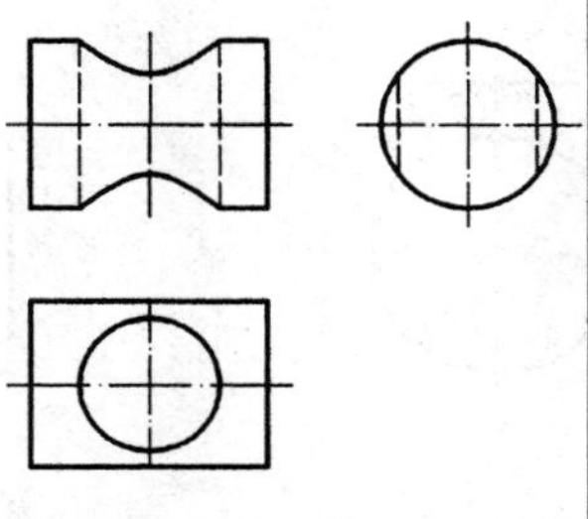	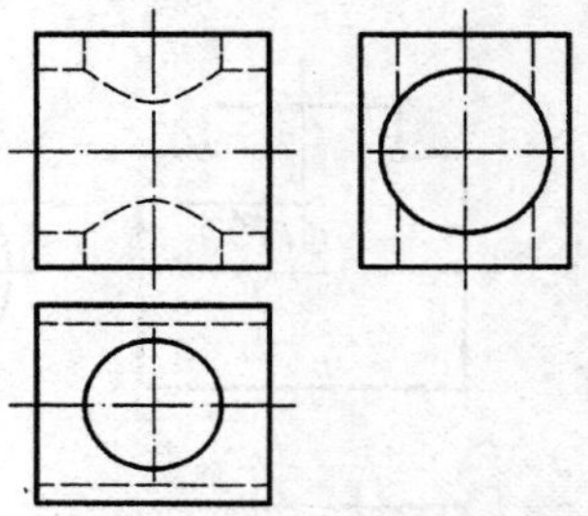
相贯线投影的特点	1. 当相交双方的几何形状、相对大小和轴线的相对位置不变时,相贯线的形状和作图方法是相同的。 2. 可见性有变化。		

2. 影响相贯线形状的主要因素

影响相贯线形状的主要因素是两立体的形状、大小和轴线的相对位置。

① 轴线垂直相交的两圆柱直径相对变化时对相贯线的影响。表 4 – 4 表示了轴线垂直相交的两圆柱直径相对变化时,相贯线弯曲趋势的变化,其中当两圆柱直径相等时,相贯线是两个互相垂直相交的椭圆,这两个椭圆垂直于两轴线所决定的平面,在两轴线决定的平面内的投影积聚为两垂直直线段。

② 相交两圆柱轴线相对位置变化时对相贯线的影响。表 4 – 5 表示了两圆柱轴线相对位置变化时,相贯线形状的变化。

③ 两立体形状变化对相贯线的影响。立体表面形状改变,相贯线形状也会产生变化。例如:若将图 4 – 11(b),(d)所示立体上水平圆柱改为球,相贯线将由空间曲线变化为平面曲线圆(图 4 – 13(a))。

表 4－4　轴线垂直相交的两圆柱直径相对变化时对相贯线的影响

两圆柱直径的关系	水平圆柱较大	两圆柱等直径	水平圆柱较小
立体图	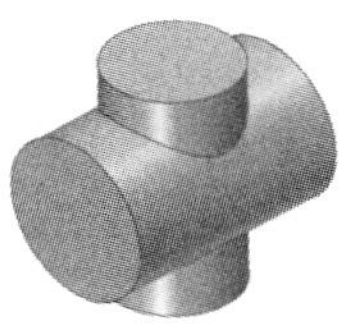	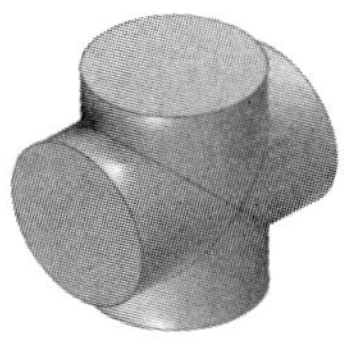	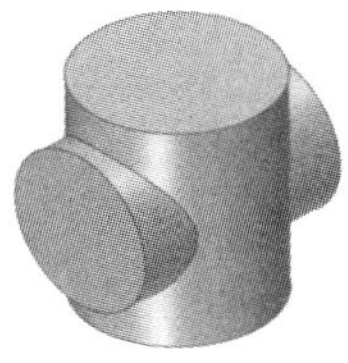
投影图	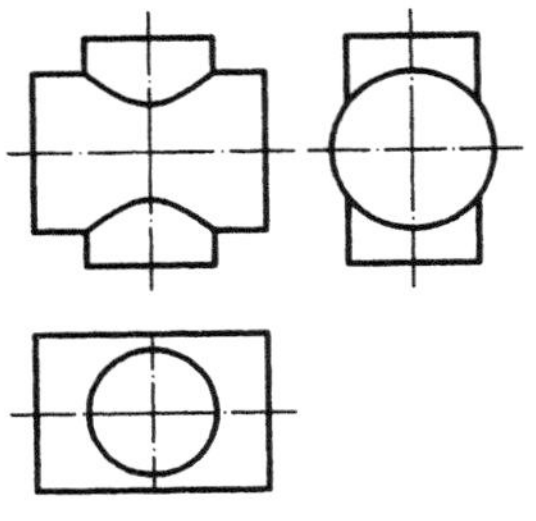	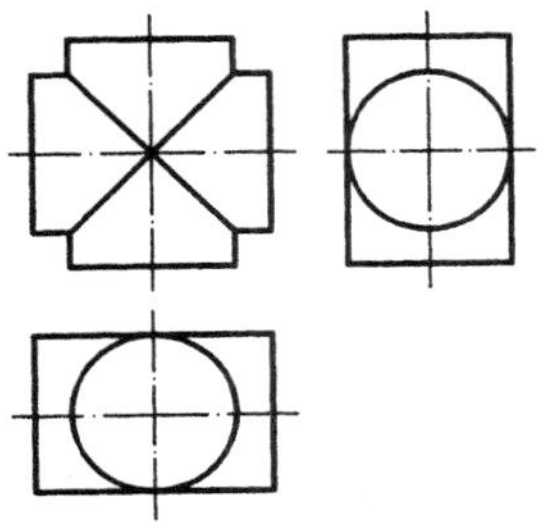	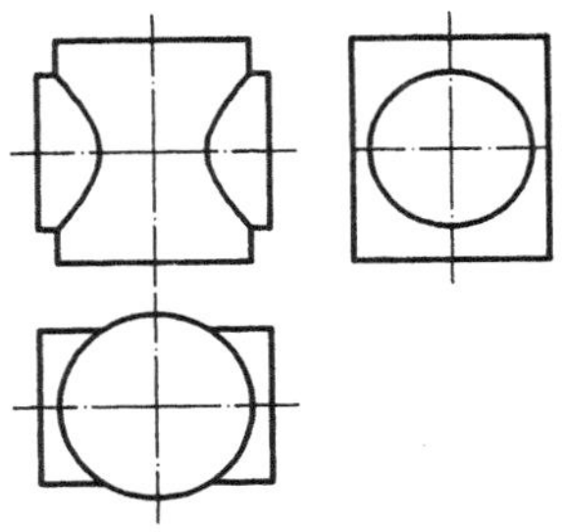
相贯线正面投影特点	曲线向大圆柱面内弯曲（上、下两条空间曲线）	互相垂直的两条直线（空间为两个互相垂直的椭圆）	曲线向大圆柱面内弯曲（左、右两条空间曲线）

表 4－5　相交两圆柱轴线相对位置变化时对相贯线的影响

两圆柱轴线的位置关系	两轴线垂直相交（正交）	两轴线垂直交叉（偏交）		两轴线平行
		全贯	互贯	
立体图	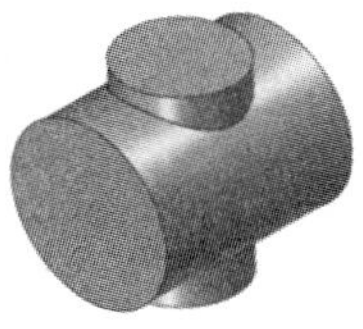	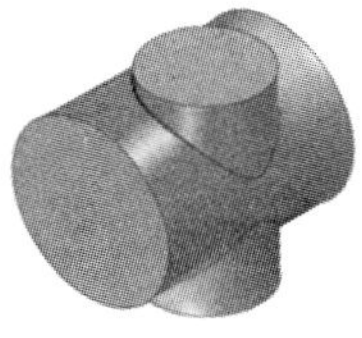	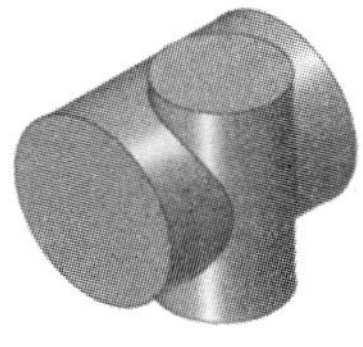	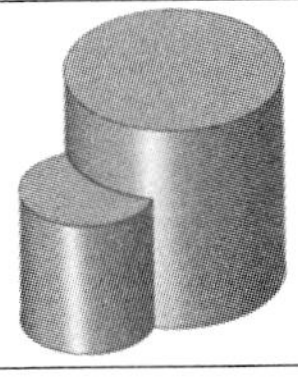
投影图	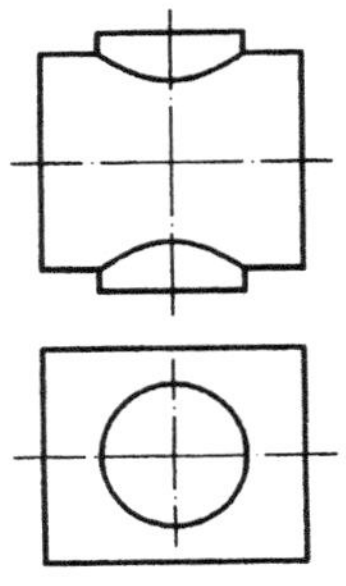	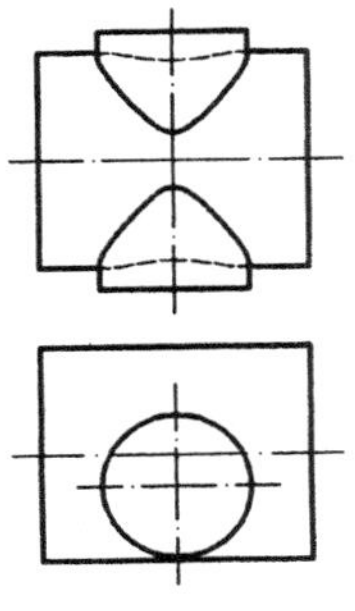	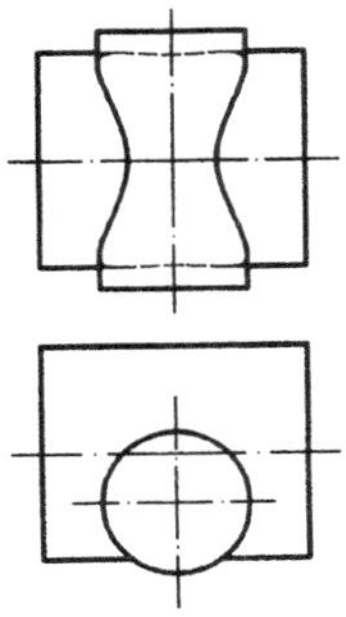	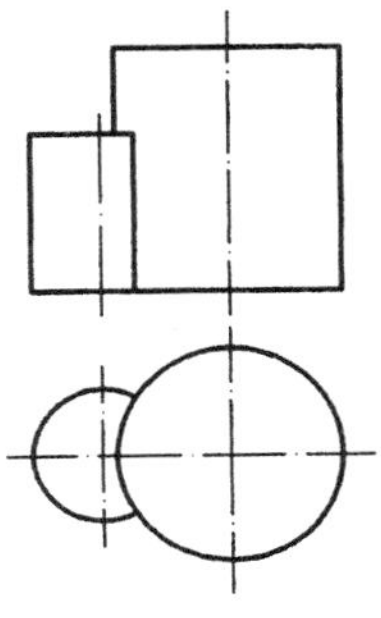

　　如求作圆锥(轴线不通过球心)和球的交线时,由于圆锥面和球面的各投影都没有积聚性,不能应用表面取点法作图,此时求作相贯线需采用"辅助平面法"及"辅助球面法"等作图方法,这些方法本书不作介绍。

　　【例 4-6】 　如图 4-12(b)所示,已知相贯体的俯、左视图,试完成主视图。

　　解　**分析**

　　① 空间分析。由已知图形和立体图可知,该立体由一直立圆筒和一水平圆筒正交(两轴线垂直相交),内外表面共产生 4 条相贯线。其中,两圆柱外表面相交,相贯线为一条空间曲线。水平圆柱外表面和直立圆柱孔内外表面相交,相贯线也为一条空间曲线。水平圆孔和直立圆孔两内表面相交,由于两孔的直径一样大,因此其相贯线的形状为椭圆,且椭圆所在的平面与正面投影面垂直。

　　② 投影分析。由于直立圆筒和水平圆筒的轴线分别是铅垂线和侧垂线,因此相贯线的水平投影和侧面投影都是已知的,不是圆就是圆弧。本题完全可以利用图 4-11 的作图方法,求出相贯线的正面投影。

　　作图

　　① 求两圆柱外表面的相贯线,如图 4-12(c)所示。

　　② 求两圆柱内外表面的相贯线,如图 4-12(d)所示。

　　③ 求两圆柱内表面的相贯线,如图 4-12(e)所示。

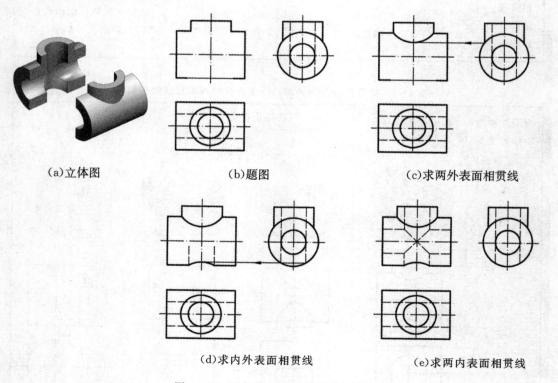

(a)立体图　　　　　　　　(b)题图　　　　　　　(c)求两外表面相贯线

(d)求内外表面相贯线　　　　　　(e)求两内表面相贯线

图 4-12　已知俯、左视图,完成主视图

4.3.3　同轴回转体的相贯线

当两个同轴线的回转面相交时,相贯线是圆,该圆垂直于轴线。当回转面的轴线平行于投影面时,这个圆在该投影面上的投影为垂直于轴线的直线。图 4 - 13 所示为轴线都平行于正面的同轴回转面相交的例子。

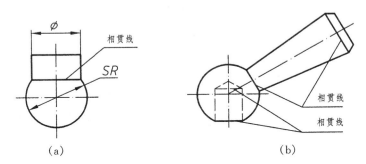

图 4 - 13　同轴回转体的相贯线

4.3.4　组合体上交线的综合举例

组合体上常有比较复杂的表面交线,既有截交线,又有相贯线,形成综合相交。画这类综合相交的组合体视图时,一般按以下步骤进行:

① 对组合体进行形体分析,分清哪些表面参与相交。

② 找出每处交线的范围,分析这些交线的类型,并将它们与前面所学截交线和相贯线的基本类型或常见形式作比较,从而判断交线投影的位置和形状。

③ 应用前面有关求作截交线和相贯线的基本作图方法,逐一作出各条交线的投影。

【例 4 - 7】　完成图 4 - 14(a)所示组合体的三视图。

解　形体分析

组合体前后对称,由四个基本几何体叠加再打孔形成的。其外形是在同轴线等直径的半球 I 和圆柱 II 上面叠加了一个长方体 III 和相切于长方体的半圆柱 IV。其内部有一竖直长圆孔 V 和两个直径不等、同轴线且通过球心的水平圆柱孔 VI,VII。

交线分析及作图

该组合体上共有 10 条(对称的当作一条)交线,它们分别是:

① 外表面之间的 4 条交线(图 4 - 14(b)中粗实线)

长方体 III 左侧面、前后平面与半球 I 相交,交线为圆弧,其作图可参考图 4 - 8(d);长方体 III 与圆柱 II 相交,交线为直线,其作图可参考图 4 - 6;竖直半圆柱 IV 与水平圆柱 II 相交,交线为空间曲线,其作图可参考图 4 - 11。

② 内表面之间的两条交线(图 4 - 14(d)中主视图虚线所示)

竖直长圆孔 V 左端的半个圆柱孔与左边水平小圆柱孔 VI 相交,交线是空间曲线,其作图方法可参考图 4 - 11 和表 4 - 3 中“两内表面相交”;竖直长圆孔 V 右端的半个圆柱孔与右边水平圆柱孔 VII 的轴线垂直相交,它们的直径相同,交线为两半个椭圆,其作图可参考表 4 - 4 中“两圆柱等直径”。

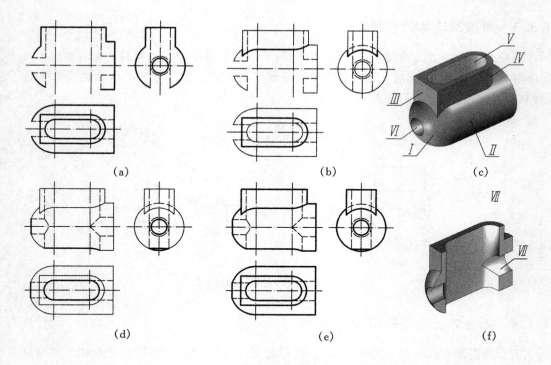

图 4 - 14　组合体表面综合相交作图举例

③ 内、外表面之间的四条交线（图 4 - 14(d)中粗实线）

左边水平小圆柱孔Ⅵ和竖直长圆孔Ⅴ左端的半个圆柱面的轴线都通过球心，它们与半球Ⅰ相交，交线分别为圆和半圆，其作图可参考图 4 - 13；竖直长圆孔Ⅴ前后两个正平面与水平圆柱Ⅱ外表面相交，交线为直线；竖直长圆孔Ⅴ右端的半个圆柱孔与水平圆柱Ⅱ外表面相交，交线为空间曲线。

4.4　组合体视图的画法

画组合体视图的基本方法是形体分析法。在画组合体视图之前，首先要对其进行形体分析，分析该组合体由哪些简单形体组成、各简单形体的相对位置和相邻形体表面之间的关系，从而有分析、有步骤地进行画图。下面以图 4 - 15 所示支架为例说明画组合体视图的方法和步骤。

1. 形体分析

从图 4 - 15(a) 可以看出，支架左右对称，由底板、圆筒和肋叠加组成。两个肋支撑两个圆筒对称地位于底板上面，肋的前后面与圆筒相切，肋的后面与底板后面平齐。底板是在长方体上挖切圆角、圆柱孔、通槽后形成的。

2. 视图选择

首先将组合体安放平稳，并使它的对称面、主要轴线或大的端面与投影面平行或垂直，然后选择主视图投射方向。主视图投射方向的选择原则是：应将最能反映组合体形体特征的投射方向作为主视方向(如图 4 - 15(a) 上箭头所指);同时还应兼顾其他视图,尽量使俯、左视图中的虚线最少。

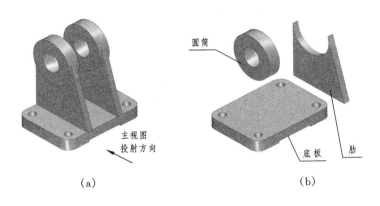

(a)　　　　　　　　　　　　　　　　　(b)

图 4 - 15　支架及其形体分析

3. 布置图面

根据组合体的实际尺寸,选取适当的比例和图幅。在图纸上画出每个视图在水平方向和竖直方向的作图基准线,对称的视图必须以对称中心线作为基准线,此外还可选用视图中主要轮廓线、重要轴线和圆弧的对称中心线来确定各视图的具体位置,如图 4 - 16(a) 所示。为了合理地布置图面,应使两视图之间的距离和视图与图框的距离恰当。

4. 画底稿

按形体分析的结果,先逐一画每个主要简单形体的基本轮廓,再画次要形体(局部细节),要三个视图同时画;先画反映其形体特征的投影,后画其他两投影。

① 如图 4 - 16(b) 所示,首先画底板长方体轮廓的三视图,再画两个圆筒轮廓的三视图。

② 如图 4 - 16(c) 所示,画肋,关键是肋与圆柱相切处的画法。由于相切处是光滑过渡的,在投影中不应画出平面与圆柱面分界线的投影。由于肋的前后两个平面与圆柱面相切于一段侧垂线,所以在侧面投影上表现为直线与圆的两个切点。画切点的正面和水平投影时,要注意肋板左右侧面的投影应按"高平齐、宽相等"投影规律画到相切处。

③ 如图 4 - 16(d) 所示,画次要形体。在前两步的基础上,逐一画出底板上的圆角、四个小孔、通槽以及圆筒的孔的三视图。

5. 整理图面

检查底稿,清理图面,加深图线完成作图。

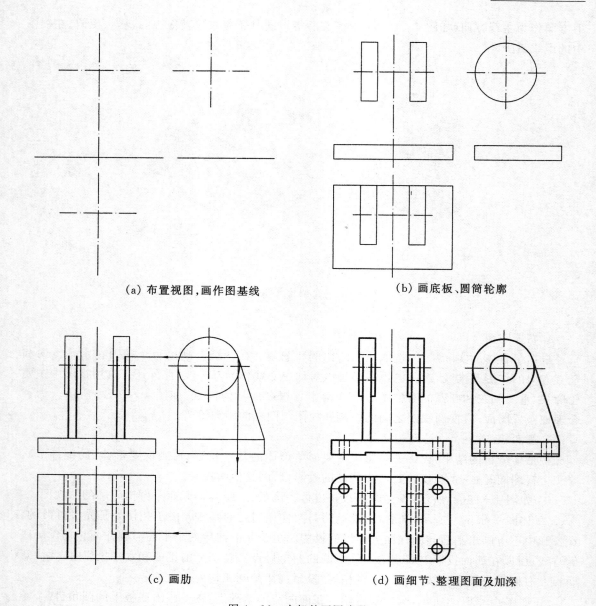

(a) 布置视图,画作图基线   (b) 画底板、圆筒轮廓

(c) 画肋   (d) 画细节、整理图面及加深

图 4 - 16   支架的画图步骤

【例 4 - 8】   画出图 4 - 17(a)所示组合体的三视图。

解   分析

该组合体的基本形状是长方体,通过逐一挖切三棱柱和四棱柱后形成了如图 4 - 17(a)所示的立体。

作图

① 选择主视图投射方向,如图 4 - 17(a)所示;

② 画挖切前的长方体的完整投影;

③ 画切除三棱柱后的投影,如图 4 - 17(b)所示,注意从反映挖切形状特征的左视图开始画图;

④ 画挖切四棱柱后的投影,如图 4 - 17(c)所示,注意一般位置直线 AB 的投影作图;

⑤ 检查、加深。

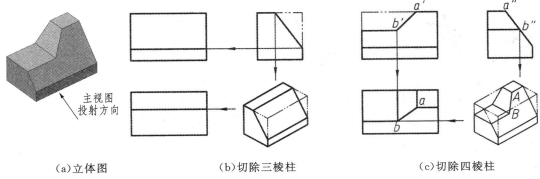

　　(a)立体图　　　　　　　　　(b)切除三棱柱　　　　　　　　(c)切除四棱柱

图 4 - 17　以挖切为主的组合体的三视图画法

4.5　组合体的尺寸注法

4.5.1　尺寸标注的基本要求

　　视图中的尺寸是零件加工的重要依据,故标注时不能出错。为了减少不必要的损失,标注尺寸时应满足以下基本要求:

　　① 符合国标:严格遵守各种相关的国家标准。

　　② 尺寸齐全:标注尺寸个数不多、不少、不重复。

　　③ 布置清晰:尺寸放置有序、查看方便。

4.5.2　组合体的尺寸分析

1. 尺寸分类

根据尺寸所起的作用可分为三类。

　　① 定形尺寸:确定各基本体大小的尺寸,如图 4 - 18(a)中所示尺寸 $\varnothing 27, R24, 23, 13$ 等。

　　② 定位尺寸:确定基本体之间、截平面与其它几何要素之间相对位置的尺寸,如图 4 - 18 (a)中所示尺寸 38,43,56 等。

　　③ 总体尺寸:确定组合体总长、总宽、总高的尺寸,如图 4 - 18(a)中所示尺寸 50、80。

2. 尺寸基准

　　定位尺寸的度量起点称为尺寸基准。在长、宽、高三个方向上至少各需要一个尺寸基准。当在一个方向上有多个基准时,其中只有一个是主要基准,其余均为辅助基准。

　　一般选择组合体的对称面(在视图中为对称中心线)、底面、重要的端面和回转体轴线等作为尺寸基准。在图 4 - 18(a)所示组合体尺寸中,长度方向尺寸基准为左右对称面;宽度方向尺寸基准为后端面;高度方向尺寸基准为底面。

3. 尺寸标注的注意点

　　① 当基本体之间处于叠加、平齐或对称面上时,在相应方向上不需要标注定位尺寸,如图

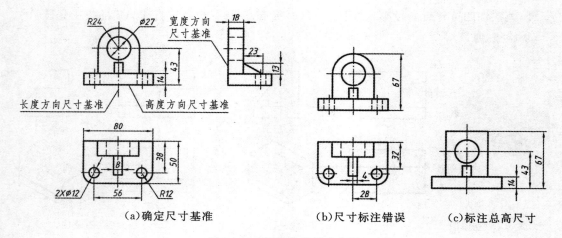

图 4-18 组合体的尺寸分析

4-18(b)中的定位尺寸 4 就不需标注。

  ② 当以对称面(对称中心线)为尺寸基准时,要直接标注两对称要素间的距离尺寸,而不标注从基准到要素间的尺寸。如图 4-18(a)中孔心距尺寸 56 的标注是正确的,而图 4-18(b)中尺寸 28 的标注是错误的。

  ③ 由于回转体(孔)的位置是由其轴线位置确定的,因此其定位尺寸必须注到轴线而不能注到转向轮廓线上。如图 4-18(a)中的尺寸 38 标注正确,而图 4-18(b)中的尺寸 32 标注错误。

  ④ 当组合体的一端有同心孔的回转面时,一般不直接标注该方向上的总体尺寸。如图 4-18(b)中的总高尺寸 67 是不标注的。但如果组合体的端面是一个平面,则必须标注总高尺寸,如图 4-18(c)所示的尺寸 67。

4.5.3 常见底板、凸缘柱体的尺寸注法

  工程上底板、凸缘等零件结构的形体多为柱体。由于柱体尺寸是由底面尺寸和高度尺寸组成,因此要注意注全柱体底面的定形尺寸和定位尺寸,而高度尺寸只需标注一个即可。常见底板、凸缘柱体的尺寸注法如表 4-6 所示。

表 4-6 零件上常见底板、凸缘柱体的尺寸注法

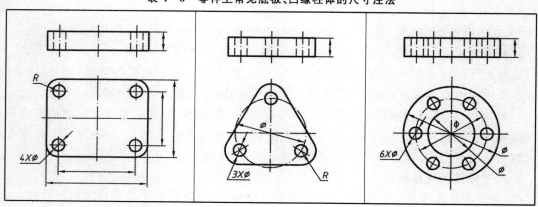

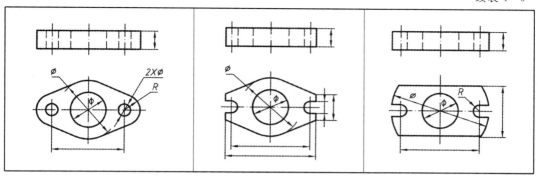

4.5.4　有截交线或相贯线立体的尺寸注法

由于截交线和相贯线的形状、大小和位置取决于相交双方的形状、大小和相对位置,因此不能直接对截交线和相贯线标注尺寸。表 4 - 7 例举了用"⊠"表示的错误尺寸注法,这些尺寸看似标注了交线的定形、定位尺寸,实际都是多余的尺寸。

表 4 - 7　具有交线的立体的尺寸标注

正 确 的 标 注	错 误 的 标 注
不能对相贯线标注尺寸	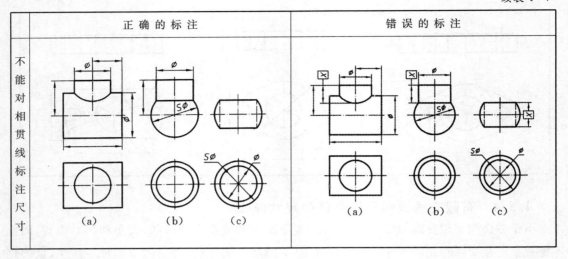

4.5.5 标注组合体尺寸的步骤和方法

标注组合体尺寸的一般步骤如下:

(1)对组合体进行形体分析。

(2)选择长、宽、高三个方向的尺寸基准。

(3)逐一标注各形体的定形尺寸和定位尺寸。

(4)标注总体尺寸(若总体尺寸和其它尺寸重合,则不必再注)。

(5)检查,修改,加深。

图 4 - 19 所示的支架,由底板、圆筒和肋组成。其尺寸标注步骤如下:

① 对组合体进行形体分析,标注各主要简单形体的定形尺寸,如图 4 - 19(a)所示。

图 4 - 19(a)中分别标注了底板长方体、圆柱和肋的定形尺寸。

② 标注各主要简单形体间的定位尺寸,如图 4 - 19(b)所示。

首先选择尺寸基准,即标注定位尺寸的度量起点,支架在长、宽、高三个方向上的尺寸基准选择如图 4 - 19(b)所示。

再标注三个主要简单形体的定位尺寸。底板三个方向的定位尺寸都为 0;两个圆柱的高度定位尺寸为 180,长度方向对称分布在 128 上,宽度方向定位尺寸为 0;肋与底板同宽,与圆柱相切,注对称的长度方向尺寸 80 和高度方向尺寸 30。这里尺寸 30 既是肋的定位尺寸,又是底板的定形尺寸。

③ 标注各次要形体的定形尺寸,如图 4 - 19(c)所示。

标注底板上的圆角 R25、高 30;圆孔 $\varnothing$20,高 30;通槽长 100,宽 170 和高 5;圆筒 $\varnothing$52,长 32。

④ 标注各次要形体的定位尺寸,如图 4 - 19(c)所示。

标注底板上 4 个小圆孔间的孔心距 184 和 120,圆孔到宽度方向基准的定位尺寸 25。

⑤ 调整尺寸标注,完成标注如图 4 - 19(e)所示。

从图 4 - 19(d)所示的尺寸标注中可以看出,尺寸 170,30,$\varnothing$120,32 是重要尺寸,而 150 是多余尺寸,为了保证完整地标注尺寸必须去掉多余尺寸和重复尺寸。

考虑到该支架在装配时,两圆柱之间要装上一定宽度的滑轮,因此应将 32 调整为与滑轮宽度相关的尺寸 64。

最后考虑总体尺寸,如总长 234,总宽 170。由于支架的上端为回转面,因此总高尺寸不直接注出,应注 180。

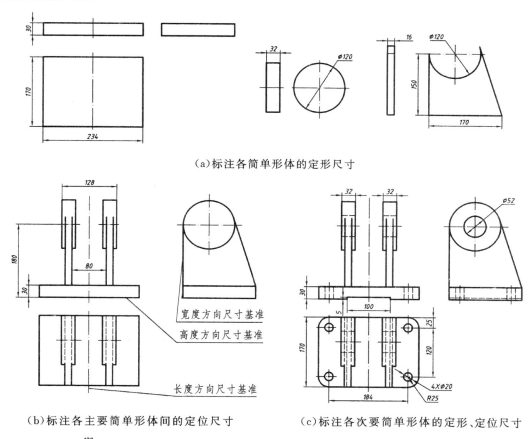

（a）标注各简单形体的定形尺寸

（b）标注各主要简单形体间的定位尺寸　　　（c）标注各次要简单形体的定形、定位尺寸

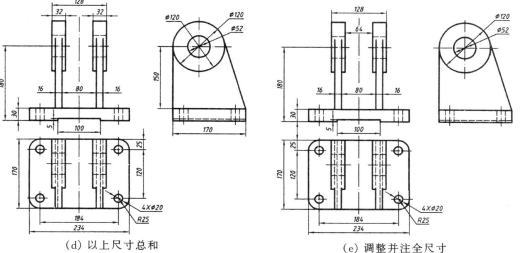

（d）以上尺寸总和　　　　　　　　　　　（e）调整并注全尺寸

图 4-19　注全支架尺寸

4.5.6 尺寸的清晰布置

为了便于看图,应当把每个尺寸布置在适当的位置,做到整齐清晰。尺寸的布置应能与视图所表达的形体特点配合起来。表 4－8 中列出了尺寸布置要注意的问题,以及布置是否恰当的标注对照。

表 4－8 尺寸布置要注意的问题

要注意的问题	正　确	错　误
尺寸最好注在两视图之间;尽量注在视图外面	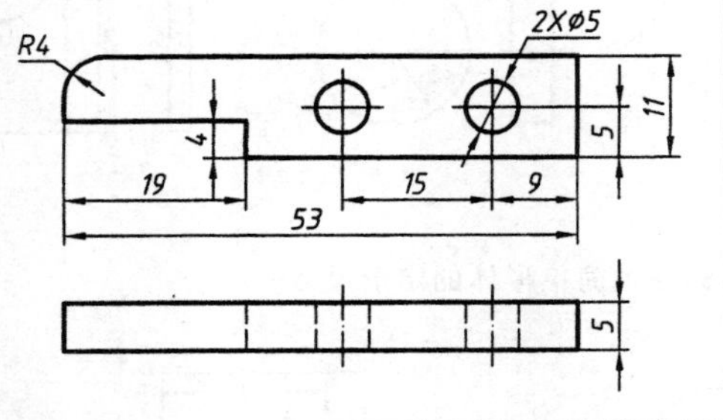	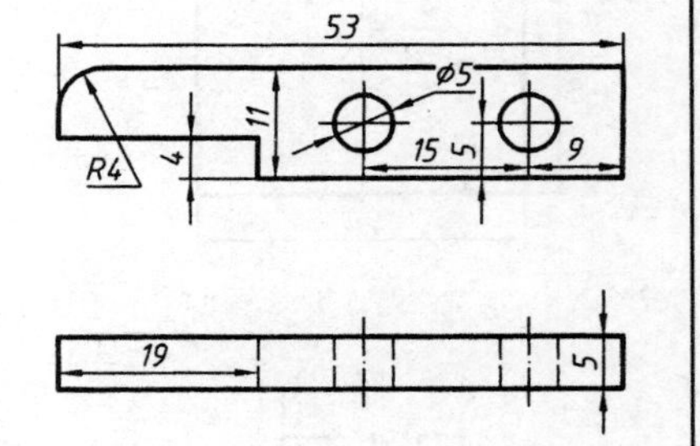
每个简单形体的尺寸应集中注在特征明显的视图上;不相互重叠又同一方向的尺寸,最好画在一条线上	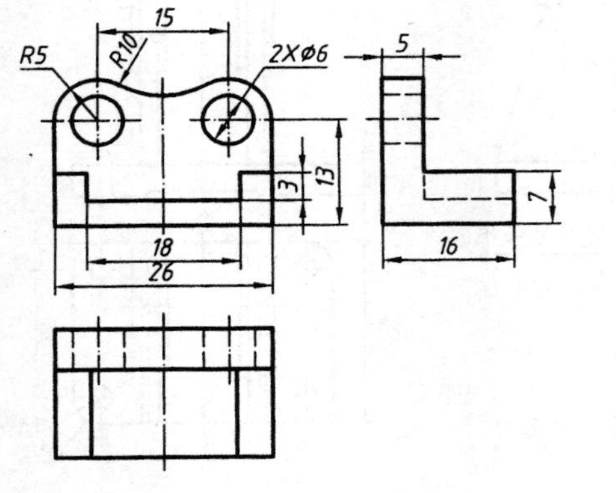	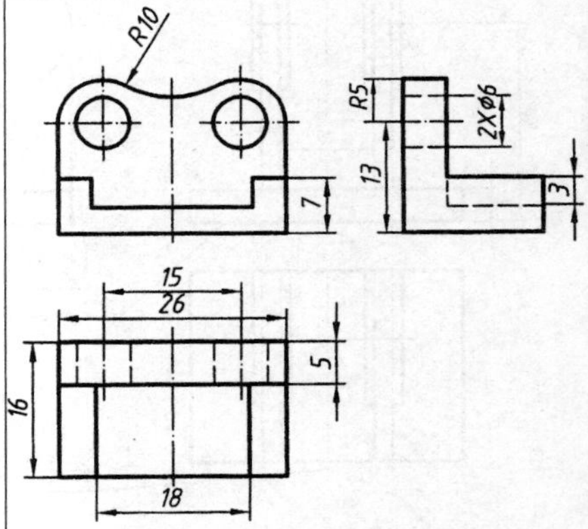
同轴回转体的尺寸最好集中注在非圆视图上(底板或圆盘上均布的小孔除外)	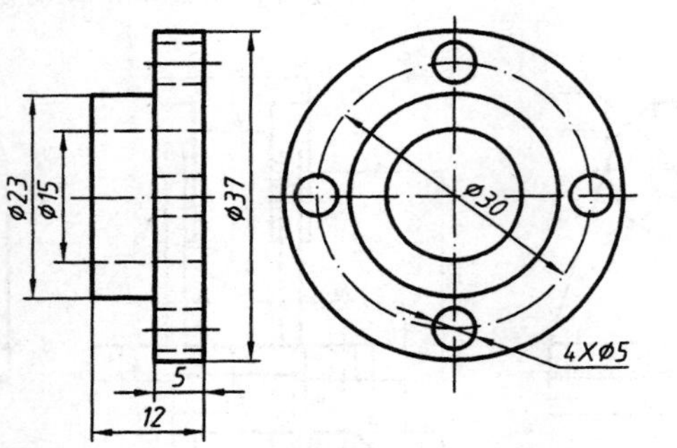	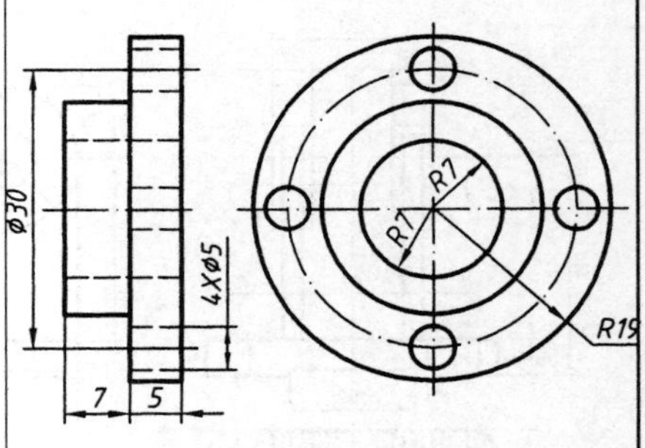

图 4－19(e)所示的尺寸标注,按布置清晰的要求可调整为如图 4－20 所示的参考标注。

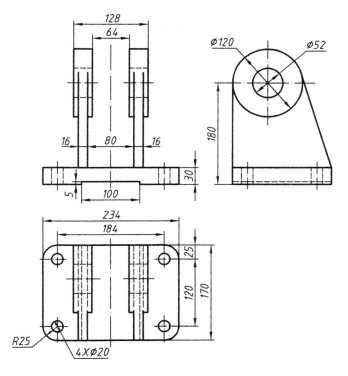

图 4 - 20   支架的尺寸标注

4.6 读组合体视图的方法

读组合体视图简称读图,是根据组合体的视图,想象出它的空间形状的过程。读图是画图的逆过程,因此要以画图的投影理论为基础,注意读图的基本要领,运用读图的基本方法。

4.6.1 读图的基本要领

1. 将有关的多个视图联系起来分析才能确定立体形状

由于一个视图不能确定立体的形状和基本形体间的相对位置,因此读图时必须将有关视图联系起来分析。如图 4 - 21 所示,三个立体的主视图相同,但立体形状不同,仅根据一个视图是不能确定立体形状的。如图 4 - 22 所示,三个形状各异的立体的主视图和俯视图相同,因此有时两个视图也不能确定立体的形状。读图时只有将各视图联系起来看,才能看懂并确定立体的形状。

2. 分析反映形体特征的视图以判定关键的形体和组合方式

组合体的形体特征会反映在视图上。读图时应找出特征明显的视图进行重点分析,以判定关键的形体。图 4 - 23(a)、(b)中的俯视图是组合体的特征视图,分析这两个俯视图更易看懂两个不同特征的组合体。当然,组合体各部分的形体特征不一定都集中在一个视图上,因此分析每一部分时要考虑从该部分的特征视图入手。

通常,分析组合体的特征视图还可从中找出组合方式。如在图 4 - 23(a)和图 4 - 23(b)

中,可从反映形体特征的俯视图中看出:图 4-23(a)所示为叠加式组合体,而图 4-23(b)则是挖切式组合体。

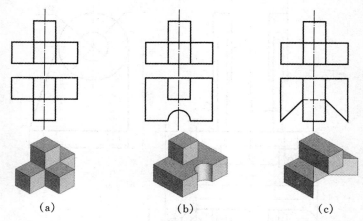

图 4-21　相同主视图,不同的立体

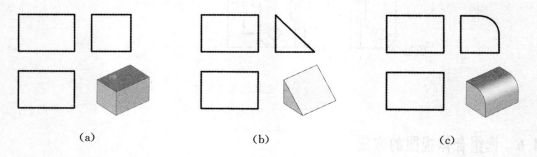

图 4-22　相同的主、俯视图,不同的立体

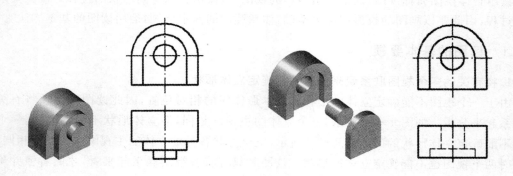

(a)叠加式组合体   (b)挖切式组合体

图 4-23　从特征视图入手分析组合体

3. 通过分析视图中线框和线段的可见性判别各形体之间的相对位置

视图中,通常封闭线框(相切除外)表示形体的投影,各种线段表示线或面的投影,读图时应注意它们之间的投影关系以及左、右、前、后、上、下的相对位置。一般形体的可见性都能通过虚、实线反映出来。如在图 4-24(a)、(b)中,两图的主、俯视图均相同,只有左视图不同,其

中图 4－24(a)左视图中的斜线为粗实线,图 4－24(b)左视图中的斜线是细虚线,由此能够判断两个组合体的形状是不同的。

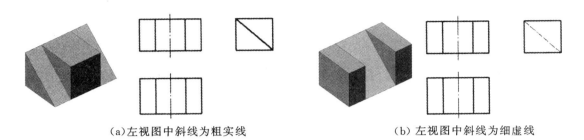

（a)左视图中斜线为粗实线　　　　　　　　　　　　（b)左视图中斜线为细虚线

图 4－24　从可见性判断组合体的形状

4. 根据平面的投影特性解决读图难点问题

在读平面立体视图时,常会涉及到一些较难判定的特殊位置平面的投影。如图 4－25(a)中,主视图有一个"T"字形图形需进行分析和判定。判定原则是:平面的投影若非类似形必有积聚性,即根据投影关系先查找是否存在该图形的类似形,若没有,则再找其对应的积聚性投影,二者必居其一。很显然,在图 4－25(a)的俯视图中有一个符合投影关系的"T"字类似形,而左视图中则没有,因此,可以判定该平面图形在左视图的投影必定是一条积聚性直线。在空间,"T"字形图形是一个侧垂面,如图 4－25(b)所示。

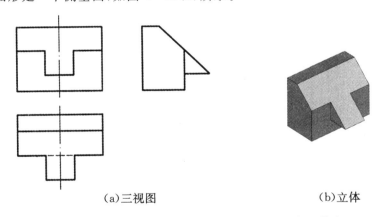

（a)三视图　　　　　　　　　　　　　　（b)立体

图 4－25　平面投影具有若非类似形必有积聚性的特点

5. 确定斜线的含义

从直线的角度分析。由于一般位置直线的投影是倾斜的直线段,所以当几个视图中都有斜线时,应当分析它们是否为某一条一般位置直线的投影。如图 4－26(a)所示,对应投影关系后可知,视图中的斜线是一般位置直线 AB 的投影。

从平面的角度分析。如果在两个视图的轮廓线中有斜线(见图 4－26(a)的俯、左视图),可考虑该立体被两个投影面的垂直面分别进行了挖切。若这两个面相交,交线一定是一般位置直线,投影都是斜线。如图 4－26(a)所示,先从俯、左视图的斜线中找出两个投影面垂直面相交的交线 ab 和 $a''b''$,再按投影关系找到它们的另一投影 $a'b'$ 的位置。可以确定直线 AB 是侧垂面与铅垂面的交线,该立体是在五棱柱上切去一梯形槽(由铅垂面和正平面组成)后形成的,如图 4 - 26(b)所示。

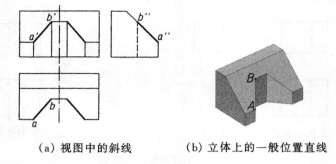

(a) 视图中的斜线　　　　　(b) 立体上的一般位置直线

图 4 - 26　斜线的含义

6. 从交线判断相交立体的形状

在视图上,截交线和相贯线的投影一般都处于比较明显的位置。先认清交线的投影,再分析相交形式,从而可以判断并确定相交的立体。如图 4 - 27(a)所示,视图中的曲线具有圆柱正交相贯线的投影特点,初步判断该立体是竖直圆柱分别与大小不同的两个水平圆柱正交形成的组合体,尺寸∅可进一步确定该判断,立体如图 4 - 27(b)所示。如图 4 - 28(a)所示,从视图上的多条交线可以看出,该立体由长方体和圆筒叠加再从左至右挖通一半圆柱槽后形成的。

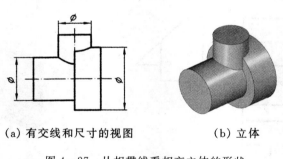

(a) 有交线和尺寸的视图　　　　　(b) 立体

图 4 - 27　从相贯线看相交立体的形状

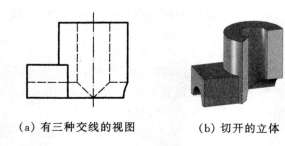

(a) 有三种交线的视图　　　　　(b) 切开的立体

图 4 - 28　从内外交线看立体的形状

7. 阶梯型结构的层次关系

很多组合体具有一种阶梯型结构(如图 4 - 29(a)所示),这种结构在不反映形体特征的两个视图(如图 4 - 29(b)所示的主、俯视图)上各有一组形状相近的矩形线框,且没有虚线。这种阶梯型结构具有很强的层次关系,即前低后高,上窄下宽。当看到视图具有上述特点时,首先应当考虑该立体可能具有这种阶梯型结构,即在左视图上反映阶梯型结构的形状特征。

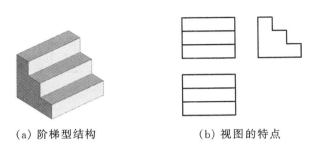

(a) 阶梯型结构　　　　　　　　　　(b) 视图的特点

图 4 - 29　阶梯型结构的层次关系

4.6.2　用形体分析法读图

形体分析法是读图的基本方法。首先根据组合体视图的特点,把视图分成若干部分,逐一确定每一部分的几何形状,再按照它们的相对位置和组合特点,想象出立体的整体形状。下面以图 4 - 30(a)所示的三视图为例,说明用形体分析法读组合体视图的具体步骤。

1. 看视图,分线框

先将所有视图联系起来粗略地看一下,大致了解整个立体的构成情况。然后选一个最能反映立体结构特征的视图(一般是主视图),把它拆分成若干个线框。由于视图上的每个线框都对应一个简单形体或一个面,因此分线框就意味着将组合体分解为若干简单形体。如图 4 - 30(b)所示,将主视图分成了四个线框。

2. 对投影,定形体

按投影规律(长对正、高平齐、宽相等),逐一找出所分线框对应的其余两投影。将每个线框的各个投影联系起来,按照简单形体的投影特点,确定它们的几何形状。如图 4 - 30(b)所示,从主视图向下对投影,俯视图上与线框 $1'$ 长对正的线框是唯一的。左视图上有与线框 $1'$ 高平齐关系的矩形线框(包括虚线)。由此可知,线框 Ⅰ 为左部有一半圆柱槽的长方体。用同样方法,也可确定线框 Ⅱ,Ⅲ,Ⅳ 所对应的立体形状分别为四棱柱、三棱柱和半圆筒,如图 4 - 30(c),(d),(e)所示。

3. 综合起来想整体

确定了各线框所表示的简单形体后,再根据视图去分析各简单形体间的相对位置和表面关系,对齐并组合它们,就可以得到整个立体的结构形状。该立体的结构形状如图 4 - 30(f)所示。

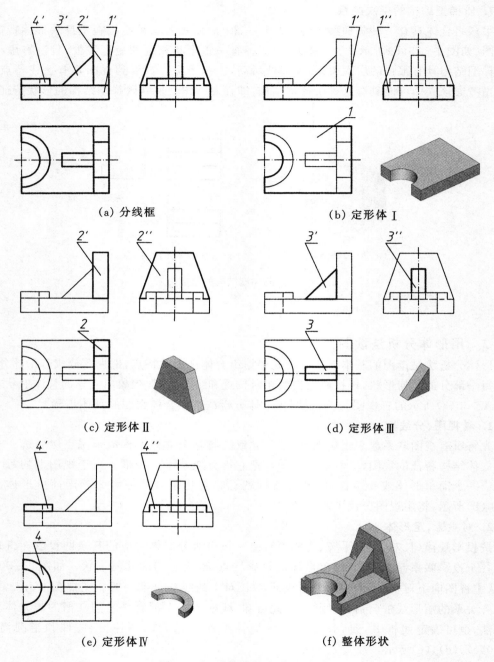

(a) 分线框　　　　　　　　(b) 定形体 I

(c) 定形体 II　　　　　　　(d) 定形体 III

(e) 定形体 IV　　　　　　　(f) 整体形状

图 4-30　形体分析法看图步骤

4.6.3　用线面分析法读图

用线面分析法读图，其实质是在形体分析法的基础上，通过线面投影理论分析视图中较为复杂而难以读懂的线面投影部分，以提高读图效率。为此，搞清楚视图中每个线框和线条所表示的含义是十分重要的。

根据投影理论可知，视图中图线的含义有三种（图 4-31）：

①面与面(平面或曲面)交线的投影;

②具有积聚性的平面或柱面的投影;

③曲面的转向轮廓线的投影。

视图中的每个封闭线框一般表示立体上的平面或曲面的投影,如果相邻两线框有公共边界,则说明两个面必是相交或者错开的。

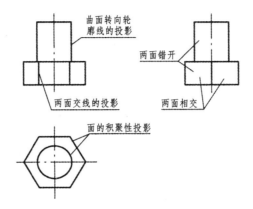

图 4 - 31　分析视图中线框和线条的含义

要注意:对于以挖切为主的组合体来说,在形成过程中,会出现多种面(单一或组合)挖切多个形体从而有多种交线的情况(如图 4 - 32、图 4 - 34 所示的图形等)。因此对此类组合体的读图来说,仅用形体分析法是不够的,还需要使用线面分析法辅助读图。

下面举例说明"形体分析法＋线面分析法"读图的过程。

【例 4 - 9】　读懂图 4 - 32(a)所示组合体的三视图,并想象出其空间形状。

解　分析

根据前例所述,需先把各个视图联系起来看一下,由于图中的线条完全被包围在一个形体之内,因此可基本确定本例的形体是以挖切为主的组合体。

作图

(1)确定未挖切前的基本形状

由于三个视图的外形轮廓都是直线,且主、俯视图外轮廓互相平行,符合棱柱的基本性质,因此确定未挖切前的基本形体是以左视图的轮廓形状为底的五棱柱,如图 4 - 32(b)所示。

(2)看视图、分线框

从特征图形入手,将主视图分为 3 个线框Ⅰ、Ⅱ、Ⅲ,并补充俯视图中一个三角形线框Ⅳ,如图 4 - 32(a)所示。

(3)对投影、定形体(定面的形状及其相对位置)

① 线框Ⅰ的正面投影是四边形 $a'b'c'd'$;侧面投影有类似形 $a''b''c''d''$;俯视图上,符合与主视图长对正投影关系的有一个三角形或一直线段。根据平面投影若非类似形必有积聚性的特性,水平投影只可能是积聚性直线段 $abcd$,如图 4 - 32(c)所示。该线框表示一个铅垂面。

② 线框Ⅱ的正面投影是四边形 $c'd'f'g'$;水平投影有类似形 $cdfg$;侧面投影没有类似形,与上同理应为直线段 $c''d''f''g''$,如图 4 - 32(d)所示。该线框表示一个侧垂面。

③线框Ⅲ是正平面。

④线框Ⅳ的水平投影是三角形 bce，正面、侧面投影均没有类似形，因此只可能是直线段，根据投影规律可确定它们的位置，如图 4-32(e)所示。该线框表示一个水平面。

（4）综合起来想整体

通过逐一挖切后想象出来的组合体空间形状如图 4-32(f)所示，即在基本形体（五棱柱）的左前方用一铅垂面和一水平面组合挖切去了一块。

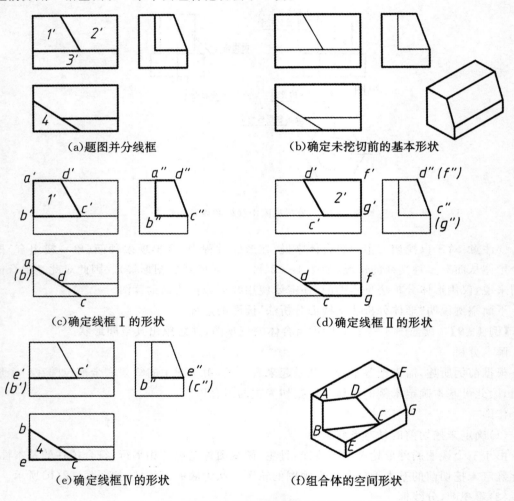

(a)题图并分线框　　　　　　　　　(b)确定未挖切前的基本形状

(c)确定线框Ⅰ的形状　　　　　　　(d)确定线框Ⅱ的形状

(e)确定线框Ⅳ的形状　　　　　　　(f)组合体的空间形状

图 4-32　用形体分析法＋线面分析法读图的步骤

4.6.4　读图举例

通常读图的综合训练方式有两种：

① 已知两视图求作第三视图；

② 在已给图形中补画缺漏的线条。不管采用何种训练方式，都是在读懂已知视图的基础上进行的。

【例 4-10】　看图 4-33(a)所示视图，想象组合体的形状，并画出其左视图。

解 按形体分析法看图。

① 看视图，分线框：大致看一下视图，在主视图中分四个线框，如图 4-33(a)所示。

② 对投影，定形体：线框 2′ 的水平投影比较肯定。线框 1′ 在水平投影上有两个有长对正关系的线框，但位于前面线框内部的两条轮廓线不是线框 1′ 的投影，因此可以确定后面的是线框 1。线框Ⅰ的形体是半圆筒，线框Ⅱ的形体是长方体，侧面投影如图 4-33(b)所示。线框Ⅲ是前面与一凸台平齐的长方体。线框Ⅳ是圆孔，因俯视图上有圆孔与水平面的截交线以及虚线，故可以确定孔是从立体的最前面向后打通的。线框 3′，4′ 的投影，如图 4-33(c)所示。

③ 综合起来想整体：将四个线框对应的简单立体按相对位置组合起来，想象出立体形状，画出左视图，如图 4-33(d)所示。

本例图 4-33(a)所示视图，因具有阶梯型的视图特征，所以看图时还可以从"分层次"的方法切入，结合俯视图上的截交线和虚线的分析，解题时思路更简捷，读者可以自行试作。

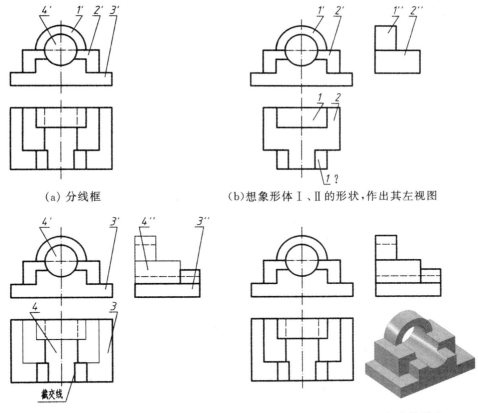

(a) 分线框

(b)想象形体Ⅰ、Ⅱ的形状，作出其左视图

(c)想象形体Ⅲ、Ⅳ的形状，作出其左视图

(d)完成的左视图和组合体形状

图 4-33 根据组合体的两视图画第三视图—例 1

【例 4-11】 根据图 4-34(a)所示的主、左视图，想象组合体的形状，并画出其俯视图。

解 分析

① 大致看一下给出的两个视图。由于视图上没有圆，没有曲线等，因此可以判断它是由

平面挖切六棱柱后形成的。本例除采用形体分析法外,还需要用线面分析法辅助读图。

② 在确定未挖切前的基本形体是一个六棱柱后(图4-34(b)),将图形分为三个线框,其中主视图两个线框 b',c',左视图一个线框 a''。主视图中左后侧的切口,由于其形状明显而不必单独分框。

③ 分析线框 a'' 时,可看出它是一个七边形。根据投影规律可先在主视图中找其类似形,由于没有对应的类似形,因此可断定线框 a' 必为一个积聚性平面(正垂面)。同理可判定线框 b' 也为一个积聚性平面(侧垂面)。线框 c' 是正平面。

当用线面分析法对各线框进行分析后可逐一画出俯视图。注意:在作投影面垂直面的投影时,可先根据投影关系作出多边形投影,再根据其两个投影具有类似形、一个投影具有积聚性的投影特点,检查图形的正确性,如图4-34(c),(d)所示。

④ 对主视图中的虚线进行投影分析。虚线与左视图的矩形线框有投影关系,说明虚线以左有切口。在此画出左后侧切口的线框,如图4-34(e)所示。

⑤ 综合以上作图,完成立体的俯视图,如图4-34(f)所示。最后可用正垂面或侧垂面投影的类似形关系检查所作俯视图。想象出立体形体,如图4-34(f)所示。

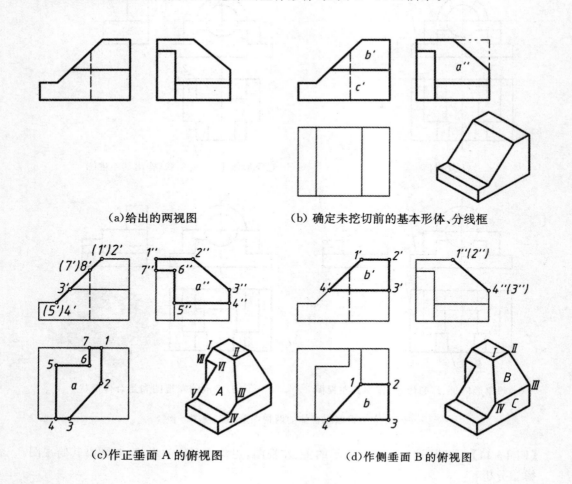

　　　　(a)给出的两视图　　　　　　　　　　(b) 确定未挖切前的基本形体、分线框

　　　　(c)作正垂面 A 的俯视图　　　　　　　(d)作侧垂面 B 的俯视图

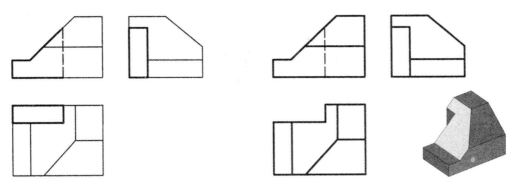

(e)作左后侧切口的俯视图　　　　　　　　(f)完成的俯视图和立体图

图 4 - 34　根据组合体的两视图画第三视图—例 2

4.7　利用 AutoCAD 标注尺寸

　　AutoCAD 尺寸标注是按图形的测量值和标注样式进行标注的。标注样式包含尺寸变量的设置,它用于控制标注的外观形式,如尺寸文字的字体和字高、箭头的形状和大小、尺寸线间距、尺寸精度等。采用标注样式可以建立和强制执行图形的绘图标准,并使得更易于修改标注的格式。

　　尽管 AutoCAD 提供的 ISO 标注样式与我国制图标准比较接近,但仍需对其样式进行一些修改,从而建立完全符合我国制图标准的尺寸标注样式。

4.7.1　创建标注样式(Dimstyle——尺寸标注样式命令)

　　在创建尺寸标注样式之前,首先需设置符合国标的文字样式(见图 2 - 38),即选择 gbeic. shx 和 gbcbig. shx。

　　要创建或修改尺寸标注样式,可通过下拉菜单【格式】→【标注样式】,或工具条【标注】→【标注样式】,打开【标注样式管理器】对话框(图 4 - 35),用户可利用此对话框直观地创建或修改尺寸标注样式。

　　在【标注样式管理器】对话框中,可以根据缺省样式"ISO - 25"作为基础样式进行修改,也可以新建尺寸标注样式。若要新建尺寸标注样式,选择【新建】,弹出【创建新标注样式】对话框(图 4 - 36),新样式名为"副本 ISO - 25"(可改其他名)。

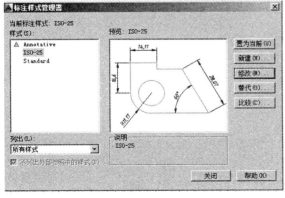　　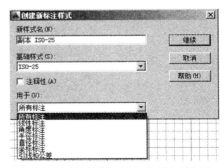

图 4 - 35　【标注样式管理器】对话框　　　　图 4 - 36　【创建新标注样式】对话框

　　下面根据缺省样式"ISO-25"作为基础样式进行修改,即点击图4-35中右边的【修改】按钮,弹出【修改标注样式:ISO-25】对话框,如图4-37所示。这里有【线】、【符号和箭头】、【文字】、【调整】、【主单位】、【换算单位】、【公差】7个选项卡,通过此对话框可以执行多种标注样式的管理任务,修改已存在的标注样式。

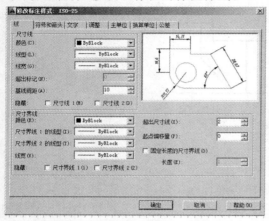
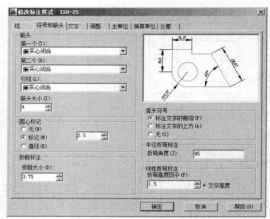

图4-37　在【线】选项卡中设置参数　　　　图4-38　在【符号和箭头】选项卡中设置参数

　　① 线:控制尺寸线、尺寸界线的设置。可设置基线间距(两平行的线性尺寸线间距),尺寸界线超出尺寸线的距离,尺寸界线与标注起点的偏移量,是否要消除一侧或两侧的尺寸界线。用户可参考图4-37中有关参数的设置。

　　② 符号和箭头:控制箭头、圆心标记、弧长符号等的设置。可设置箭头型式和大小,圆心标记的大小等。用户可参考图4-38中有关参数的设置。

　　③ 文字:控制文字的外观、位置和对齐方式。可设置文字高度为5,(注:在文字样式中已将文字高度设置为5,则此时【文字高度】选项自动为灰色5(文字高度不能设置));文字位置与尺寸线间距设为1,其他设置不变,如图4-39所示。

　　④ 调整:控制文字和箭头的位置。当两尺寸界线之间没有足够空间放置箭头和尺寸数字时,可选择把哪一个或两个注在尺寸界线外面。此外,在【优化】栏中的文字位置可设置为"手动放置文字",这样可使文字按用户的要求被随意拖放,如图4-40所示。

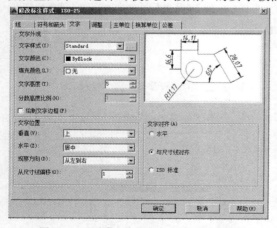
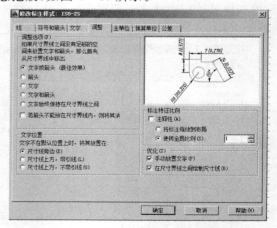

图4-39　在【文字】选项卡中设置参数　　　　图4-40　在【调整】选项卡中设置参数

⑤ 主单位:设置线性标注和角度标注的单位格式和精度,也可以控制前导和后续零的显示。若只需标注整数尺寸,则在【精度】栏里选取 0;若图样按 2∶1 绘制,则在【比例因子】栏里设置为 0.5,如图 4 - 41 所示。

⑥ 换算单位:设置修改换算单位的格式和精度,例如可设置小数、分数等,一般情况下不进行设置,如图 4 - 42 所示。

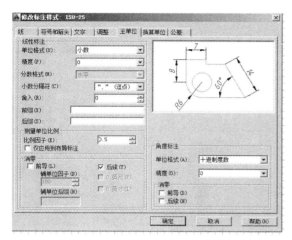

图 4 - 41　在【主单位】选项卡中设置参数　　　　图 4 - 42　在【换算单位】选项卡中设置参数

⑦ 公差:设置修改尺寸公差值和精度,可在【方式】栏中设置尺寸公差格式为极限偏差、精度等,一般情况下不进行设置,如图 4 - 43 所示。

在上述选项卡中设置参数后,单击【确定】按钮,返回到【标注样式管理器】对话框,如图 4 - 44所示。在图 4 - 44 的预览区中可以看到,线性尺寸的标注已完全符合制图标准,但角度、半径尺寸仍不符合制图标准,因此用户还可根据需要分别构建角度、半径、直径等常用的子尺寸。

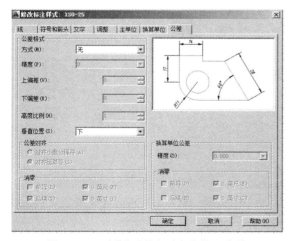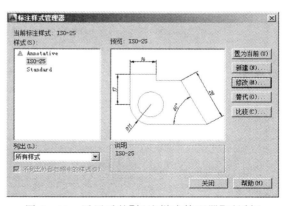

图 4 - 43　在【公差】选项卡中设置参数　　　　图 4 - 44　返回后的【标注样式管理器】对话框

在上述对"ISO - 25"基础样式进行修改的基础上,构建角度、半径、直径子尺寸的具体操作步骤如下。

1. 构建角度子尺寸样式

在【标注样式管理器】对话框中，单击【新建】按键，弹出【创建新标注样式】对话框，如图
4-45所示，在【用于】下拉列表中选择"角度标注"，再点击【继续】，将【文字】选项卡中的【文字
对齐】设置为"水平"，并选择【确定】，如图4-46所示。

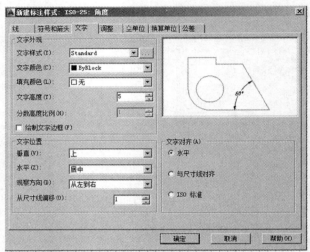

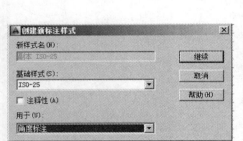

图4-45　在【公差】选项卡中设置参数　　　　图4-46　在【文字】选项卡中设置参数

2. 构建半径子尺寸样式

在【标注样式管理器】对话框中，单击【新建】按键，弹出【创建新标注样式】对话框，在【用
于】下拉列表中选择"半径标注"，再点击【继续】，将【文字】选项卡中的【文字对齐】设置为"ISO
标准"(图4-47)；将【调整】选项卡中的【调整选项】设置为"文字"(图4-48)，并选择【确定】。

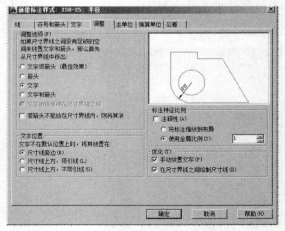

图4-47　在【文字】选项卡中设置参数　　　　图4-48　在【调整】选项卡中设置参数

3. 构建直径子尺寸样式(与构建半径子尺寸样式相同)

在【标注样式管理器】对话框中，单击【新建】按键，弹出【创建新标注样式】对话框，在【用
于】下拉列表中选择"直径标注"，再点击【继续】，将【文字】选项卡中的【文字对齐】设置为"ISO
标准"；将【调整】选项卡中的【调整选项】设置为"文字"，并选择【确定】。

最后,在【标注样式管理器】对话框中把新设置的"ISO－25"标注样式"置为当前"(图4－49),关闭对话框。从图4－49可以看出,新设置的"ISO－25"标注样式下构建了半径、角度、直径子尺寸。

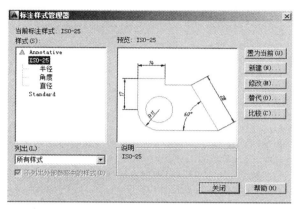

图 4－49　设置完成的基础样式"ISO－25"

4.7.2　尺寸标注方法

尺寸标注方法可通过"草图与注释"界面中的下拉菜单【注释】→【标注】展开→【标注样式】,或在"AutoCAD 经典"界面中的下拉菜单【格式】→【标注样式】或工具条【标注】→【标注样式】。

通常使用工具条【标注】来进行尺寸标注,如图 4－50 所示,工具条中各图标的主要功能见表 4－9。

(a)功能区标注工具　　　　　　　　　　　　　(b)经典界面【标注】工具

图 4－50　尺寸标注工具

表 4－9　尺寸标注工具条上各图标与其对应命令及功能

图标	命　令	功　　　能
	Dimlinear	创建线性标注。使用水平、垂直或旋转的尺寸线创建线性标注
	Dimaligned	创建对齐线性标注。创建与尺寸界线的原点对齐的线性标注
	Dimarc	创建弧长标注。测量和标注圆弧或多段线圆弧上的距离,显示圆弧符号
	Dimordinate	创建坐标注。测量从原点(称为基准)到要素(例如部件上的一个孔)的水平或垂直距离
	Dimradius	创建圆或圆弧的半径标注。测量和标注选定圆或圆弧的半径,显示半径符号

图标	命令	功　　能
⟋⟍	Dimjogged	创建圆和圆弧的折弯半径。当圆弧或圆的中心位于布局之外并且无法在其实际位置显示时,可以在更方便的位置指定标注原点
⊘	Dimdiameter	创建圆或圆弧的直径标注。测量和标注选定圆或圆弧的直径,显示直径符号
◁	Dimangular	创建角度标注。测量选定的对象或 3 个点之间的角度,标注角度(锐角或其补角)
Qdim	Qdim	快速标注。从选定对象中快速创建一组标注
Dimbaseline	Dimbaseline	基线。从上一个或选定标注的基线作连续的线性、角度或坐标标注
Dimcontinue	Dimcontinue	连续。创建从上一次所创建标注的延伸线处开始的标注
Dimspace	Dimspace	等距标注。调整线性标注或角度标注之间的间距
Dimbreak	Dimbreak	折断标注。在标注或延伸线与其他对象交叉处折断或恢复标注和延伸线
Tolerance	Tolerance	公差。创建包含在特征控制框中的形位公差
Dimcenter	Dimcenter	圆心标记。创建圆和圆弧的圆心标记或中心线
Diminspect	Diminspect	检验。添加或删除与选定标注关联的检验信息
Dimjogline	Dimjogline	折弯标注。在线性或对齐标注上添加或删除折弯线
Dimedit	Dimedit	编辑标注文字和延伸线。旋转、修改或恢复标注文字,更改尺寸界线的倾斜角
Dimtedit	Dimtedit	编辑标注文字。移动和旋转标注文字,重新定义尺寸线
Dimstyle	Dimstyle	标注更新。用当前标注样式更新标注对象
Dimstyle	Dimstyle	标注样式。创建和修改标注样式

1. 标注线性尺寸

"标注线性尺寸"用于标注水平尺寸和垂直尺寸。

命令:_dimlinear 见图 4-51

指定第一条尺寸界线原点或 <选择对象>:<对象捕捉开>　　(拾取 P_1 点)

指定第二条尺寸界线原点:　　　　　　　　　　　　　　(拾取 P_2 点)

指定尺寸线位置或　　　　　　　　　　　　　　　　(单击左键拾取 P_3 点)

[多行文字(M)/文字(T)/角度(A)/水平(H)/垂直(V)/旋转(R)]　:

标注文字 =48　　　　　　　　　　　　　　　　　　(系统测量值)

注意:如果标注文字不采用系统测量值,应在指定尺寸线位置之前,输入多行文字选项符号"M",即可通过多行文字编辑器输入用户所需的尺寸数值。

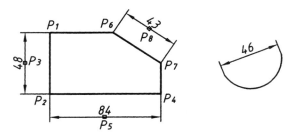

图 4 - 51 标注水平尺寸、垂直尺寸及对齐尺寸

2. 对齐标注

"对齐标注"用于标注与任意两点连线相平行的尺寸(见图 4 - 51 中的尺寸 43),也可标注弧的弦长(见图 4 - 51 中的尺寸 46)。

命令：_dimaligned	
指定第一条尺寸界线原点或 <选择对象>：	(拾取 P_6 点)
指定第二条尺寸界线原点：<正交 关>	(拾取 P_7 点)
指定尺寸线位置或	(单击左键拾取 P_8 点)
[多行文字(M)/文字(T)/角度(A)]：	
标注文字 ＝43	(系统测量值)

3. 标注角度尺寸(图 4 - 52)

命令：_dimangular	
选择圆弧、圆、直线或 <指定顶点>：	(拾取第一条边 P_1 点)
选择第二条直线：	(拾取第二条边 P_2 点)
指定标注弧线位置或 [多行文字(M)/文字(T)/角度(A)象限点(Q)]：	
	(定尺寸线位置)
标注文字 ＝45	(系统测量值)

4. 标注半径尺寸(图 4 - 53)

命令：_dimradius	
选择圆弧或圆：	(拾取圆弧)
标注文字 ＝48	(系统测量值)
指定尺寸线位置或 [多行文字(M)/文字(T)/角度(A)]：	(定尺寸线位置)

5. 标注直径尺寸(图 4 - 54)

命令：_dimdiameter	
选择圆弧或圆：	(拾取圆)
标注文字 ＝43	(系统测量值)
指定尺寸线位置或 [多行文字(M)/文字(T)/角度(A)]：	(定尺寸线位置)

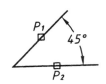

图4 - 52 标注半径尺寸

图 4 - 53 标注半径尺寸

图 4 - 54 标注直径尺寸

6. 连续标注和基线标注(_dimcontinue 和_dimbaseline)

在这两种标注中,它们的首段尺寸是用线性标注的方式标注尺寸,如图 4-55 中的 30 和图 4-56 中的 25,然后分别点击连续标注图标和基线标注图标,最后只要依次拾取 P_4,P_5 点,回车即可。

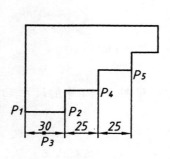

图 4-55　连续标注

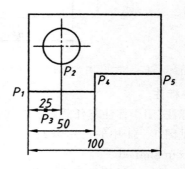

图 4-56　基线标注

4.7.3　综合举例

绘制图 4-57 所示支架的三视图,并标注尺寸(省略了图框和标题栏)。

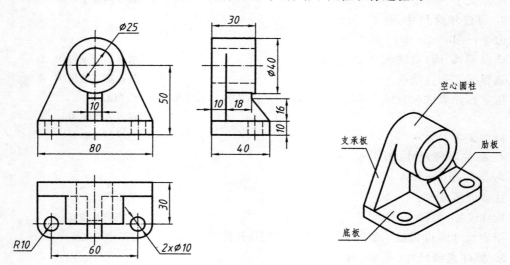

图 4-57　支架的三视图和立体图

(1)新建图形文件

打开"文件"下拉菜单,用"新建"建立一个新文件。

(2)设置绘图环境

图层的设置方法见本教材图 2-22 至图 2-25;文字样式的设置方法见本教材图 2-36 至图 2-38;标注样式的设置方法见本章 4.7.1 创建标注样式小节。

(3)布置三视图位置

置"辅助线"层为当前层,根据支架左右对称的形状特征,画五条构造线(作图基线),用来确定三视图及空心圆柱的位置(图 4 – 58)。

(4)绘制底板轮廓的三视图(图 4 – 59)

置"粗实线"层为当前层,绘制支架底板轮廓的三视图。

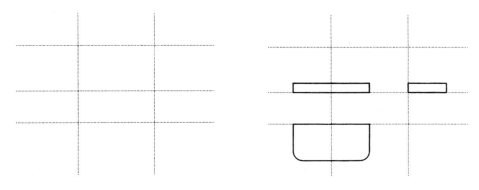

图 4 – 58　画作图基线,布置三视图位置　　　　图 4 – 59　画支架底板轮廓的三视图

(5)绘制空心圆柱的三视图(图 4 – 60)

先绘制空心圆柱主视图和俯、左视图中的可见轮廓线,再置"虚线"层为当前层,绘制俯、左视图中的不可见轮廓线。

(6)绘制支承板的三视图(图 4 – 61)

置"粗实线"层为当前层,绘制支承板的可见轮廓线,再置"虚线"为当前层,绘制俯视图中不可见轮廓线。

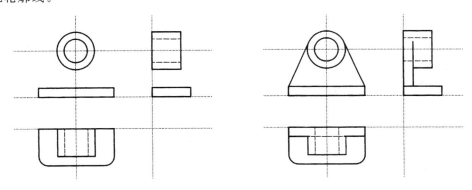

图 4 – 60　画空心圆柱的三视图　　　　　　图 4 – 61　画支承板的三视图

(7)绘制肋板和底板上两圆孔(图 4 – 62)

置"粗实线"层为当前层,绘制肋板和底板上两圆孔的可见轮廓线,再置"虚线"层为当前层,绘制肋板和底板上两圆孔的不可见轮廓线。

(8)绘制对称中心线和轴线(图 4 – 63)

置"点画线"层为当前层,绘制支架视图的对称中心线和圆孔的轴线。

(9)标注支架尺寸(图 4 – 57)

置"尺寸"层为当前层,标注支架的全部尺寸。

对图 4 – 57 中的直径尺寸"$\varnothing 40$"的标注方法,说明如下:

① 点击【标注】工具条中 按钮,标注线性尺寸"40";

② 点击【文字】工具条中  按钮，在尺寸数字"40"前添加直径符号"∅"。

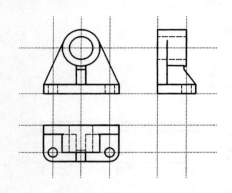

图 4 - 62   画肋板和底板上两圆孔的三视图

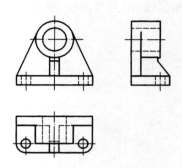

图 4 - 63   画三视图中的点画线

4.8   AutoCAD 样板文件

4.8.1   样板文件的作用

样板文件主要是为了给所绘制的图样设置一个统一的样式和绘图规范，使用户在设计绘图过程中保证图形的一致性。

在用 **AutoCAD** 绘图时，用户都希望所绘制的图样规范保持一致，比如有与图形绘制有关的一些标准设置，如对图层、线型、文字样式、尺寸标注样式等的设置。此外，还可以包括一些通用图形对象，如图框和标题栏、表面结构代号等的设置。这些设置如果每次都要用户在开始绘图前自己设置，不但效率非常低，而且不能保证每次设置完全一致。为此，若将包含与图形绘制有关的一些标准设置和通用图形对象的文件保存为样板文件，绘图时只要调用这个样板文件，新打开的图形文件就继承了样板文件中的绘图环境和相关设置，从而避免做重复性工作。

样板文件是后缀名为 **.dwt** 的文件，一般仅作为新建图形文件时调用的一种基础文件。**AutoCAD** 在系统的 **Template** 模板文件夹中已存放了一些不同样式的样板文件供选用。用户也可根据需要预先制作多种样板文件，以满足不同的需求。用户制作的样板文件可以保存在 **Template** 模板文件夹中，也可以保存在任意的指定目录下。

4.8.2   样板文件的制作

制作样板文件的一般步骤为：

① 新建一个空白图形文件（后缀名为 **.dwg**）；

② 设置新绘图环境（设置图层、文字样式、尺寸标注样式）；

③ 画图框和标题栏；

④ 书写文字；

⑤ 制作带属性的图块；

⑥ 将该文件保存为样板文件（后缀名为 **.dwt**）。

下面介绍样板文件制作的具体过程。

1. 新建一个空白图形文件

单击【新建】,在弹出的【选择样板】对话框(图 4－64)中单击右下角【打开】旁的"▼"按钮,选择【无样板打开-公制】选项,单击后即新建一个空白图形文件,该文件具有当前系统提供的默认绘图环境。

图 4－64　【选择样板】对话框

2. 设置新绘图环境

用户根据需要可对新建图形文件绘图环境中的默认值进行必要的修改。

(1)系统环境的设置

系统环境有许多选项,通常需对最常用的背景色、窗口元素配色、靶框大小进行设置,设置方法参看本教材图 2－19 和图 2－20。

(2)绘图单位格式的设置

设置图形单位主要是设置长度和角度的类型、精度,以及角度增加的正方向(顺时针还是逆时针)。一般图形单位的长度类型选用"小数"类型,并将每个图形单位认定为 1 毫米(也可根据需要将其认定为 1 厘米、1 米等)。

在下拉菜单【格式】中单击【单位】,在弹出的【图形单位】对话框(图 4－65)中进行所需的选项设置。

(3)图层的设置

图层是将图形信息分类进行组织管理的有效工具之一,使用这种工具有利于方便地绘制、修改和管理图形。图层的设置方法参看本教材图 2－22 至图 2－25。

(4)文字样式的设置

点击【格式】下拉菜单中的【文字样式】命令可打开【文字样式】对话框,在【文字样式】对话框中设置"standard"文字样式(对默认的"standard"文字样式进

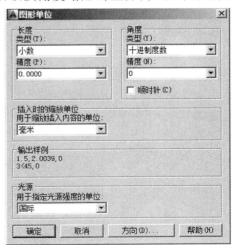

图 4－65　【图形单位】对话框

行修改),如图 4 - 66 所示。

具体步骤为:先将【SHX 字体(X)】选项设为"gbeitic. shx",同时勾选【使用大字体(U)】,将【大字体(B)】选项设为"gbcgib. shx"、将【高度(T)】选项设为"5",最后点击【应用(A)】按钮和【关闭(C)】按钮。

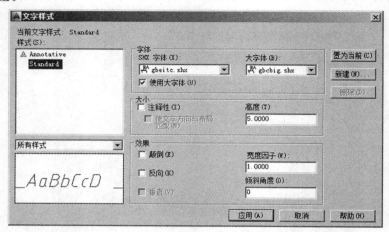

图 4 - 66   在【文字样式】对话框中设置符合国标的字体

(5)标注样式的设置

设置标注样式就是对尺寸标注中的"尺寸界线"、"尺寸线"、"尺寸数字"和"精度"等一些参数做出规定。标注样式的设置方法参看本章 4.7.1 创建标注样式小节。

3. 画图框和标题栏

图框和标题栏都是样板文件中的常规图,其画法参看本教材图 2 - 66 至图 2 - 71。

4. 书写文字

书写文字的方法参看本教材图 2 - 39。

5. 制作带属性的图块(表面结构代号)

详见 8.7 中的块与属性。

6. 保存样板文件

制作的样板文件可以保存在系统提供的专门存放样板文件的"Tamplate"模板文件夹中,也可存放在用户指定的任何地方。下面以保存"样板文件 A4. dwt"为例说明具体方法。

①新建文件夹"AutoCAD 教学"。

②单击【另存为】,在弹出的【图形另存为】对话框中,做如下设置:

保存于(I):AutoCAD 教学(或选择存入 AutoCAD 系统文件夹"Tamplate"中)

文件名(N):样板文件 A4

文件类型(T):AutoCAD 图形样板(*. dwt)

③单击【保存(S)】按钮,执行结果是在文件夹"AutoCAD 教学"中,保存了一个名为"样板文件 A4. dwt"的样板文件。

4.8.3　样板文件的使用

使用样板文件,其实质是以样板文件为基础新建一个图形文件,该文件继承了样板文件中的所有绘图环境和通用图形对象。

使用样板文件的方法如下(以使用保存在"**AutoCAD** 教学"文件夹中的"样板文件 **A**4**.dwt**"为例):

① 在"**AutoCAD** 教学"文件夹中双击"样板文件 **A**4**.dwt**",系统会自动打开文件名为"**Drawing**1**.dwg**"(该文件继承了"样板文件 **A**4**.dwt**"中的所有设置和常规图)。

② 绘图。在新建的图形文件中,完成绘图、标注尺寸等各项操作。

③ 保存文件。单击【另存为】,在弹出的【图形另存为】对话框中,给图形文件重新命名并单击【保存(**S**)】。

小　结

组合体可视为从几何角度出发简化了零件上一些工艺结构后所形成的物体,它是由基本几何体组合而成。学习组合体的投影,需综合运用前面学过的投影基础知识及作图方法。通过本章的学习,将进一步提高形体分析、投影分析、画图、读图以及空间想象的能力。本章主要介绍了组合体的构形分析、截交线、相贯线的画法、组合体的画法和尺寸标注、组合体读图方法。

本章学习的重点内容是掌握形体分析法和线面分析法。其中,形体分析法是组合画图、尺寸标注以及读图的基本方法。

本章学习的难点是组合体的读图和尺寸标注。

复习思考题

1. 组合体的构形方式有几类?

2. 何谓形体分析法?

3. 组合体中相邻形体表面之间的关系有几种情况?

4. 截交线的基本性质是什么?求作截交线的步骤是什么?截交线上哪些点必须求出?

5. 相贯线的基本性质是什么?影响相贯线形状变化的因素是什么?

6. 同轴相贯线的形状和投影有什么特点?

7. 画组合体视图的基本方法是什么?

8. 组合体尺寸分几类?

9. 组合体的读图方法有哪些?

10. 读图的步骤和注意点有哪些?

第 5 章
轴测图

　　轴测图是一种能同时反映立体的正面、侧面和水平面形状的单面投影图,它的特点是直观性好,具有较强的立体感。但是轴测图一般不能反映出立体各表面的实形,因而度量性差,同时作图较复杂。因此,在工程中常把轴测图作为辅助图样,被用来说明产品的结构和使用方法等。在设计中,常用轴测图帮助构思、想象立体的形状,以弥补正投影图的不足。在本课程学习读正投影图时,可利用轴测图帮助想象立体的形状。本章主要介绍轴测图的基本知识,正等轴测图、斜二等轴测图的画法,利用 AutoCAD 画正等轴测图和三维实体造型。

5.1　轴测图的基本知识

5.1.1　轴测图的形成

　　如图 5-1 所示,将立体连同其参考直角坐标系,沿不平行于任一坐标平面的方向,用平行投影法将其投射在单一投影面(轴测投影面)上,所得到的图形,称为**轴测投影图**,简称**轴测图**。这样的投影图能反映立体三个坐标方向的形状,具有良好的直观性。

　　用正投影方法形成的轴测图称为**正轴测图**,如图 5-1(a)所示;

　　用斜投影法形成的轴测图称为**斜轴测图**,如图 5-1(b)所示。

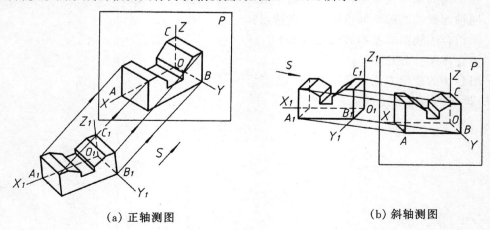

(a) 正轴测图　　　　　　　　　　　　(b) 斜轴测图

图 5-1　轴测图的形成

由于轴测图是用平行投影法形成的,因此具有平行投影的投影特性。

① 立体上互相平行的线段,在轴测图上仍相互平行;立体上平行于坐标轴的线段,其轴测投影仍平行于相应的轴测轴。

② 立体上平行于轴测投影面的直线和平面,在轴测图上的投影反映实长和实形。

绘制轴测图时,先确定轴间角和轴向伸缩系数,对立体上平行于直角坐标轴的线段,应按平行于相应轴测轴的方向画出 ,对不与坐标轴平行的线段,在轴测图上先定出端点,然后再连线。

5.1.2　轴间角和轴向伸缩系数

1. 轴间角

立体的参考直角坐标系的三根直角坐标轴 O_1X_1,O_1Y_1,O_1Z_1 的轴测投影 OX,OY,OZ 称为**轴测轴**。

轴测轴之间的夹角 $\angle XOY$,$\angle YOZ$,$\angle ZOX$ 称为**轴间角**。

2. 轴向伸缩系数

轴测轴上的单位长度与相应直角坐标轴上单位长度的比值,称为**轴向伸缩系数**。图 5-1 中各坐标轴的轴向伸缩系数为:

O_1X_1 轴的轴向伸缩系数 $p=OA/O_1A_1$

O_1Y_1 轴的轴向伸缩系数 $q=OB/O_1B_1$

O_1Z_1 轴的轴向伸缩系数 $r=OC/O_1C_1$

绘制轴测图时,先确定轴间角和轴向伸缩系数。对立体上平行于直角坐标轴的线段,应按平行于相应轴测轴的方向,并按相应的轴向伸缩系数直接量取该线段的轴测投影长度;对不平行于坐标轴的线段,在轴测图上先定出端点,然后再连线。

注意:对于立体上与坐标轴平行的线段长度的测量和点的坐标的测量,必须沿着轴测轴的方向进行测量。这就是所谓"轴测"的含义。

工程中常用的轴测图是**正等轴测图**和**斜二轴测图**,如图 5-2 所示。下面主要介绍它们的画法。

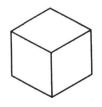

(a) 正等轴测图　　　　　　　(b) 斜二轴测图

图 5-2　正方体的两种轴测图

5.2　正等轴测图的画法

5.2.1　正等轴测图的特点

当三根直角坐标轴与轴测投影面的倾角相同时,用正投影法得到的投影图称为**正等轴测**

图,简称正等测。

由于三根坐标轴与轴测投影面倾斜的角度相同,因此,三个轴间角相等,均为120°。画正等轴测图时,规定把 OZ 轴画成竖起方向,而 OX 轴和 OY 轴与水平线夹角为30°,如图 5-3 所示。

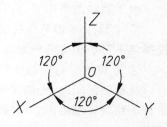

图 5-3　正等轴测图的轴间角

正等轴测图的三个轴向伸缩系数相同,根据计算,约为0.82。为了作图方便起见,实际绘图时通常采用简化的轴向伸缩系数 $p=q=r=1$ 来作图,这样画出的正等轴测图各轴向尺寸大约放大了 $1/0.82 \approx 1.22$ 倍,如图 5-4 所示。

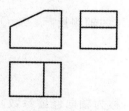
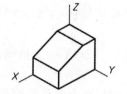
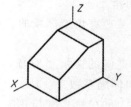

(a)正投影图　　　　(b)按轴向伸缩系数=0.82　　　(c)按轴向伸缩系数=1
　　　　　　　　　　画的正等轴测图　　　　　　　画的正等轴测图

图 5-4　正等轴测图

5.2.2　平面立体正等轴测图的画法

画轴测图时,应先在投影图中确定坐标原点和坐标轴,在轴测图中规定不可见轮廓线不画。为了减少作图线,应将坐标原点确定在立体的可见表面上,通常确定在立体的顶面、左面和前面,以立体的主要轮廓线、对称中心线等为坐标轴。

平面立体轴测图的作图方法有**坐标法**、**切割法**等。坐标法是最基本的方法,它是根据立体表面上各顶点的坐标,分别画出其轴测投影,然后依次连接各顶点的轴测投影,就完成了平面立体的轴测图。

【例 5-1】　作出正六棱柱的正等轴测图,如图 5-5 所示。

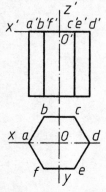
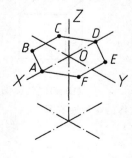
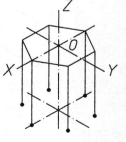
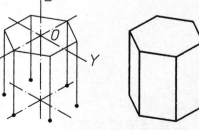

(a)选坐标原点和坐标轴　　　(b)作顶面各顶点　　　(c)作棱线平行 Z 轴　　　(d)加深、完成

图 5-5　用坐标法画正六棱柱的正等轴测图

解　作图步骤如下：

① 选定坐标原点和坐标轴。由于六棱柱前后、左右对称，应把坐标原点定在顶面六边形的中心，这样便于直接确定顶面六边形各顶点的坐标，如图 5-5(a) 所示。

② 画出轴测轴，作出六棱柱顶面的轴测投影。根据顶面各点的坐标在 XOY 平面上定出 A,B,C,D,E,F 点的位置，并连接各点，如图 5-5(b) 所示。

③ 从各顶点向下做 Z 轴的平行线，并根据棱柱高度在各平行线上截取长度，同时也确定了底面各顶点的位置，如图 5-5(c) 所示。

④ 连接底面各顶点，整理加深，完成作图，如图 5-5(d) 所示。

【例 5-2】　作出图 5-6(a) 所示平面立体的正等轴测图。

解　分析

图 5-6(a) 所示的三视图表示一个切割式的组合体，它是在五棱柱的上方切去一方槽后形成的。

作图

先按坐标法画出五棱柱的轴测图，然后在上方切去方槽。具体作图步骤如图 5-6(b) ～ (f) 所示。

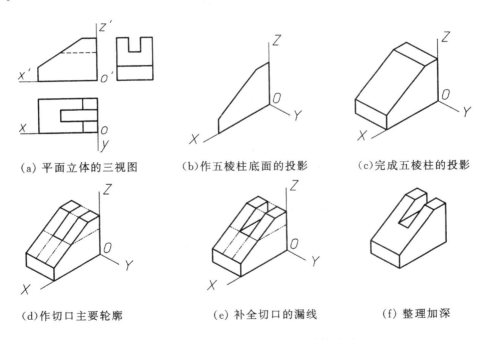

(a) 平面立体的三视图　　　　(b) 作五棱柱底面的投影　　　　(c) 完成五棱柱的投影

(d) 作切口主要轮廓　　　　(e) 补全切口的漏线　　　　(f) 整理加深

图 5-6　用切割法画平面立体的正等轴测图

5.2.3　回转体正等轴测图的画法

回转体表面轮廓线除了直线外还有曲线，要画好回转体的正等轴测图，重点要掌握圆或圆弧轴测图的作图方法。

1. 平行于坐标面的圆的正等轴测图

根据正等轴测图的形成原理，各坐标面对轴测投影面都是倾斜的，因此，平行于坐标面的圆的轴测投影为椭圆。图 5-7 所示为平行于三个坐标面的圆的正等轴测图。从图中可以看出：三个椭圆的形状和大小完全相同,但方向各不相同。图 5-8 表示了三个轴线分别平行于坐标轴的圆柱的正等测图。从图中可以看出：圆柱的轴线与椭圆的短轴在一条线上。

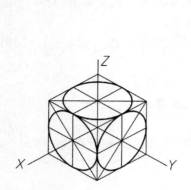 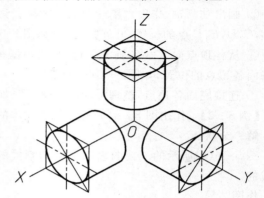

图 5-7　平行于坐标面的圆的正等轴测图　　　图 5-8　轴线平行于坐标轴的圆柱的正等轴测图

为了简化作图,通常采用四段圆弧连接成近似椭圆的作图方法。下面以平行于 $X_1O_1Y_1$ 坐标面的圆为例,说明这种近似画法的作图步骤,如图 5-9 所示。

① 选坐标原点和坐标轴,如图 5-9(a)所示。

② 画轴测轴 OX 和 OY,根据圆的直径 d 确定 A,B,C 和 D 点的轴测投影,作圆外切正方形的轴测投影,如图 5-9(b)所示。

③ 连接 $1D,1C$ 和 $3A,3B$ 得交点 $2,4$ 点,确定四段圆弧的圆心 $1,2,3,4$,如图 5-9(c)所示。

④ 分别以 $1,3$ 为圆心,$R=1D$ 为半径画两个大圆弧;以 $2,4$ 为圆心,$R=4D$ 为半径画两个小圆弧,光滑连接成近似椭圆,如图 5-9(d)所示。

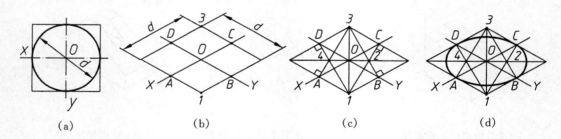

(a)　　　　　　　(b)　　　　　　　(c)　　　　　　　(d)

图 5-9　水平圆正等轴测图的画法

【例 5-3】　作出如图 5-10(a)所示正圆柱的正等轴测图。

解　分析

① 圆柱的轴线为铅垂线,顶面和底面都是水平面。为了避免画出不必要的不可见轮廓线,将坐标原点选择在圆柱顶面的圆心处。

② 画下底面的圆的轴测投影时,采用平移四段圆弧圆心的方法,可以减少画图量,提高画图速度。画好顶面的轴测投影后,将四段圆弧的圆心沿 Z 轴向下移动一个柱高的距离 h,就可

以得到下底椭圆四段圆弧的圆心位置,如图 5-10(b)所示。

作图

圆柱的正等轴测图的作图步骤如图 5-10(a),(b),(c)所示。

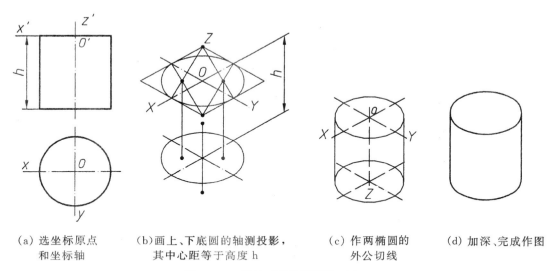

| (a) 选坐标原点 | (b)画上、下底圆的轴测投影, | (c) 作两椭圆的 | (d) 加深、完成作图 |
| 和坐标轴 | 其中心距等于高度 h | 外公切线 | |

图 5-10　圆柱正等轴测图的画法

【例 5-4】　作图 5-11(a)所示圆台的正等轴测图。

解　圆台轴线为侧垂线,将坐标原点定在圆台左底圆的圆心处。画两个底圆的轴测投影时,注意不要将椭圆的方向画错了。具体作图步骤与圆柱的画法类似,如图 5-11(b)所示。

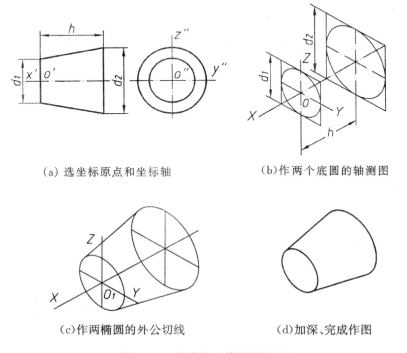

（a）选坐标原点和坐标轴　　　　　　　　　（b）作两个底圆的轴测图

（c）作两椭圆的外公切线　　　　　　　　　（d）加深、完成作图

图 5-11　圆台的正等测图的画法

2. 圆角正等轴测图的画法

平行于坐标面的圆角是平行于坐标面的圆的一部分,可以用椭圆的近似画法来完成,1/4圆周圆角的轴测投影是1/4椭圆弧,具体作图步骤如图5-12所示。

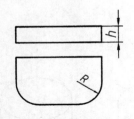

(a) 底板的视图

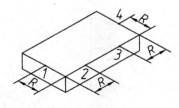

(b) 作底板的轴测图,以 R 找出切点 1,2,3,4

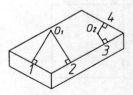

(c) 过 1,2,3,4 分别作所在直线的垂线,得 O_1, O_2

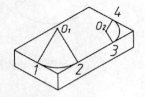

(d) 分别以 O_1 和 O_2 为圆心,$1O_1$ 和 $3O_2$ 为半径画圆弧

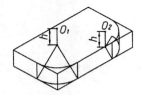

(e) 用移心法将 O_1 和 O_2 分别沿 Z 轴下移底板厚 h,画出下底面圆角的轴测图

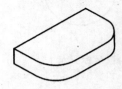

(f) 加深、完成作图

图 5-12 圆角正等轴测图的画法

5.2.4 组合体正等轴测图的画法

画组合体的正等轴测图时,要根据组合体的形体结构,确定组合体各组成部分的相对位置。这就要求坐标原点的选择一定要有利于各形体相对位置的确定。图5-13(a)~(e)所示表示了组合体轴测图的作图步骤。

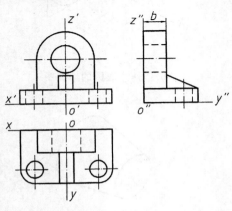

(a) 选坐标原点和坐标轴

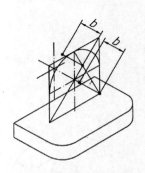

(b) 画底板并确定上部柱体椭圆的圆心位置

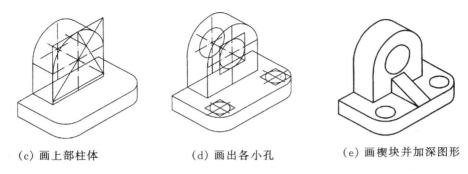

　　　(c) 画上部柱体　　　　　　　　　　(d) 画出各小孔　　　　　　　(e) 画楔块并加深图形

图 5 - 13　组合体正等轴测图的画法

5.3　斜二轴测图的画法

5.3.1　斜二轴测图的形成、轴间角和轴向伸缩系数

1. 形成

　　当投射方向 S 倾斜于轴测投影面时得到的投影图称为**斜轴测图**。如果使 $X_1O_1Z_1$ 坐标面平行于轴测投影面,当所选择的斜投射方向使 OY 轴和 OX 轴的夹角为 $135°$,并使 OY 轴的轴向伸缩系数为 0.5,这种轴测图就称为**斜二轴测图**,简称**斜二测**。

2. 斜二轴测图的轴间角和轴向伸缩系数

　　形成斜二轴测图时,由于 $X_1O_1Z_1$ 坐标面平行于轴测投影面,凡平行于这个坐标面的图形的轴测投影必然反映实形,因此斜二轴测投影的轴间角是:OX 与 OZ 成 $90°$,这两根轴的轴向伸缩系数都是 1;OY 轴与水平线成 $45°$,其轴向伸缩系数为 0.5,如图 5 - 14 所示。

　　由上述斜二轴测图的特点可知:平行于 $X_1O_1Z_1$ 坐标面的圆的斜二轴测投影反映实形。而平行于 $X_1O_1Y_1$ 和 $Y_1O_1Z_1$ 两个坐标面的圆的斜二轴测投影为椭圆,这些椭圆的短轴不与相应轴测轴平行,且作图较繁,如图 5 - 14(c)所示。因此,斜二轴测图一般用来表示只在互相平行的平面内有圆或圆弧的立体,作图时,应该把这些平面设定为平行于 $X_1O_1Z_1$ 坐标面。

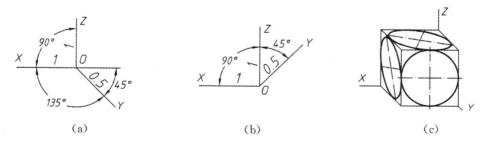

　　　　　　　(a)　　　　　　　　　　　　　(b)　　　　　　　　　　　　(c)

图 5 - 14　斜二轴测图的轴间角和轴向伸缩系数,平行于坐标面的圆的斜二轴测图

5.3.2 斜二轴测图的画法

① 圆柱斜二轴测图的画法,如图 5-15 所示。

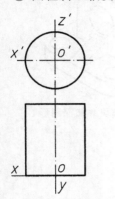 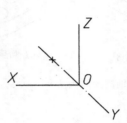 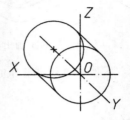 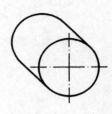

(a) 选坐标原点
和坐标轴

(b) 画轴测轴,在 Y 轴上定
出前后底面的圆心位置

(c) 画出前后底圆

(d) 作两圆的外公切
线,整理加深

图 5-15　圆柱斜二轴测图的画法

② 组合体斜二轴测图的画法,如图 5-16 所示。

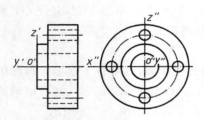 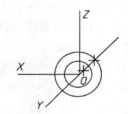 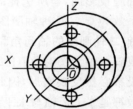

(a) 选坐标原点和坐标轴

(b) 在 Y 轴上定出各个
端面圆的位置

(c) 由前至后画出各圆,
整理加深

图 5-16　组合体斜二轴测图的画法

5.4　轴测图的剖切画法

5.4.1　轴测图剖切画法的有关规定

1. 剖切平面的位置

为了在轴测图上能同时表达出立体的内外形状,通常采用两个平行于不同坐标面的相交平面剖切立体,剖切平面一般应通过立体的主要轴线或对称平面,避免采用一个剖切平面将立体全部剖开,如图5-17(b)所示。

2. 剖面线画法

被剖切平面切出的截断面上,应画剖面线(互相平行等间距的细实线),平行于各坐标面的截断面上的剖面线的方向。

正等测剖面线方向如图 5 - 17(c) 所示。从坐标原点起,分别在三根轴测轴上量取等长,连成三角形。三角形每一边表示相应轴测坐标面的剖面线方向。

斜二测剖面线方向如图 5 - 17(d) 所示。从坐标原点起,分别在 X 和 Z 轴量取等长,在 Y 轴上量取 1/2 长,连成三角形。三角形每一边表示相应轴测坐标面的剖面线方向。

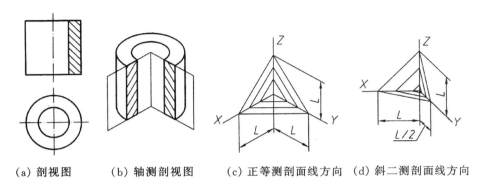

　　(a) 剖视图　　　(b) 轴测剖视图　　(c) 正等测剖面线方向　(d) 斜二测剖面线方向

图 5 - 17　轴测图剖切画法中的剖面线方向

5.4.2　轴测图剖切画图步骤

画轴测剖视图时,通常先画出立体完整的轴测外形图,然后沿着轴测轴方向将立体剖开。具体的画图步骤如下:

① 画出立体的轴测外形轮廓,如图 5 - 18(b) 所示。

② 沿 X,Y 方向分别画出截断面形状,如图 5 - 18(c) 所示。

③ 擦去被剖掉的 1/4 部分和不可见轮廓线,补画剖切后下部孔的轴测投影,画剖面线,加深图线,如图 5 - 18(d) 所示。

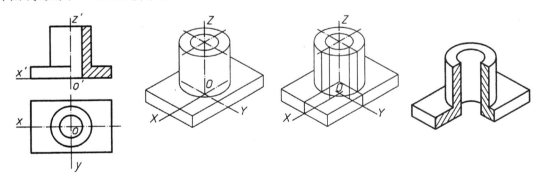

(a)选坐标定原点和坐标轴　(b)画出外轮廓轴测图　　(c)画截断面　　(d)画细节、完成轴测图

图 5 - 18　轴测剖视图的画法

5.5　利用 AutoCAD 画正等轴测图

5.5.1　设置正等轴测图的绘图环境

设置正等轴测图的绘图环境的操作步骤如下:

　　① 在下拉菜单中,单击"工具→绘图设置(F)",或在状态行的"极轴"上单击鼠标右键,选择快捷菜单中的【设置(S)】选项,弹出【草图设置】对话框。

　　② 在【草图设置】对话框中,点击【捕捉和栅格】选项卡,在"捕捉类型"选项中,勾选"等轴测捕捉(M)",如图5-19所示。

　　③ 在【草图设置】对话框中,点击【极轴追踪】选项卡,在"角增量"下拉列表中选择30,在"对象捕捉追踪设置"选项中,勾选"用所有极轴角设置追踪(S)",如图5-20所示。

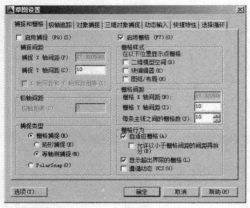

图 5-19　启动等轴测模式

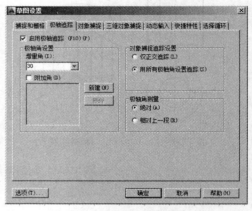

图 5-20　设置对象捕捉追踪

　　④ 单击"确定"按钮,系统启动等轴测模式和对象捕捉追踪,原来的十字光标变为轴测光标,如图5-21所示。

　　建立正等轴测绘图模式后,屏幕中十字光标的夹角互为120°,当正交方式打开时,光标沿平行于轴测轴的方向移动。

　　如图5-21(a)表示顶面(Top)为当前轴测绘图面,光标线平行于 X,Y。

　　如图5-21(b)表示正面(Front)为当前轴测绘图面,光标线平行于 X,Z。

　　如图5-21(c)表示左面(Left)为当前轴测绘图面,光标线平行于 Y,Z。

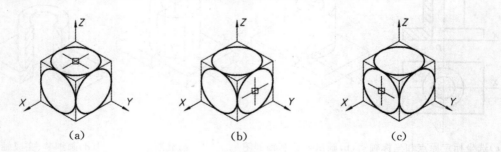

图 5-21　三个坐标面的轴测光标

　　三个正等轴测投影的坐标面分别为顶面(Top)、正面(Front)和左面(Left),它们分别平行立体的水平面、正平面和侧平面。绘图时,每次只能在一个平面方向上进行,若要绘制不同平面上的图形时,则必须要进行轴测绘图面的切换。按下F5键,十字光标方向将依次在 Top—Front—Left 之间进行切换。

5.5.2　用 AutoCAD 绘制正等轴测图

1. 圆的绘制

在正等轴测图中,圆的投影为椭圆。在正等轴测图绘图方式下,画椭圆命令自动增加画等轴测椭圆选项。画图步骤如下:

① 在椭圆工具栏中,点击 ⊘ 画椭圆按钮。

② 在命令行键入“I”(选择正等轴测椭圆)。

③ 指定椭圆中心。

④ 输入圆的半径或直径。

按下 F5 键,可分别画出平行于三个轴测坐标面圆的轴测投影,如图 5 - 22 所示。

2. 直线的绘制

(1) 画平行于坐标轴的直线

打开正交方式,调用画直线命令,依次按下 F5 键,可分别画出平行于 X,Y,Z 轴测轴的直线。

(2) 画不平行于轴测轴的直线

可采用输入点坐标或捕捉特殊点的方式画直线。

3. 实例

① 设定正等轴测绘图方式。

② 打开正交方式,光标沿轴测轴的方向移动。按 F5 键,调整光标移动方向,直接输入线段的长度,依次画出各直线段。如图 5 - 22(a)所示。

③ 画各椭圆孔,如图 5 - 22(b)所示。

④ 画圆角。由于这里不能使用倒圆角命令。可以先在圆角处画椭圆,再对椭圆剪切,如图 5 - 22(c)所示。

⑤ 剪切圆角处多余的线,整理完成全图,如图 5 - 22(d)所示。

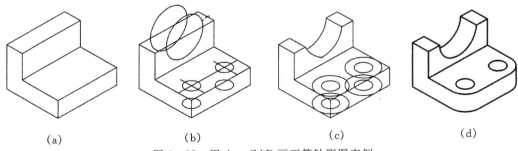

(a)　　　　　　　(b)　　　　　　　(c)　　　　　　　(d)

图 5 - 22　用 AutoCAD 画正等轴测图实例

5.6　三维实体造型

用计算机创建三维实体的技术称为**三维造型**。使用三维造型进行机械设计与传统的平面图形设计相比,具有明显的优势。由三维装配体生成工程图符合人们的认知过程,直观明了,可以缩短从设计到产品的周期,提高设计效率,生成的零件和装配体的三维实体即可以导入专门的工程软件进行质量、重量、惯性、有限元分析工作,直观地得出零件的应力分布图形,以便进行强度计算等工作,还可以导入 CAM 软件进行计算机辅助制造。

三维实体造型的基本方法有:

① 对简单的三维实体可直接创建,如:长方体、圆锥体、圆柱体、球体等。

② 从二维图形创建实体。将二维封闭的图形通过【拉伸】(Extrude)、【旋转】(Revolve)【放样】(Loft)等操作,生成三维实体。

③ 对简单实体进行【交】(Intersect)、【差】(Subtract)和【并】(Union)等运算,生成复杂的三维实体。

5.6.1　创建实体模型的环境及命令

1. 用户坐标系(UCS)

UCS 是用户坐标系的简称(User Coordinate System)。用 AutoCAD 绘制二维图和进行三维建模时,大部分的基本操作都是在当前坐标系的 XY 面或与 XY 面平行的平面上进行的。因此,要在三维空间的任意位置和方向上绘图,用户需要改变原来的坐标系,使操作面成为水平面,从而可以利用绘图命令和编辑命令进行三维造型。

打开【UCS】工具条,单击【UCS】工具栏上的相应按钮,可以方便、快捷地建立和使用用户坐标系,【UCS】工具栏如图 5-23 所示。

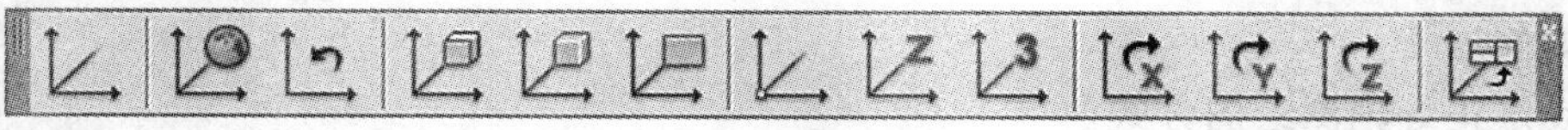

图 5-23　【UCS】工具栏

【UCS】工具条中各图标按钮的功能,如表 5-1 所示。

表 5-1　【UCS】工具条各图标按钮的功能

图标按钮	命令	功能及说明
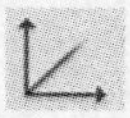	UCS	管理用户坐标系
	UCS 默认选项 w	将当前用户坐标系设置为世界坐标系
	UCS 默认选项 p	恢复上一个用户坐标系。
	UCS 默认选项 fa	将用户坐标系与三维实体上的面对齐
	UCS 默认选项 ob	将用户坐标系与选定对象对齐
	UCS 默认选项 v	将用户坐标系的 XY 平面与屏幕对齐
	UCS 默认选项 o	通过移动原点来定义新的用户坐标系
	UCS 默认选项 zaxis	将用户坐标系与指定的正向 Z 轴对齐
	UCS 默认选项 3	使用三个点来定义新的用户坐标系

续表 5 - 1

图标按钮	命 令	功 能 及 说 明
	UCS 默认选项 x	绕 X 轴旋转用户坐标系
	UCS 默认选项 y	绕 Y 轴旋转用户坐标系
	UCS 默认选项 z	绕 Z 轴旋转用户坐标系。
	UCS 默认选项 apply	向选定的视口应用当前 UCS

2. 视点设置（View）

视点用来确定观察三维模型方向，利用视点的功能，可以从任意方向观察在 AutoCAD 中创建的三维模型，从而得到不同效果的图形。

打开【视图】工具条，单击【视图】工具栏上的相应按钮，可以非常方便地改变观察方向。【视图】工具栏如图 5 - 24 所示。

图 5 - 24 【视图】工具栏

【视图】工具条中常用的图标按钮功能，如表 5 - 2 所示。

表 5 - 2 【视图】工具条中常用的图标按钮功能

图标按钮	命 令	功 能 及 说 明
	VIEW 默认选项 top	俯视，将视点设置在上面，从上往下观察
	VIEW 默认选项 bottom	仰视，将视点设置在下面，从下往上观察
	VIEW 默认选项 left	左视，将视点设置在左面 ，从左往右观察
	VIEW 默认选项 right	右视，将视点设置在右面，从右往左观察
	VIEW 默认选项 front	前视，将视点设置在前面，从前往后观察
	VIEW 默认选项 back	后视，将视点设置在后面 从后往前观察
	SW Isometric view	西南等轴测，将视点设置为西南等轴测，从左前方观察
	SE Isometric view	东南等轴测，将视点设置为东南等轴测，从右前方观察
	NE Isometric view	东北等轴测，将视点设置为东北等轴测，从右后方观察
	NW Isometric view	西北等轴测，将视点设置为西北等轴测，从左后方观察

5.6.2　创建基本三维实体

三维实体就是三维实心对象，即实心体模型。三维实体能够准确地表达模型的几何特征，因而成为三维造型领域最为先进的造型方法。AutoCAD 提供了构建三维模型的方法，利用【建模】工具栏可以构建出各种三维实体。

【建模】工具条提供了常用的三维实体建模命令，【建模】工具栏如图 5-25 所示。

图 5-25　【建模】工具栏

【建模】工具条中常用的图标按钮功能如表 5-3 所示。

表 5-3　【建模】工具条中常用的图标按钮功能

图标按钮	命　令	功　能　及　说　明
	Ucsman	创建三维墙状多段体
	Box	创建三维实心长方体
	Wedge	创建三维实心楔形体
	Cone	创建圆锥体
	Sphere	创建球体
	Cylinder	创建圆柱体
	Torus	创建圆环体
	Wedge	创建棱锥体
	Helix	创建螺旋线
	Sweep	通过沿路径扫掠二维或三维曲线来创建三维实体或曲面
	Extrude	通过拉伸二维或三维曲线来创建三维实体或曲面
	Revolve	通过绕轴扫掠二维或三维曲线来创建三维实体或曲面
	3dalign	在二维和三维空间中将对象与其他对象对齐
	3darray	按矩形或极轴排列方式创建对象的三维矩阵

1. 创建三维基本实体

AutoCAD【建模】工具栏中提供了长方体、圆球、圆柱、圆锥、楔形体、圆环等基本实体的创建命令,各基本实体的创建可按提示输入所需参数,即可得到相应的基本体,如图 5 - 26 所示。

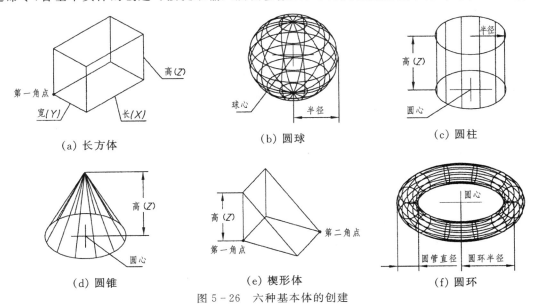

(a) 长方体　　　　　(b) 圆球　　　　　(c) 圆柱

(d) 圆锥　　　　　(e) 楔形体　　　　　(f) 圆环

图 5 - 26　六种基本体的创建

2. 创建拉伸体(Extrude)

将二维封闭的图形(由二维多义线、矩形、圆、封闭的样条曲线等围成)沿 Z 轴方向或指定路径(直线或曲线)拉伸,形成三维实体,如图 5 - 27 所示。

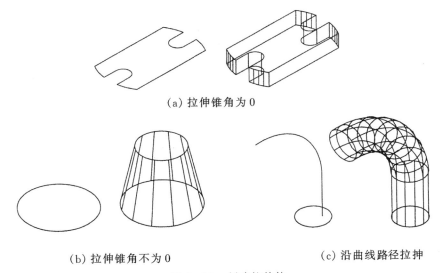

(a) 拉伸锥角为 0

(b) 拉伸锥角不为 0　　　　　(c) 沿曲线路径拉抻

图 5 - 27　创建拉伸体

注意:

① 绘制的二维底面图必须是封闭的,如果图形由多条单独的线段组成时,可用"边界"命令(下拉菜单:【绘图】—【边界】)将其生成封闭边界后再拉伸。

② 拉伸锥角指与拉伸方向所夹的角度。

3. 创建回转体(Revolve)

将二维封闭图形(由二维多义线、矩形、圆、封闭的样条曲线等围成)绕指定轴旋转,形成三维实体,如图5-28所示。

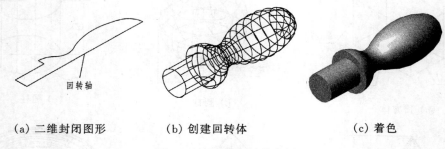

(a) 二维封闭图形　　　(b) 创建回转体　　　(c) 着色

图5-28　创建回转体实例

注意:

① 绘制二维图形的要求与拉伸体的二维图形要求相同。

② 回转轴可在二维图形外,也可是二维图形中的某条直线,但该直线及其延长线不得穿过二维图形。

4. 放样(Loft)

放样的功能是绘制由若干个平面图形作为截面放样所形成的三维实体。

例如创建一方圆变形体。先在两个高度不同位置绘制长方形和圆,再通过放样命令创建三维实体。

命令:_loft(图5-29)

(a)绘制长方形和圆　　(b)放样后得到的三维线框图　　(c)着色

图5-29　放样

5. 创建三维切割体(Slice)

用截平面将三维实体切割为独立的两部分,形成切割体,如图5-30所示。

注意:

① 截平面可以用三点、XY 平面、YZ 平面、XZ 平面等方法来确定。

② 切开实体后,可以选择保留其中一部分或两部分都保留。

③ 由于用光标在屏幕上拾取点均位于 XY 平面上。所以,用三点确定截平面或确定切割体的保留部分时,最好采用捕捉特殊点方式。

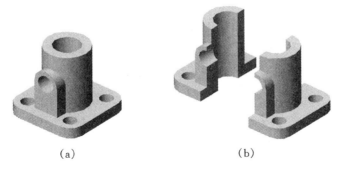

(a)　　　　　　　　　　　(b)

图 5-30　创建三维切割体实例

5.6.3　实体模型的编辑

1. 布尔运算

对三维实体进行并、交、差运算称为**布尔运算**。对简单三维实体进行布尔运算,可以生成复杂的组合体。在【实体编辑】(Solidsedit)工具条中,左边三个图标按钮分别为求并、求差、求交。【实体编辑】工具条如图 5-31 所示。

图 5-31　【实体编辑】工具条

布尔运算命令与功能如表 5-4 所示。

表 5-4　布尔运算

图标按钮	命　令	功　能　及　说　明
⟲	Union	求并运算　将两个以上三维实体合并为一个新的实体
⟲	Intersect	求交运算　用多个实体的公共部分建立新的实体
⟲	Subtract	求差运算　将几个实体的公共部分删除,建立新实体

图 5-32 为并、交、差运算实例。

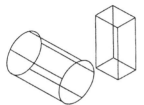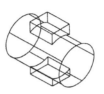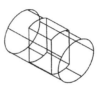

(a) 圆柱体和长方体　　(b) 两实体相交　　(c) 并运算的结果　　(d) 差运算的结果　　(e) 交运算的结果

图 5-32　并、交、差运算实例

2. 视觉样式

在 AutoCAD 中为了观察三维实体模型的最佳效果,往往需要不断地切换视觉样式。通过切换视觉样式,不仅可以方便地观察模型效果,而且在一定程度上还可以辅助创建模型。

视觉样式用来控制视口中模型边和着色的显示,【视觉样式】工具条提供了多种着色模式,单击图标按钮,就可以得到相应的着色效果。【视觉样式】工具条如图 5-33 所示。

图 5-33 【视觉样式】工具条

【视觉样式】工具条各按钮功能如表 5-5 所示。

表 5-5 着色工具条功能

图标按钮	命令	功能及说明
	Vscurrent 默认选项 2	二维线框:用直线或曲线来显示对象的边界
	Vscurrent 默认选项 W	三维线框视觉样式:用直线或曲线作为边界来显示对象
	Vscurrent 默认选项 H	三维隐藏视觉样式:用三维线框来显示对象,并隐藏表示后面的线
	Vscurrent 默认选项 R	真实视觉样式:着色时使对象的边平滑化,并显示已附着到对象的材质
	Vscurrent 默认选项 C	概念视觉样式:着色时使对象的边平滑化,适用冷色和暖色进行过渡
	Visualstyles	视觉样式管理器

利用【视觉样式管理器】，用户可以在视觉样式管理器中创建和更改不同的视觉样式。视觉样式管理器中提供的"图形中的可用视觉样式"如图 5-34 所示。

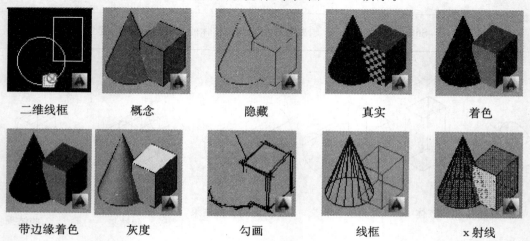

二维线框   概念   隐藏   真实   着色

带边缘着色   灰度   勾画   线框   x 射线

图 5-34 图形中的可用视觉样式

要得到效果理想的三维实体渲染图,应使用【渲染】(Render)命令,这时还需要对光源、渲染模式、材质等进行选择。这里不再详述,有兴趣的读者可以参考有关资料。

3. 组合体的建模

组合体的建模是用 AutoCAD 的布尔运算功能,将基本实体经叠加(并集)、挖切(差集)组合成一个新的实体。制作步骤为:

① 设置所需的视点。

② 设置所需的用户坐标系。

③ 制作所需基本体、拉伸体、旋转体。

④ 进行相关的并、交、差运算。

图 5 - 35 为制作组合体实例。

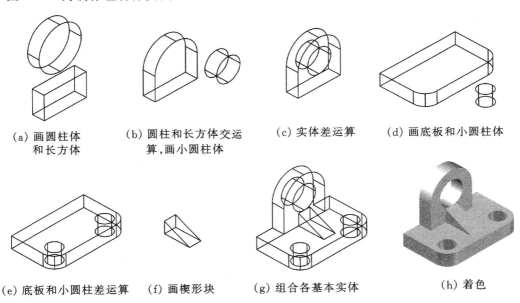

(a) 画圆柱体　　　(b) 圆柱和长方体交运　　(c) 实体差运算　　　(d) 画底板和小圆柱体
和长方体　　　　　算,画小圆柱体

(e) 底板和小圆柱差运算　　(f) 画楔形块　　(g) 组合各基本实体　　　(h) 着色

图 5 - 35　制作组合体实例

小　结

轴测图直观性好,具有较强的立体感,是工程中常用的辅助图样。学习绘制轴测图可以帮助培养和发展空间想象能力。本章主要介绍轴测图的基本知识、常用的正等轴测图(正等测)和斜二轴测图(斜二测)的画法、三维实体造型。

本章学习的重点内容是利用坐标法和形体分析法绘制基本几何体和组合体正等轴测图。

本章学习的难点是平行于三坐标面的圆和圆弧的正等轴测图画法;以及组合体正等轴测图的画法。

复习思考题

1. 轴测图与多面正投影图各有哪些优、缺点？
2. 正等轴测图、斜二等轴测图的轴间角和轴向伸缩系数各为多少？
3. 在正等轴测图中，平行于坐标面的圆投影成的椭圆其长、短轴方向有何特点？
4. 在斜二轴测图中，平行于哪一个坐标面上的圆的投影仍为圆，且大小相等。
5. 三维实体造型的基本方法有几种？

第6章 机件形状的表示方法

在实际生产中,机件的结构形状是多种多样的。为了使图样能完整、清晰地表达机件的结构形状,并便于看图和画图,国家标准《技术制图》和《机械制图》中规定了视图、剖视图、断面图和其他各种基本表示方法。本章主要介绍"图样画法"中机件形状的各种表示方法,此外对第三角投影作了简介。

6.1 视 图

将机件向投影面投射所得的图形称为视图。为了便于看图,视图一般只画出机件的可见轮廓,必要时才画出其不可见轮廓。视图主要用于表达机件的外形。视图通常有基本视图、向视图、局部视图和斜视图。

6.1.1 基本视图

机件因其在机器中的作用不同,其结构形状和复杂程度差别很大。对于一些复杂的机件,用前面介绍过的主、俯、左三个视图表达不清楚时,可在原来的三个投影面的基础上,再增加三个互相垂直的投影面,从而构成一个正六面体,并将正六面体的六个平面作为基本投影面。

将机件向基本投影面投射所得的视图称为**基本视图**,如图6-1所示。基本视图中,除了前面学过的主视图、俯视图和左视图外,还包括从后向前投射所得的后视图;从下向上投射所得的仰视图和从右向左投射所得的右视图。

为了将六个基本视图画在同一张纸内,国家标准规定了各投影面的展开方法,如图6-2所示。

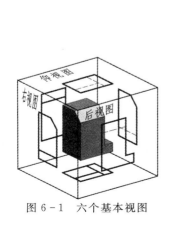

图6-1 六个基本视图

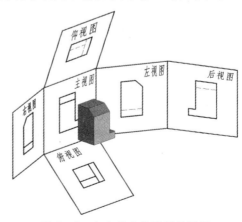

图6-2 六个基本投影面的展开

展开后的各基本视图之间仍然满足"长对正、高平齐、宽相等"的投影规律,并且俯、仰、左、右视图中靠近主视图的一边表示机件的后面。如图6-3所示。

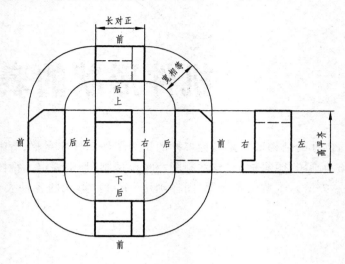

图6-3 六个基本视图的配置

在同一张图纸内,按图6-3所示配置六个基本视图时,可不标注视图的名称。视图的这种配置通常称为基本视图形式配置。

在实际应用时,并非要将六个基本视图全部画出来,而是根据机件结构形状的特征,选择若干个基本视图。同时,为了清晰地表达机件的形状,视图中一般只画出机件的可见部分,必要时才用细虚线画出其不可见部分。例如:图6-4所示的机件,采用了主视图、左视图、右视图分别表达机件的主体形状和左、右凸缘形状,并在左、右两个视图中省略了不必要的细虚线。

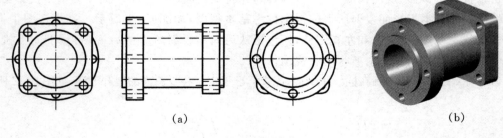

(a)   (b)

图6-4 基本视图应用

6.1.2 向视图

向视图是未按投影关系自由平移配置的视图。当某视图不能按投影关系配置时,为了便于读图,应在该视图的上方标注出视图名称"×"("×"为大写拉丁字母),同时,在相应的视图附近用箭头指明投射方向,并注上相同的字母,如图6-5所示。

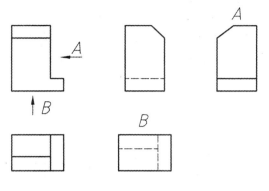

图 6 - 5　向视图

6.1.3　局部视图

当机件的主体形状已由一组基本视图表达清楚,只有部分形状需要表示,且没有必要画出整个基本视图时,可将机件的某一部分向基本投影面投射,所得的视图称为**局部视图**,如图 6 - 6 所示。图中主、俯两个基本视图已清楚地表示了机件主体和上端凸缘形状,但未反映出左、右两端凸缘的真实形状,如增加左视图和右视图,就显得繁琐和重复,此时可采用 A 向和 B 向两个局部视图来表示,这样表达既简练、清晰,又便于读图和画图。

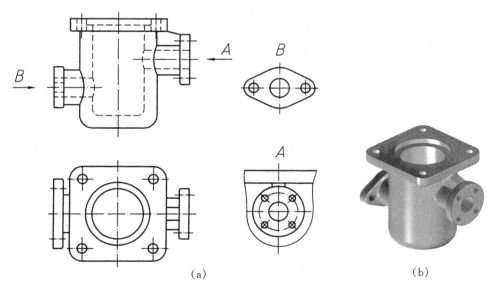

(a)　　　　　　　　　　　　　　　　　(b)

图 6 - 6　局部视图

局部视图的画法、配置和标注:

① 画法:局部视图的断裂边界用波浪线或双折线表示,如图 6 - 6 中的 A 向局部视图。当所表示的局部结构完整,且其投影的外轮廓线又成封闭时,波浪线可省略不画,如图 6 - 6 中的 B 向局部视图。

② 配置：局部视图可按基本视图的配置形式配置，如图 6－6 中的 B 向局部视图，也可按向视图的配置形式配置并标注，如图 6－6 中的 A 向局部视图。

③ 标注：局部视图一般需进行标注，即用带字母的箭头标明所要表示的部位和投射方向，并在局部视图的上方标注相应的视图名称，如"A"。当局部视图按投影关系配置，中间又没有其他视图隔开时，可省略标注（图 6－6 中"B"向局部视图，箭头和字母均可省略，为了叙述方便，图中未省略）。

6.1.4 斜视图

将机件向不平行于基本投影面的平面投射所得的视图称为**斜视图**。斜视图常用来表达机件上倾斜部分结构的真实形状。如图 6－7(a)所示，为了表达机件倾斜部分的真形，选用与倾斜表面平行的正垂面 P 作为斜视图的投影面，将机件倾斜部分用正投影法向 P 平面投射，从而得到反映机件倾斜表面实形的斜视图。

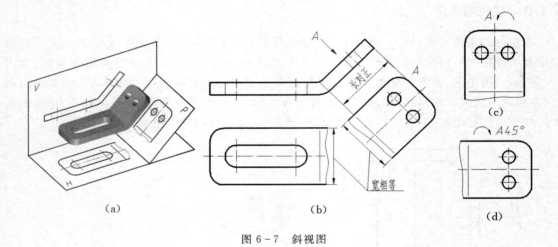

图 6－7 斜视图

由于 P 为正垂面，这时 P 面和 V 面构成两投影面体系，同时机件在 P 面的投影也反映机件的宽，因此斜视图与主视图之间存在着"长对正"，斜视图与俯视图存在"宽相等"的投影关系，如图 6－7(b)所示。

斜视图的画法、配置和标注：

① 画法：斜视图一般只表示机件倾斜部分的真实形状，因此常画成局部斜视图，其断裂边界用波浪线表示，如图 6－7(b)所示，也可用双折线，但同一张图上断裂边界只能用同一种线型。当所表示的倾斜结构是完整的，且其投影的外轮廓线又成封闭时，波浪线可省略不画，如图6－8中的 A 向局部斜视图。

② 配置：斜视图一般按向视图的配置形式配置并标注，最好按投影关系配置，如图 6－7(b)所示，必要时也可平移到其他适当位置。在不致引起误解的情况下，允许将斜视图转正配置，如图 6－7(c)或 6－7(d)所示。

③ 标注：斜视图必须按照向视图方式进行标注。但要注意，在斜视图中表示投射方向的箭头应垂直于倾斜表面，标注的字母应水平书写。当斜视图采用转正配置时，应加注旋转符号，如图 6－7(c)或 6－7(d)所示。需注意，旋转方向为箭头所指方向，并且表示斜视图名称的

大写拉丁字母应靠近旋转符号的箭头端。旋转符号的画法如图 6-9 所示。

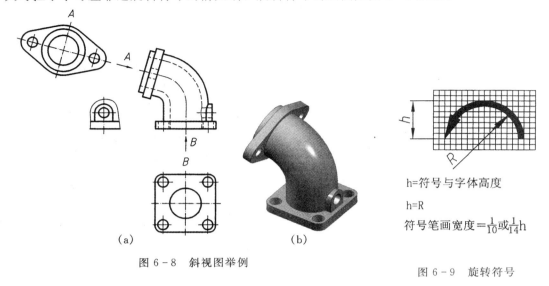

h=符号与字体高度

h=R

符号笔画宽度 $=\frac{1}{10}$ 或 $\frac{1}{14}$ h

图 6-8　斜视图举例

图 6-9　旋转符号

6.2　剖　视　图

　　根据国家标准规定,机件的可见轮廓线用粗实线表示,不可见轮廓线用细虚线表示。当机件内部的结构较复杂时,在视图上就会出现较多的细虚线,从而导致层次不清,甚至出现细虚线与其他图线重叠,既不利于读图,也不便于标注尺寸,如图 6-10 所示。为此,国家标准图样画法规定可用剖视图的方法来表达机件内部结构形状。

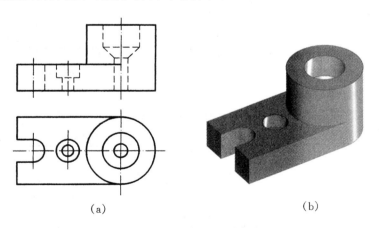

图 6-10　机件的视图表达

6.2.1　剖视图的概念

　　假想用剖切面剖开机件,将处在观察者和剖切面之间的部分移去,而将其余部分向投影面投射所得的图形,称为**剖视图**,简称为剖视,如图 6-11(a)所示。采用剖视后,机件内部原来不可见的结构变为可见,用粗实线表示,这样图形清晰,便于读图和标注尺寸,如图 6-11(b)

所示。

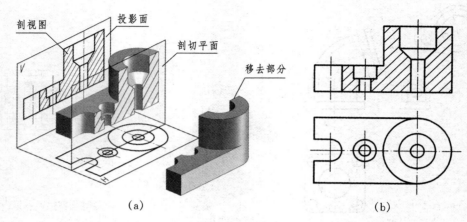

图 6-11　剖视图的形成

6.2.2　剖视图的画法

1. 剖切平面的位置

为了清晰地表达机件内部结构的真形,剖切平面一般应通过机件内部结构的对称面或回转轴线,并与相应的投影面平行。如图 6-11 所示。

2. 剖视图的画法

在剖视图中,用粗实线画出机件剖面区域（剖切面与机件接触部分）的轮廓线,以及剖切平面后面机件的所有可见轮廓线,如图 6-11 所示。由于剖切是假想的,因此,除剖视图外,并不影响其他视图的完整性。图 6-12 是画剖视图中常见的错误。

为了使剖视图能清晰地反映机件上需要表达的结构,在剖视图中,凡是已表达清楚的结构,细虚线应省略不画。

3. 剖面符号的画法

在剖视图中,要在剖面区域内画出表示机件材料的特定剖面符号,常用的剖面符号如表 6-1 所示。表示金属材料的剖面符号通常用与水平线成 45°角的细实线绘

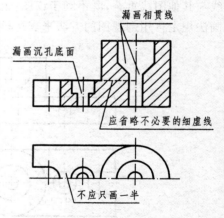

图 6-12　剖视图常见错误

制。在剖视图中,同一机件的各个剖面区域的剖面线,应画成间隔相等、方向相同,且一般与剖面区域的主要轮廓线或对称中心线成 45°的平行线,如图 6-13 所示。

当图形的主要轮廓线与水平线成 45°或接近 45°时,该剖视图的剖面线也可画成与主要轮廓线成适当角度的平行线,但倾斜方向应与原图剖面线方向一致,如图 6-14 所示。

表 6 - 1　剖面区域表示法(GB/T 4457. 5—2013)

材　料	剖面符号	材　料	剖面符号	材　料	剖面符号
金属材料(已有规定剖面符号者除外)		玻璃及供观察用的其他透明材料		砖	
非金属材料(已有规定剖面符号者除外)		砂型、填沙、粉末冶金、砂轮、陶瓷瓦片、硬质合金刀片等		液体	

注:(1)剖面符号仅表示材料的类型,材料的名称和代号必须另行标注。

　　(2)液面用细实线绘制。

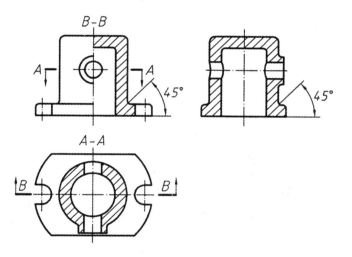
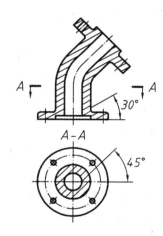

　　　图 6 - 13　剖面线的画法(一)　　　　　　　图 6 - 14　剖面线的画法(二)

4. 剖视图的配置和标注

　　剖视图一般按基本视图的配置形式配置,如图 6 - 14 和图 6 - 15 中的"*A*—*A*"剖视。也可以根据图面布局将剖视图配置在其他适当位置,如图 6 - 15 中的"*B*—*B*"剖视。

　　为了读图时便于找出剖视图和其他视图的投影关系,剖视图一般应按规定标注剖切平面的位置、投射方向和剖视图名称。剖切平面的位置通常用剖切符号(粗短画)表示,即在相应的视图上用剖切符号标明剖切面起、讫和转折处位置,并尽可能不与图形的轮廓线相交,如图 6 - 15 主视图上的"*A*";投射方向是在剖切符号的外侧用箭头表示,如图 6 - 15 中间视图上的箭头;剖视图名称则是在所画剖视图的上方用大写的拉丁字母标注"×—×",如图 6 - 15 中的"*A*—*A*"和"*B*—*B*"。

　　当剖视图符合下列两种情况时,可省略或部分省略标注:

　　① 当剖视图按投影关系配置,且中间又没有其他图形隔开时,由于投射方向明确,可省略箭头,如图 6 - 15 中的"*A*—*A*"剖视。

② 当单一剖切平面通过机件的对称面或基本对称面,同时又满足情况①的条件时,剖切位置、投射方向以及剖视图都非常明确,故可省略标注,如图 6 - 11(b)中的主视图。

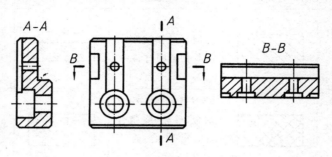

图 6 - 15　剖视图的配置与标注

6.2.3　剖视图的分类

按剖切范围的大小,剖视图分为全剖视图、半剖视图和局部剖视图三种。

1. 全剖视图

用剖切面完全地剖开机件所得的剖视图称为**全剖视图**,例如:图 6 - 11(b),6 - 14 和 6 - 15 中的剖视图均为全剖视图。

全剖视图一般用于表达外形简单、内部形状较复杂的机件。对于一些具有空心回转体的机件,即使其结构对称,但由于外形简单,也常采用全剖视图,如图 6 - 16 所示。

全剖视图须按照剖视图的标注规定,进行相应标注。

2. 半剖视图

当机件具有对称平面时,在垂直于对称平面的投影面上投射所得的图形,可以对称中心线为界,一半画成剖视,另一半画成视图,这种合成图形称为**半剖视图**。

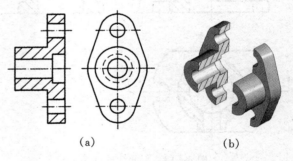

（a）　　　　　　　　　　（b）

图 6 - 16　全剖视图

半剖视图主要用于内外形状都需要表达,且结构对称的机件,如图 6 - 17 所示。

当机件的形状接近对称,且不对称部分已另有图形表达清楚时,也可以画成半剖视图,如图 6 - 18 所示。但当对称机件的轮廓线与中心线重合时,不宜采用半剖视图表示。

半剖图视的画法与标注:

① 半剖视图中,剖视和视图的分界线应是细点画线,而不能画成粗实线,如图 6 - 17 所示。

② 半剖视图中,由于图形对称,机件的内部形状已在半个剖视图中表示清楚,所以在表达外部形状的半个视图中,表达内部形状的细虚线以及在后方不可见的细虚线,应省略不画,如图6-17和图 6 - 18 所示。

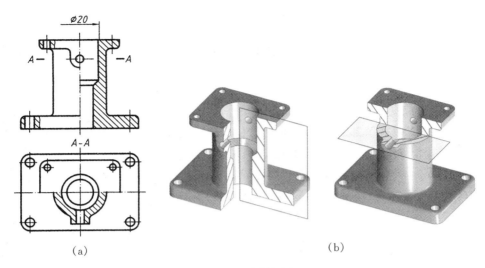

(a)　　　　　　　　　　　　　　　　(b)

图 6-17　半剖视图

③ 半剖视图中,标注只画出一半的对称图形尺寸时,其尺寸线应略超过对称中心线,并在尺寸线的一端画出箭头,如图 6-17 中的尺寸"∅20"。

④ 半剖视图的标注方法与全剖视图完全相同,如图 6-17(a)所示。

3. 局部剖视图

用剖切平面局部地剖开机件所得的剖视图称为**局部剖视图**,如图 6-19 所示。

局部剖视图由于不受机件是否对称的限制,因而适用范围较广。常用于下列情况:

① 同时需要表示不对称机件的内、外结构形状,如图 6-19 所示。

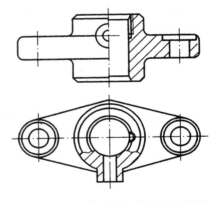

图 6-18　基本对称机件的半剖视图

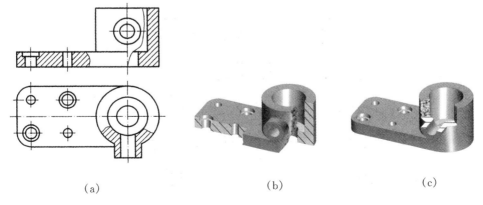

(a)　　　　　　　　　　(b)　　　　　　　　　　(c)

图 6-19　局部剖视图

② 机件虽有对称面,但有轮廓线与其对称中心线重合,不宜采用半剖视图时,如图 6－20 所示。

③ 对于实心轴中的孔、槽等结构,采用局部剖视图,以避免在不需要剖切的实心部分画剖面线,如图 6－21 所示。

局部剖视图的画法与标注:

① 局部剖视图中视图部分与剖视部分的分界线为波浪线,如图 6－19、图 6－20 和图6－21所示。需注意,波浪线不能超出被剖切实体的轮廓线;波浪线不能用轮廓线代替,也不应画在轮廓线的延长线上,或与图样上其他图线重合;当遇到机件上的孔、槽等结构时,波浪线必须断开。如图6－23所示。

② 当被剖切的局部结构为回转体时,允许将该结构的中心线作为局部剖视与视图的分界线,如图6－22所示。

③ 局部剖视图一般应按规定加以标注,但当用一个剖切平面剖切,且剖切位置明显时,可省略标注,如图6－19、图 6－20 和图6－21所示。

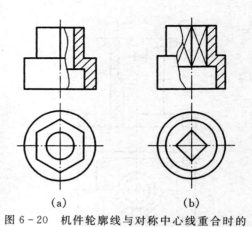

(a)　　　　　　(b)

图 6－20　机件轮廓线与对称中心线重合时的局部剖视图

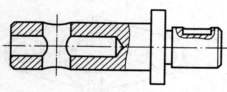

图 6－21　轴的局部剖视图

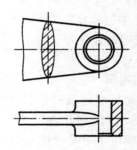

图 6－22　回转体结构以中心线为分界线

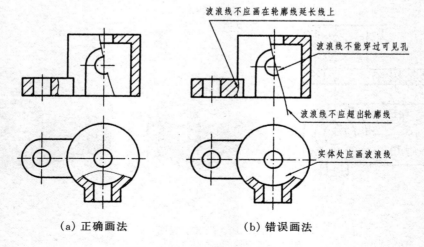

波浪线不应画在轮廓线延长线上

波浪线不能穿过可见孔

波浪线不应超出轮廓线

实体处应画波浪线

(a) 正确画法　　　　　　(b) 错误画法

图 6－23　画波浪线应注意的问题

6.2.4 剖切面的种类及剖切方法

国家标准规定,根据机件的结构特点,可选择以下剖切面剖开机件:单一剖切面、几个平行的剖切平面、几个相交的剖切平面(交线垂直于某一投影面)。

1. 单一剖切面

单一剖切面可以是平面,也可以是柱面,其中使用最多的是单一剖切平面。

使用单一剖切平面剖切机件时,单一剖切平面可以平行于某一基本投影面,如图 6-15、图 6-16 和图 6-17 所示,也可以不平行于任何基本投影面(但必须与某一基本投影面垂直)。

用不平行于任何基本投影面的单一剖切平面(但必须与某一基本投影面垂直)剖开机件的方法,通常被称为"**斜剖**",所获得的剖视图,称为**斜剖视图**,如图 6-24 所示。斜剖视图常用来表达机件上倾斜部分的内部结构。

斜剖视图的画法和配置与斜视图相同,只是在剖面区域要加画剖面符号。为了看图方便,用斜剖获得的剖视图最好按投影关系配置,并按规定加以标注,如图 6-24(a)中的"$B-B$"。必要时也可以配置在其他适当位置,在不致引起误解时,允许将图形旋转,并加注旋转符号,如图 6-24(a)中的"$B-B$ ⌒"。其中旋转符号"⌒"的箭头所指方向应与图形实际旋转方向一致,并且表示剖视图名称的大写拉丁字母应靠近旋转符号的箭头端。

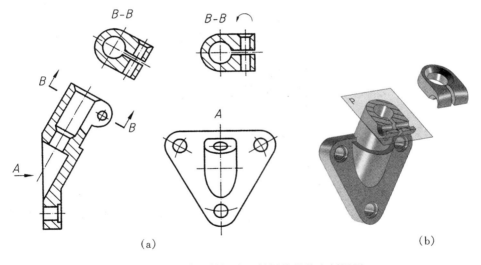

图 6-24 用单一剖切平面斜剖获得的全剖视图

2. 几个平行的剖切平面

用几个平行的剖切平面剖开机件的方法,通常被简称为"**阶梯剖**"。例如图 6-25 中的 $A-A$ 就是采用阶梯剖获得的全剖视图。当机件上不同的结构要素(如孔、槽等)的中心线排列在几个互相平行的平面上时,常用阶梯剖视图来表达。

阶梯剖视图的画法:

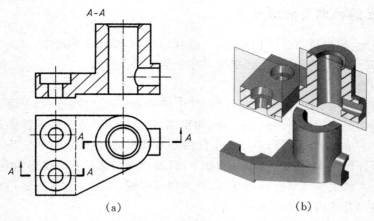

图 6-25　用阶梯剖获得的全剖视图

①　在阶梯剖视图中,几个平行的剖切平面的剖切区域应连成一片,不应画出剖切平面转折处的分界线,如图 6-26 所示。

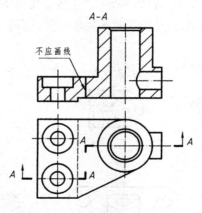

图 6-26　阶梯剖的错误画法

②　阶梯剖视图中不应出现不完整结构要素,如半个孔、不完整肋板等,如图 6-27 所示。仅当两个要素在图形内具有公共对称中心线或轴线时,可以对称中心线或轴线为界,两要素各画出一半图形,如图 6-28 所示。

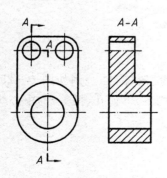

图 6-27　画阶梯剖应注意的问题

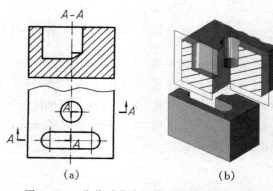

图 6-28　公共对称中心线和轴线结构的画法

　　阶梯剖视图必须按规定加以标注,如图 6 - 25(a)所示。当转折处位置有限,且不致引起误解时,允许省略字母,如图 6 - 28 所示。

　　3. 几个相交的剖切平面(交线垂直于某一基本投影面)

　　用两个相交的剖切平面(交线垂直于某一基本投影面)剖开机件获得剖视图的方法,通常称为**"旋转剖"**,如图 6 - 29 所示。

　　旋转剖视图的画法:

　　① 采用旋转剖画剖视图时,先假想按剖切位置剖开机件,然后将被剖切平面剖开的结构及其有关部分旋转到与选定的基本投影面平行后,再进行投射,如图 6 - 29(a)所示。

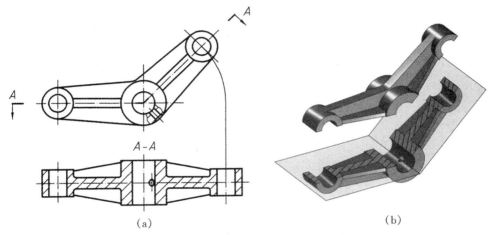

图 6 - 29　用旋转剖获得的全剖视图

　　② 在剖切平面后的其他结构一般仍按原来的位置投射,如图 6 - 29(a)中部的小孔,其俯视图是按原来位置投射画出的。

　　③ 当剖切后产生不完整要素时,应将此部分按不剖绘制,如图 6 - 30 右侧中间板。

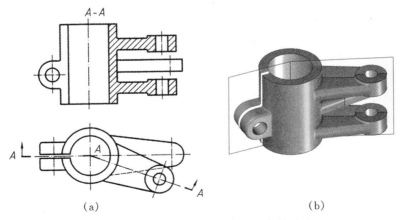

图 6 - 30　剖切后产生不完整要素的画法

　　用旋转剖画出的剖视图,必须按规定加以标注,如图 6 - 30(a)所示。但当转折处地方有限又不致引起误解时,允许省略字母,如图 6 - 29(a)所示。

当机件内部形状较为复杂,且分布在不同位置上时,可以用两个以上相交的剖切平面剖开机件。采用几个相交的剖切平面剖开机件画剖视图时,可采用展开画法,此时应标注"×—×展开",如图 6-31 所示。

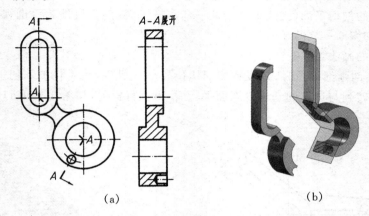

(a)   (b)

图 6-31   几个相交平面剖切的展开画法和标注方法

此外,为了便于看图和画图,可将前面几种剖切方法组合起来使用,如图 6-32 所示。这种用组合的剖切平面剖开机件获得剖视图的方法,称为**复合剖**。

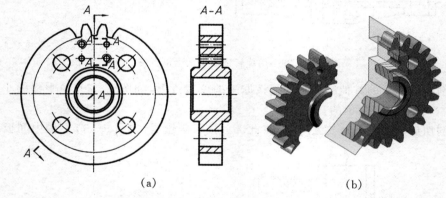

(a)   (b)

图 6-32   用复合剖获得的全剖视图

阶梯剖、旋转剖等剖切方法既可以用来获得全剖视图,也可以根据机件的形状特点,来获得半剖视图或局部剖视图。

6.3   断 面 图

6.3.1   断面图的形成

假想用剖切面将机件的某处切断,仅画出剖切面与机件实体接触部分(截断面)的图形,称为**断面图**,简称**断面**。图 6-33 表明了断面图与剖视图的区别。显然,用断面图表达机件上的孔、槽、肋、轮辐等结构比用剖视图更简练。

根据断面图配置的位置,断面可分为移出断面和重合断面。

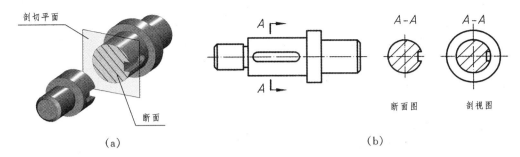

图 6 - 33　断面图的概念

6.3.2　移出断面

画在视图中被剖切结构的投影轮廓之外的断面图称为**移出断面**。

1. 移出断面的画法

① 移出断面的轮廓线用粗实线绘制。

② 当剖切面通过回转面形成的孔或凹坑的轴线时,这些结构按剖视绘制,即孔口或凹坑口画成闭合,如图 6 - 34 所示。当剖切平面通过非圆形通孔,会导致出现完全分离的两部分时,这些结构也应按剖视绘制,如图 6 - 35 中的 $A-A$ 所示。

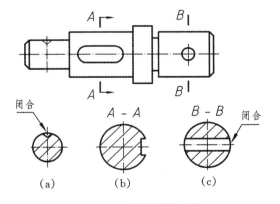

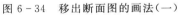

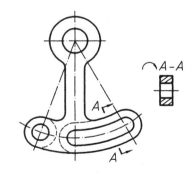

图 6 - 34　移出断面图的画法(一)　　　　图 6 - 35　移出断面图的画法(二)

③ 为了表示机件结构的正断面形状,剖切面应垂直于被剖切结构的主要轮廓线或轴线,如图 6 - 36 所示。当遇到如图 6 - 37 所示的结构时,可用两个相交的剖切平面剖切机件,所得到的断面图,中间应用波浪线断开。

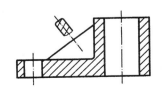

图 6 - 36　移出断面图的画法(三)　　　　图 6 - 37　移出断面图的画法(四)

2. 移出断面的配置

① 移出断面应尽量配置在剖切符号或剖切线(指示剖切面位置的线,用点画线表示)的延长线上,如图 6-38 所示。

② 移出断面也可按投影关系配置(图 6-33),或配置在其他适当位置,如图 6-34(b),(c)所示。

③ 当断面图形对称时,也可画在视图的中断处,如图6-39所示。

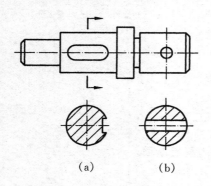

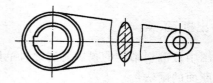

图 6-38　移出断面的配置　　　　　图 6-39　配置在视图中断处的移出断面图

3. 移出断面的标注

移出断面的标注方法与单一剖的标注方法基本相同。一般应标出移出断面的名称,在相应的视图上用剖切符号表示剖切位置和投射方向,并标注相同的字母,如图 6-34(b)所示。

在下列情况下可部分省略或完全省略标注:

① 配置在剖切符号延长线上的不对称移出断面,可省略字母,如图 6-38(a)所示。

② 对称移出断面或按投影关系配置的移出断面,均可省略箭头,如图 6-34(c)所示。

③ 配置在剖切线延长线上的对称移出断面和配置在视图中断处的移出断面,均可不作标注,如图 6-38(b)和图 6-39 所示。

6.3.3　重合断面

画在视图中被剖切结构的投影轮廓之内的断面图,称为**重合断面**。

1. 重合断面的画法

① 重合断面的轮廓线用细实线绘制,如图 6-40,6-41所示。

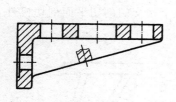

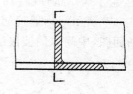

图 6-40　重合断面的画法　　　　　图 6-41　重合断面的画法和标注

② 当视图中的轮廓线与重合断面的图形重叠时,视图中的轮廓线仍应连续画出,不可间断,如图 6-41 所示。

2. 重合断面的标注

不对称重合断面可省略字母,如图 6-41 所示。对称的重合断面,可省略标注,如图 6-40 所示。

6.4　其他表示方法

6.4.1　局部放大图

将机件的部分结构,用大于原图形所采用的比例画出的图形,称为**局部放大图**。局部放大图可画成视图、剖视图、断面图,它与被放大部分的表示方法无关。

局部放大图应尽量配置在被放大部位的附近,如图 6-42 所示。当机件上的某些细小结构在原图中表示得不够清楚,或不便于标注尺寸时,便可采用局部放大图来表示。

局部放大图中所标注的比例与原图所采用的比例无关,它仅表示放大图中的图形尺寸与实物之比。

标注局部放大图时,应先用细实线圈出被放大的部位;当同一机件上有几个被放大的部位时,必须用罗马数字依次标明被放大的部位,并在局部放大图的上方标注出相应的罗马数字和所采用的比例,如图 6-42 所示。当机件上仅一个被放大的部位时,在局部放大图的上方只需注明所采用的比例即可,如图 6-43 所示。

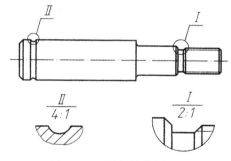

图 6-42　局部放大图(一)

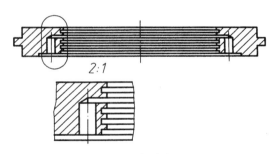

图 6-43　局部放大图(二)

6.4.2　简化图形画法

简化图形画法是在便于看图的前提下,通过简化图形和省略视图等方法对机件上某些结构的表示方法进行简化,使图形易于绘制。简化图形画法包括规定画法、省略画法、示意画法等。

1. 剖视中对特定结构要素的简化图形画法

① 对于机件上的肋、轮辐及薄壁等结构,如按纵向剖切(剖切平面通过轮辐、肋等的轴线或对称面),这些结构都不画剖面符号,而用粗实线将它与其相邻部分分开,如图 6-44 中的左视图和图 6-45 所示。当剖切面沿横向剖切(垂直于轮辐、肋等的轴线或对称面),就须画出剖面符号,如图 6-44 中的 A—A 所示。

② 当机件回转体上均匀分布的肋、轮辐、孔等结构不处于剖切面上时,可将这些结构旋转到剖切面上画出其剖视图,并且均匀分布的孔只需详细画出一个,另一个只画出轴线即可,如图 6-46 所示。

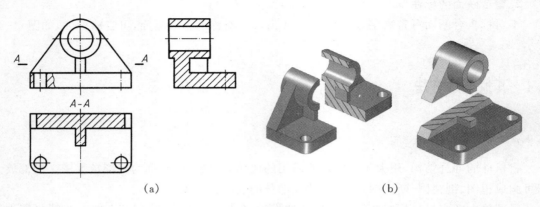

(a)   (b)

图 6-44　剖视图中肋的简化画法

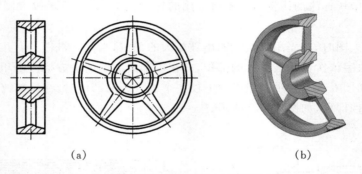

(a)   (b)

图 6-45　剖视图中均布轮辐的简化画法

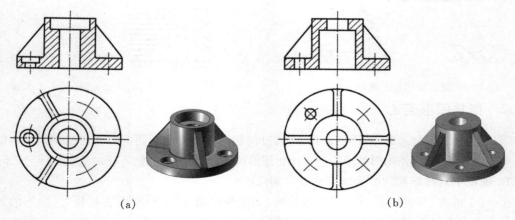

(a)   (b)

图 6-46　剖视图中均布的肋和孔的简化画法

③ 在剖视图中，可再作一次局部剖，采用这种表示方法时，两个剖面区域的剖面线方向和间隔应相同，但要相互错开，并用引出线标注其名称，如图 6-47 所示，当剖切位置明显时，也可省略标注。

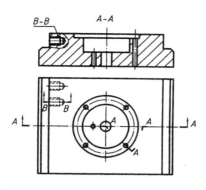

图 6-47　剖视图中再作一次局部剖

2. 相同结构的简化画法

① 当机件具有相同结构(如齿、槽等),并按一定规律分布时,只需画出几个完整的结构,其余用细实线连接,但在图中必须注明该结构的总数,如图 6-48 所示。

② 机件若干直径相同且成规律分布的孔(圆孔、螺孔、沉孔等),可以仅画出一个或几个,其余只需用细点画线表示其中心位置即可,但在图中必须注明孔的总数,如图 6-49 所示。

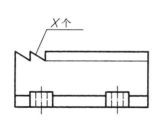

图 6-48　均布齿的简化画法

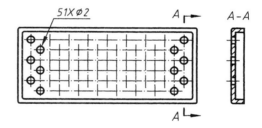

图 6-49　按规律分布孔的简化画法

3. 图形中投影的简化画法

① 圆柱形法兰和类似零件上均匀分布的孔,可按图 6-50 所示的方法表示。

② 在不致引起误解时,对于对称机件的视图可只画 1/2 或 1/4,并在对称中心线的两端画出两条与其垂直的平行细实线,如图 6-51 所示。

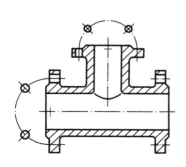

图 6-50　凸缘上均布孔的简化画法

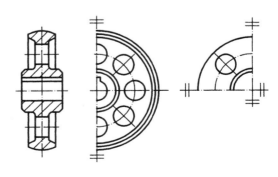

图 6-51　对称机件视图的简化画法

③ 机件上与投影面倾斜角度≤30°的圆或圆弧，其投影可以用圆或圆弧代替，如图 6 - 52 所示。

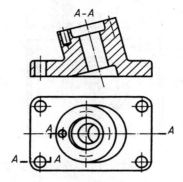

图 6 - 52　≤30°倾斜圆的简化画法

④ 在不致引起误解时，图形中的过渡线、相贯线可以简化，例如用直线或圆弧代替非圆曲线，如图 6 - 53、图 6 - 54 所示。

⑤ 机件上对称结构的局部视图，可按图 6 - 54 的方法绘制。

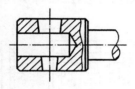　　　　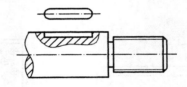

图 6 - 53　交线的简化画法　　　　图 6 - 54　对称结构局部视图的简化画法

⑥ 对于较长的机件（如轴、杆或型材等），当其长度方向的形状一致或按一定规律变化时，可将其断开后缩短绘制，机件的断开处用波浪线或细双点画线表示，但尺寸仍需按实际长度标注，如图 6 - 55 所示。

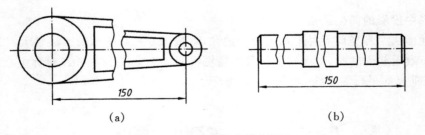

（a）　　　　　　　　　　　　　　　　（b）

图 6 - 55　较长机件的简化画法

4. 示意画法

当回转体零件上的平面在图形中不能充分表示时，可用两条相交的细实线表示这些平面，如图 6 - 56 所示。

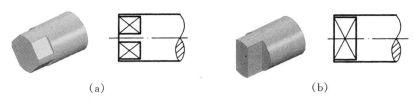

(a)　　　　　　　　　　　　　　(b)

图 6-56　回转体上平面的表示法

6.5　第三角画法简介

国际上使用的技术图样有两种画法：第一角画法和第三角画法。我国国家标准《技术制图》、《机械制图》规定在绘制技术图样时，应优先采用第一角画法。为了便于国际间的技术交流，本节对第三角画法进行简单介绍。

图 6-57 表示三个相互垂直的投影面 V、H 和 W，将空间分成八个分角。若机件放在第一分角内，并使机件处于观察者和投影面之间，将其向投影面进行投射，所得到的视图就是第一角画法，本书前面所介绍的画法均为采用第一角画法。

若将机件置于第三分角内，并使投影面处于观察者与机件之间而得到的多面正投影，则为第三角画法。第三角画法有如下特点：

① 将机件置于第三分角内，使投影面处于观察者与机件之间，并假想投影面是透明的，观察者可以看见投影面后面的机件，如图6-58所示。

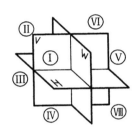

图 6-57　空间八个分角

② 与第一角投影类似，第三角投影中也可以用正投影的方法获得六个基本视图，它们的名称不变，仍然为主视图、俯视图、左视图、右视图、仰视图和后视图。第三角投影中的六个基本投影面的展开方法如图6-59所示。

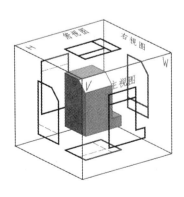

图 6-58　第三角投影

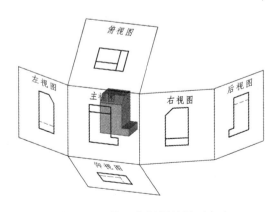

图 6-59　第三角投影的展开方法

③ 展开后,六个基本视图的配置如图 6-60 所示。各基本视图之间仍然满足"长对正、高平齐、宽相等"的投影规律,并且俯、仰、左、右视图中靠近主视图的一边表示机件的前面。

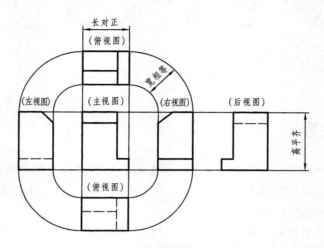

图 6-60　第三角画法六个基本视图的配置

④ 采用第三角画法时,必须在图样中画出第三角画法的**识别图形符号**,如图 6-61 所示。图 6-62 为第一角画法的识别符号,只有在必要时才使用。在图样中,一般将识别图形符号标在标题栏附近。

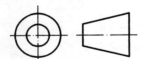　　　　　　　　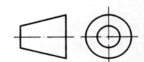

图 6-61　第三角画法识别图形符号　　　　图 6-62　第一角画法识别图形符号

6.6　利用 AutoCAD 绘制剖视图

AutoCAD 的图案和渐变色填充命令,可对剖视图中的剖面区域内填充相应的剖面符号。

图案或渐变色填充是用一种图案或渐变色对某一封闭区域进行填充。围成该封闭区域的边界称为填充边界。填充边界必须是由直线、多段线、样条曲线、圆和圆弧等围成的封闭区域,并且当该区域在屏幕上可见。剖视图和断面图中的剖面符号就是用规定的图案填充剖切区域的。本节将介绍有关图案填充命令的使用方法。

1. 图案填充命令

单击【绘图】工具条中的图案填充命令按钮▨,或通过选取【绘图】下拉菜单中的【图案填充】选项,可打开【图案填充和渐变色】对话框,如图 6-63 所示。

单击【图案填充和渐变色】对话框中【图案】后面的▨按钮,弹出【填充图案选项板】对话框,如图 6-64 所示。在对话框中选择需要的图案后单击【确定】按钮,返回到【图案填充和渐变色】对话框。

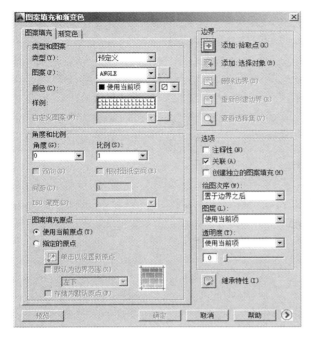

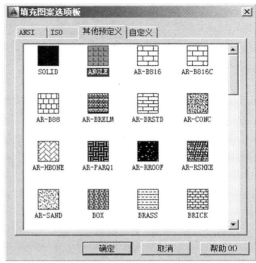

图 6 - 63　【填充图案控制板】对话框　　　　　　图 6 - 64　【填充图案控制板】对话框

在【图案填充和渐变色】对话框中单击右上角的【添加:拾取点】前的图标按钮 ⊞ 或【添加:选择对象】前的图标按钮 ⊞,在命令提示行出现提示"拾取内部点或[选择对象(S)/删除边界(B)]:",将光标移到要进行填充区域的内部单击鼠标左键或选择相应的对象,AutoCAD 会自动进行边界识别,并将要填充的区域以虚线显示。回车确认后再次返回到【图案填充和渐变色】对话框,并单击【确定】按钮完成图案填充。

除了利用给定的图案填充外,AutoCAD 还可以通过【图案填充和渐变色】对话框中【类型】下拉列表中的"用户定义"和"自定义"来定义填充图案。此外,还可以利用对话框中的"角度和比例"选项区设置图案的倾斜角度和显示比例。

2. 孤岛填充方式

机械图样上经常有多重封闭的嵌套图形,一般将某个闭合区域内的封闭区域称为孤岛。在对有孤岛的区域进行填充时,需对孤岛的填充方式进行设置。

点击【图案填充和渐变色】对话框右下角的"更多选项"按钮 ⊙,可展开【图案填充和渐变色】对话框,利用"孤岛"选项区可对填充方式进行选择。AutoCAD 提供了普通、外部和忽略三种孤岛检测方式,如图 6 - 65 所示。

"普通"选项用于从外向内填充,如遇嵌套封闭图形,则进行间隔填充;"外部"选项只对外层封闭区域进行填充;"忽略"选项将忽略孤岛,对整个区域进行填充。三种孤岛方式的填充效果如图 6 - 66 所示。当采用"普通"或"外部"方式时,如果在填充区域内遇到文本或尺寸数字,填充图案会自动断开,使得这些对象更加清晰,如图 6 - 67(a)所示;而采用"忽略"方式时,填充图案将不会中断,如图 6 - 67(b)所示。

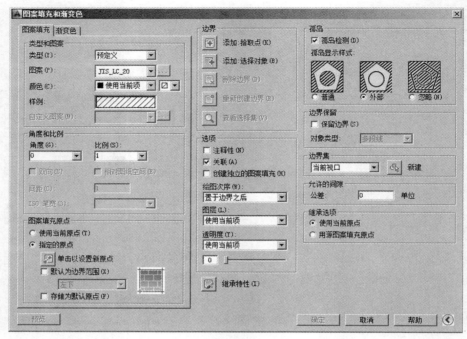

图 6 - 65　展开【图案填充和渐变色】对话框

(a) 普通方式　　　　(b) 外部方式　　　　(c) 忽略方式

图 6 - 66　三种填充方式

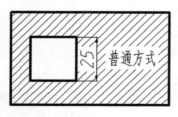　　　　　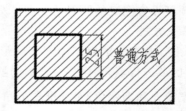

(a) 普通 或 外部方式　　　　　　　(b) 忽略方式

图 6 - 67　有文字时填充效果

3. 编辑图案填充

如需对图案填充效果进行修改,可利用【修改Ⅱ】工具条中的"编辑图案填充"按钮■,或通过【修改】下拉菜单中的【对象】中的"图案填充"选项,如图 6 - 68 所示,激活"编辑图案填充"命令。

　　根据提示选择要进行编辑的填充图案,则系统会弹出【图案填充编辑】对话框,用户可以对已填充的图案进行诸如改变填充图案、改变填充比例和旋转角度等多项操作。【图案填充编辑】对话框与【图案填充和渐变色】对话框相似,操作方法也与创建图案填充时完全相同。

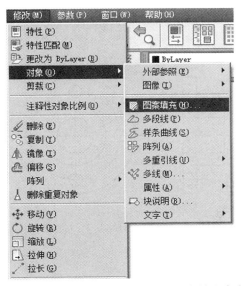

图 6-68　利用下来菜单激活编辑图案填充命令

4. 利用 AutoCAD 画剖视图举例

利用 AutoCAD 2014 绘制图 6-69 所示的端盖。

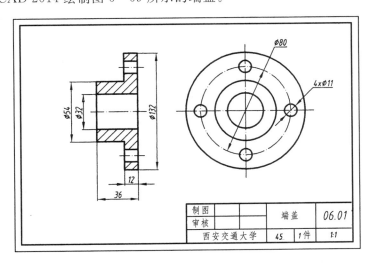

图 6-69　端盖

作图步骤如下:

① 利用缺省设置建立一个新的绘图文件。

② 设置图层、颜色和线型。

③ 设置文字样式、尺寸标注样式。

④ 按 A3 图纸幅面绘制图框和标题栏。

⑤ 绘制主、左视图(如图 6-70 所示)

⑥ 填充剖面线。利用图案填充,将【图案填充和渐变色】对话框的【类型】选为"用户定义",将【角度】和【间距】分别设为 45°和 5,用【添加:拾取点】方法选择图 6-70 中的剖面区域,然后回车确定完成剖面线填充。

⑦ 标注尺寸,并填写标题栏完成全图,如图 6-69 所示。

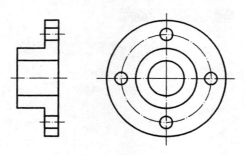

图 6-70 绘制端盖主、左视图

小 结

视图、剖视图、断面图和其他各种基本表示方法是国家标准《技术制图》和《机械制图》中"图样画法"部分的重要内容,为后续绘制和阅读机械图样打下基础。本章主要介绍了各种图样表示法的定义、画法特点、标注规则和适用场合,以及视图选择与配置的基本方法。

本章学习的重点内容是:掌握基本视图、向视图、局部视图和斜视图的画法和标注方法;掌握剖视图的概念,全剖、半剖、局部剖视图的画法和标注方法;掌握断面图的概念、画法和标注方法。

本章学习的难点是:向视图、斜视图的配置及标注;半剖视图的画法和标注规定;局部剖视图中的画法和标注的规定,以及剖切范围的选择;移出断面图的画法和标注的规定,肋板纵剖、均布孔等结构的画法规定;各种图样表示方法中的虚线处理。

复习思考题

1. 视图有几种? 各适用于那些场合?

2. 对各种视图的配置和标注有什么规定?

3. 剖视图有几种? 剖切面的种类和剖切方法有哪些? 各适用于那些场合?

4. 画剖视图时,应考虑哪些方面的问题?

5. 剖视图如何标注? 哪些情况下可省略标注?

6. 在采用几个平行的剖切平面画剖视图时应注意什么问题?

7. 在采用几个相交的剖切面画剖视图时应注意什么问题?

8. 断面图有几种? 在画法上各有什么特点?

9. 断面图怎样标注? 什么情况下可省略标注?

10. 断面图中剖切孔、凹坑的画法上有什么规定?
11. 断面图与剖视图有什么区别?
12. 剖视图中肋的画法上有什么规定?
13. 第三角画法与第一角画法有哪些异同点?

第 **7** 章

零件图

零件是构成机器的基本单元,表达零件的图样称为零件图。学习零件图,不仅需要综合运用前面各章节的知识,完整、清楚地表示出零件的结构形状、大小等,还要给出零件的材料、零件应达到的精度等要求。本章主要介绍零件图中所含的内容,零件加工的基本技术要求,以及看零件图的方法等。

7.1 零件图的作用和内容

机器是由零件组成的,而表达一个零件的图样称为零件图。图 7-1 所示为定滑轮(见图 9-10)中支架的零件图。

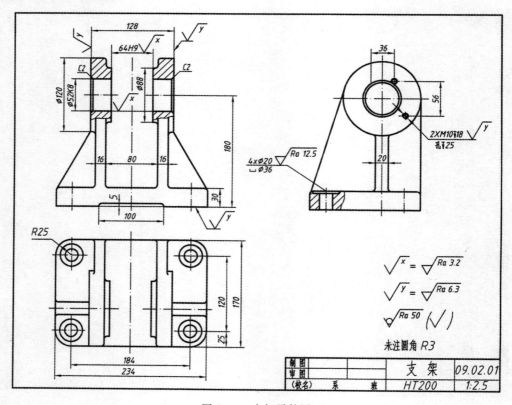

图 7-1 支架零件图

零件图是制造和检测零件质量的依据,直接服务于生产实际,它必须具备以下内容:

① 表达零件结构形状的**一组视图**。

② 制造零件所需的**全部尺寸**。

③ 表明零件在制造和检测时应达到的一些**技术要求**,如尺寸公差、几何公差、表面结构要求、表面处理等。

④ 说明零件的名称、材料、图样比例、图号等内容的**标题栏**。

7.2 零件上的常见结构

零件的结构依据设计和制造工艺而定,本节介绍其中一些常见结构的基本知识和表示方法。

7.2.1 螺纹

1. 螺纹的基本知识

螺纹是指在圆柱表面或圆锥表面上,沿着螺旋线形成的、具有相同断面的连续凸起和沟槽,如图 7-2 所示,凸起部分的顶端称为**牙顶**,沟槽部分的底部称为**牙底**。制在工件外表面的螺纹称为**外螺纹**,制在工件内表面的螺纹称为**内螺纹**。

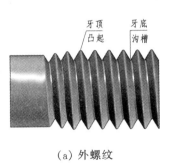

(a) 外螺纹   (b) 内螺纹

图 7-2 螺纹

(1) 螺纹的结构要素

① 螺纹牙型 在通过螺纹轴线的断面上,螺纹的轮廓形状称为**螺纹牙型**。常见的螺纹牙型如图 7-3 所示。用字母表示螺纹特征代号,普通螺纹为 M,管螺纹为 G,梯形螺纹为 Tr,锯齿形螺纹为 B。

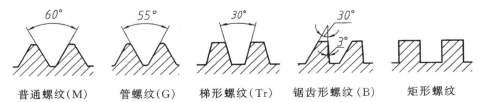

普通螺纹(M)　管螺纹(G)　梯形螺纹(Tr)　锯齿形螺纹(B)　矩形螺纹

图 7-3 常见的螺纹牙型

　　② 公称直径　代表螺纹尺寸的直径。螺纹直径有基本大径(d、D)、基本小径(d_1、D_1)和基本中径(d_2、D_2)(字母小写表示外螺纹直径、大写表示内螺纹直径),如图 7-4 所示。与外螺纹的牙顶或内螺纹的牙底相切的假想圆柱面直径(即螺纹的最大直径)称为**大径**。与外螺纹的牙底或内螺纹的牙顶相切的假想圆柱面直径(即螺纹的最小直径)称为**小径**。在大径和小径之间假想有一圆柱,其母线通过牙型上沟槽宽度和凸起宽度相等的地方,此假想圆柱称为中径圆柱,其母线称为中径线,其直径称为螺纹**中径**。普通螺纹、梯形螺纹、锯齿形螺纹的公称直径都是大径。

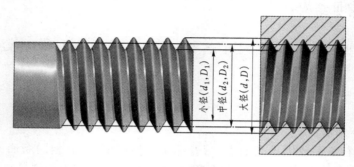

图 7-4　螺纹直径

　　③ 螺纹的线数(n)　沿一条螺旋线形成的螺纹,称为**单线螺纹**;沿两条或两条以上,在轴向等距离分布的螺旋线所形成的螺纹,称为**多线螺纹**,如图 7-5 所示。

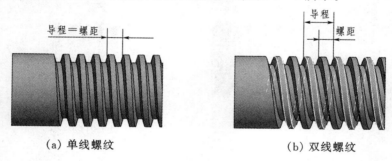

(a) 单线螺纹　　　　　　　　　　　　(b) 双线螺纹

图 7-5　螺纹的线数、螺距

　　④ 螺距(p)和导程(ph)　相邻两牙在中径线上对应两点间的轴向距离,称为**螺距**。同一条螺旋线形成的螺纹上的相邻两牙,在中径线上对应两点间的轴向距离,称为**导程**。因此,对于单线螺纹,螺距＝导程;对于多线螺纹,螺距＝导程/线数,如图 7-5 所示。

　　⑤ 旋向　顺时针旋转时旋入的螺纹,称为**右旋螺纹**;逆时针旋转时旋入的螺纹,称为**左旋螺纹**,如图 7-6 所示。

　　牙型、大径、螺距、线数和旋向是确定螺纹几何尺寸的五要素。只有五要素都相同的外螺纹和内螺纹才能互相旋合在一起。

　　(2) 螺纹的种类

　　根据制造和使用的要求,螺纹可按下列方法分类。

(a) 左旋螺纹　　　　　　(b) 右旋螺纹

图 7-6　螺纹旋向

① 按标准分类　螺纹可分为标准螺纹、特殊螺纹和非标准螺纹。凡牙型、大径、螺距都符合国家标准的螺纹,称为标准螺纹。若牙型符合国家标准,而大径、螺距不符合国家标准的螺纹,称为特殊螺纹。若牙型不符合国家标准的螺纹,称为非标准螺纹。

常用的标准螺纹有:普通螺纹(M)、梯形螺纹(Tr)、锯齿形螺纹(B)和管螺纹(G)。矩形螺纹是非标准螺纹,没有特征代号。

② 按用途分类　螺纹可分为连接螺纹和传动螺纹两种,前者起连接固定的作用,后者则用于传递运动和动力。连接螺纹有:普通螺纹和管螺纹;传动螺纹有:梯形螺纹、锯齿形螺纹和矩形螺纹。

③ 按螺距分类　普通螺纹有粗牙和细牙之分。螺纹大径相同时,螺距最大的一种称为粗牙螺纹,其余都称为细牙螺纹。

2. 螺纹的表示法

为了画图和看图方便,国家标准对螺纹的表示法作了规定,螺纹的画法规定如表 7 - 1 所示。

表 7 - 1　螺纹的画法规定

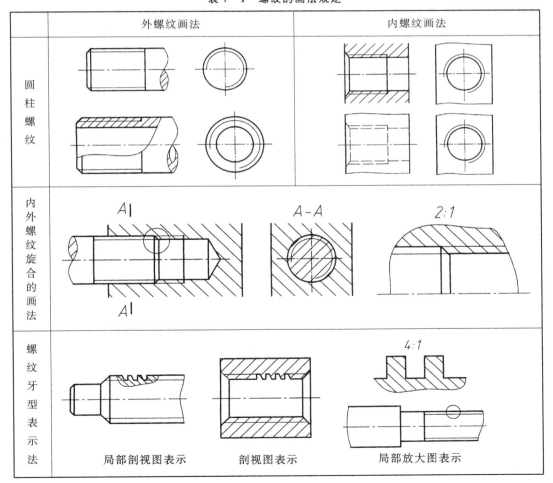

| 外螺纹画法 | 内螺纹画法 |

对螺纹画法的说明：

① 可见螺纹的牙顶用粗实线表示，可见螺纹的牙底用细实线表示。

② 在垂直于螺纹轴线的投影面的视图中，表示牙底的细实线圆只画约 3/4 圈，在此视图中，螺杆（外螺纹）或螺孔（内螺纹）的倒角圆均省略不画。

③ 有效螺纹的终止界线（简称终止线）用粗实线表示，当外螺纹终止线处被剖开时，螺纹终止线只画出表示牙型高度的一小段。

④ 不可见螺纹的所有图线都画成虚线。

⑤ 在剖视图和断面图中，内、外螺纹的剖面线都必须画到粗实线。

⑥ 内、外螺纹连接时的画法：用剖视图表示时，旋合部分按外螺纹的画法绘制，其余部分仍按各自的画法表示。

⑦ 螺纹小径可近似按大径的 0.85 倍（即 0.85d）画出。

⑧ 当需要表示螺纹牙型时，可采用局部剖视图、局部放大图表示，或者直接在剖视图中表示。

3. 螺纹的标注方法

在图样中，由于螺纹采用了规定画法，因此必须对螺纹进行标注以确定其五要素及尺寸精度要求等。螺纹的标注包括螺纹的标记和尺寸注法，如表 7-2 所示。

（1）标准螺纹的标记规定

① 普通螺纹　普通螺纹标记的内容和格式如下：

$$\boxed{\text{螺纹特征代号}}\quad\boxed{\text{尺寸代号}}-\boxed{\text{公差带代号}}\quad\boxed{\text{旋合长度代号}}-\boxed{\text{旋向代号}}$$

例如：M20×$ph4$ $p2$-5g6g-S-LH 的含义如下所示：

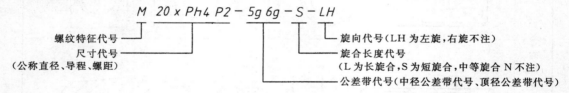

标记说明：若是单线螺纹，尺寸代号写成"公称直径×螺距"（不写 Ph、P），例如：M20×1.5；若是粗牙螺纹，只写公称直径，不写螺距，如：M20。公差带代号中的字母外螺纹用小写，内螺纹用大写；如果中径和顶径公差带代号相同，则只写一个代号，例如：M16×1-6h，M16-5G。

② 梯形螺纹　梯形螺纹标记的内容和格式如下：

$$\boxed{\text{梯形螺纹代号}}-\boxed{\text{中径公差带代号}}\quad\boxed{\text{旋合长度代号}}$$

其中梯形螺纹代号又分为单线梯形螺纹和多线梯形螺纹两种：

例如：Tr40×12(P6)LH-7e-L 的含义如下所示：

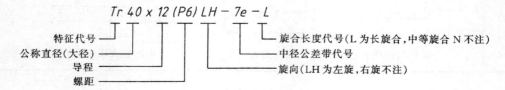

标记说明:单线梯形螺纹,只注螺距数值,符号"P"不写,例如:Tr40×6。

③ 锯齿形螺纹　锯齿形螺纹标记的内容和格式如下:

$$\boxed{锯齿形螺纹代号}-\boxed{中径公差带代号}-\boxed{旋合长度代号}$$

例如:B40×12(P6)LH−7e−L 的含义如下所示:

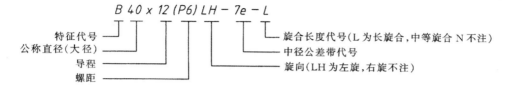

④ 管螺纹　55°非密封管螺纹标记的内容和格式如下:

外螺纹:$\boxed{特征代号}$ $\boxed{尺寸代号}$ $\boxed{公差等级代号}-\boxed{旋向代号}$

内螺纹:$\boxed{特征代号}$ $\boxed{尺寸代号}-\boxed{旋向代号}$

例如:G1/2A−LH 的含义如下所示:

(2)非标准螺纹的标注

对于非标准螺纹,不仅应画出螺纹的牙型,还应注出所需的尺寸,如表 7−2 所示。当线数为多线,旋向为左旋时,应在图纸的适当位置注明。

表 7−2　螺纹的标注

螺纹种类		标注图例	说　明
普通螺纹	粗牙	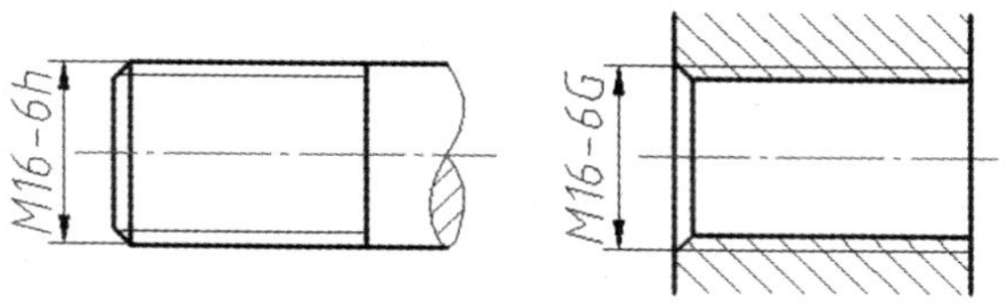 M16−6h　　　　M16−6G	粗牙普通螺纹,大径为 16,右旋。外螺纹中径和顶径公差带代号都为 6h;内螺纹中径和顶径公差带代号都为 6G,中等旋合长度
	细牙	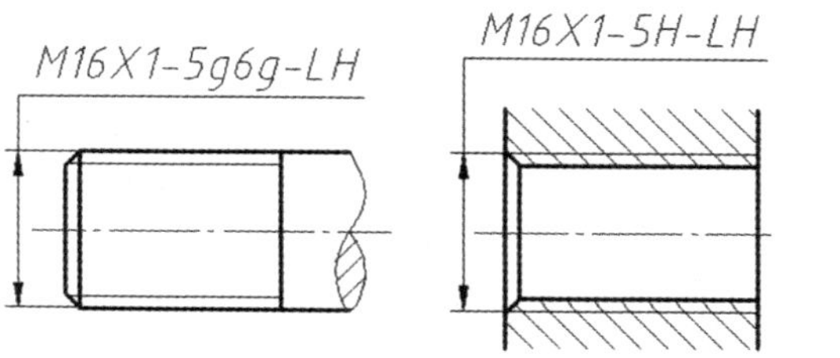 M16X1−5g6g−LH　　M16X1−5H−LH	细牙普通螺纹,大径为 16,螺距为 1,左旋;外螺纹中径和顶径公差带代号为 5g6g;内螺纹中径和顶径公差带代号为 5H,中等旋合长度

螺纹种类	标注图例	说 明
梯形螺纹	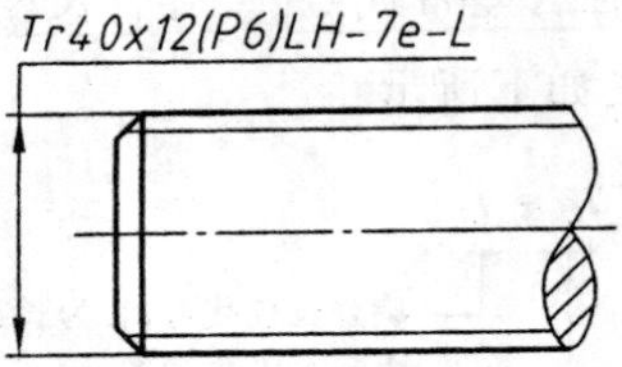 Tr40x12(P6)LH-7e-L	梯形螺纹,大径为 40,导程为 12,双线,左旋,中径公差带代号为 7e,长旋合长度
锯齿形螺纹	 B40x6-7e	锯齿形螺纹,大径为 40,螺距为 6,右旋,中径公差带代号为 7e,中等旋合长度
非密封管螺纹	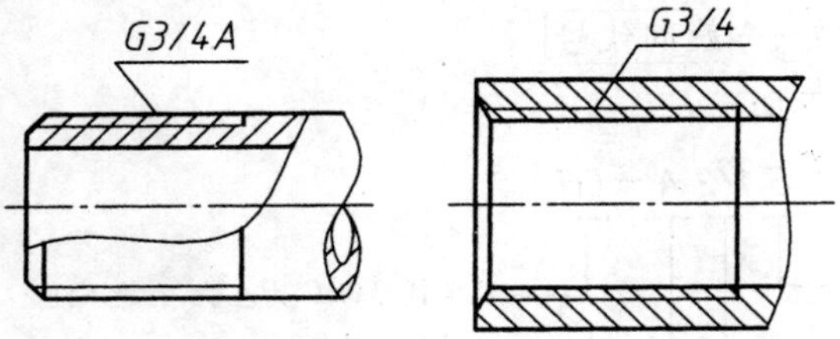 G3/4A G3/4	非密封管螺纹,外螺纹与内螺纹的尺寸代号都为 3/4,都是右旋,外螺纹公差等级为 A 级
矩形螺纹（非标准螺纹）	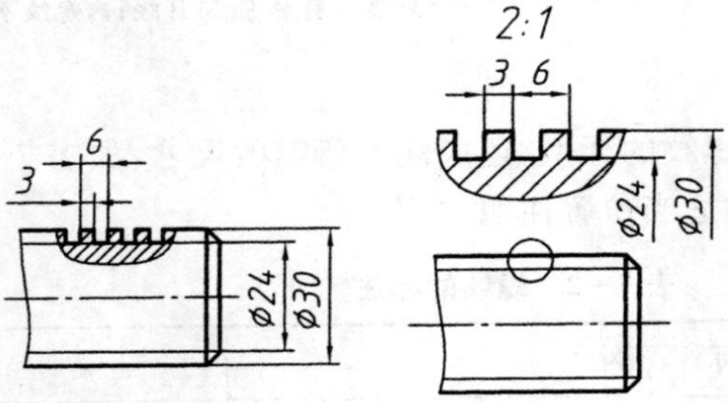 6 3 2:1 3 6 Ø24 Ø30 Ø24 Ø30 注法一 注法二	矩形螺纹,单线,右旋,螺纹尺寸如图所示
螺纹长度	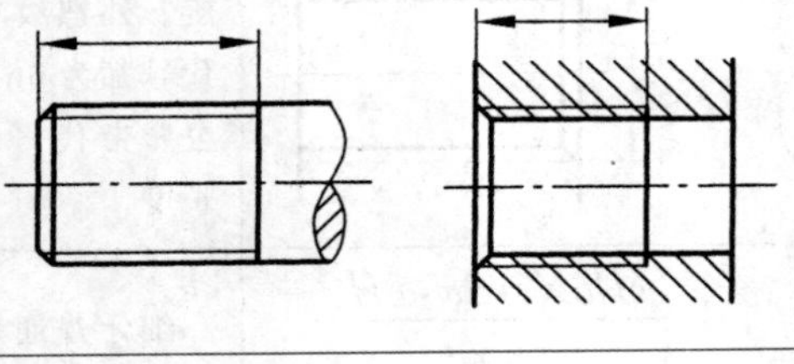	螺纹长度包括螺纹倒角
内、外螺纹旋合	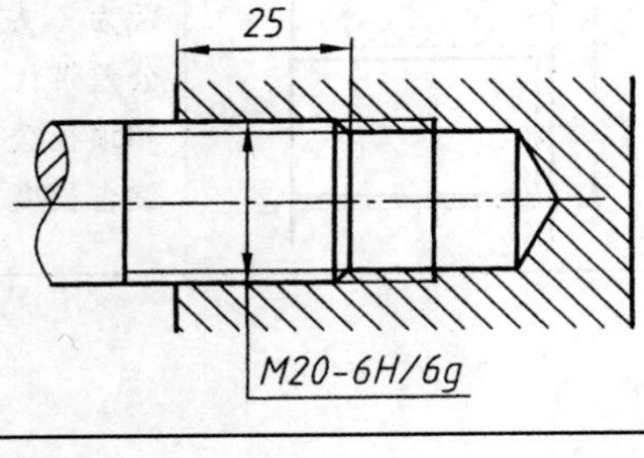 25 M20-6H/6g	国家标准规定:在装配图中应注出螺纹副的标记,如图所示。标注普通螺纹的螺纹副标记时,其内、外螺纹的公差带代号用斜线分开 内、外螺纹旋合长度应包括螺纹倒角,见图中尺寸 25

7.2.2　常用机械加工工艺结构的画法及尺寸注法

1. 螺纹工艺结构及尺寸注法

（1）倒角

为了便于内、外螺纹旋合和防止端部螺纹碰伤，一般在螺纹端部做出倒角。如图 7-7 和图 7-8 所示，图中 C 表示 $45°$ 倒角，h_1 为外螺纹倒角的轴向长度，例如 C2。

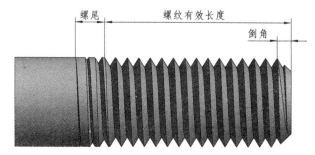

图 7-7　螺纹长度的标注方法

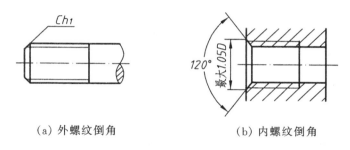

（a）外螺纹倒角　　　　　　　（b）内螺纹倒角

图 7-8　螺纹倒角画法

（2）螺尾和退刀槽

由于加工中退刀的原因，会在螺纹收尾部分形成一小段渐浅的不完整螺纹，称为**螺尾**。如图 7-7 所示，在图样中一般不需将螺尾画出。由于螺尾是不能旋合的，因此为了消除螺尾，常在工件上预先车出一个比螺纹稍深的槽，以便车刀退出，这种槽称为**退刀槽**，如图 7-9 所示。国家标准对螺纹退刀槽的形式和尺寸作了规定（见附表 4）。

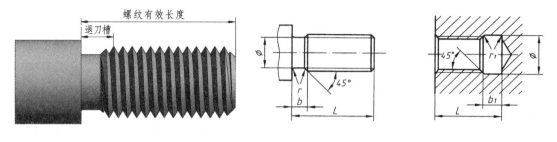

（a）外螺纹退刀槽　　　　　（b）外螺纹退刀槽标注　　　　（c）内螺纹退刀槽标注

图 7-9　螺纹退刀槽

（3）不通螺孔

加工不通螺孔的顺序为：先用钻头钻出圆孔（图 7 - 10（a）），然后用丝锥攻出螺纹（图 7 - 10（b））。不通螺孔的画法和孔深的标注方法，如图 7 - 10（c）所示。由于钻头头部有 118°的锥面，所以钻孔底部也有一个 118°的锥孔，在图上简化画成 120°，且不注尺寸。在绘制不通螺孔时，按螺纹大径画螺孔，其深度为 L_2，按螺纹小径画钻孔，其深度为 L_3。

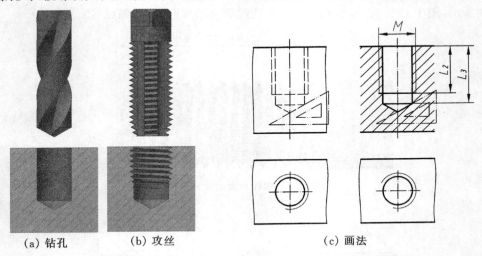

    （a）钻孔　　　　（b）攻丝　　　　　　　　　　（c）画法

图 7 - 10　用丝锥加工不通螺孔时，螺孔的画法和尺寸注法

2. 圆角、倒角工艺结构及尺寸注法

对于阶梯状的孔和轴，为了避免转角处产生应力集中，设计和制造零件时，这些地方常以圆角过渡，其尺寸注法如图 7 - 11 所示，尺寸大小可查附录中附表 1。在不致引起误解时，零件的小圆角或小倒角允许省略不画，但必须注明尺寸，如图 7 - 12 所示。

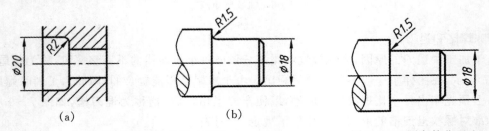

   （a）　　　　　　　　　　（b）

图 7 - 11　圆角的尺寸注法　　　　　　　　　　图 7 - 12　圆角简化画法

为了去除零件上因机加工产生的毛刺，也为了便于零件装配，一般在零件端部做出倒角，其画法和尺寸注法如图 7 - 13 所示，尺寸大小可查附录中附表 1。

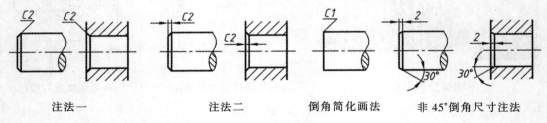

   注法一　　　　　　　　　注法二　　　　　　倒角简化画法　　　　非 45°倒角尺寸注法

图 7 - 13　倒角的尺寸注法

3. 退刀槽、砂轮越程槽工艺结构及尺寸注法

为了在切削或磨削加工时便于退出刀具,保证加工质量,并在装配时容易使两接触零件靠紧等原因,常预先在零件被加工表面的终止处加工出退刀槽或砂轮越程槽。退刀槽的形状和尺寸注法,如图 7-14 所示。图中:2 是槽宽尺寸,∅18 是槽底圆柱的直径,1 是槽的深度。

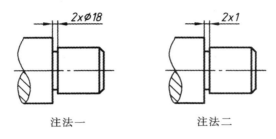

注法一　　　　　　　　　　　注法二

图 7-14　退刀槽的尺寸注法

4. 常见孔的工艺结构及尺寸注法

零件上各种孔的尺寸注法,除采用普通注法外,还可采用旁注法,如表 7-3 所示。

表 7-3　各种孔的尺寸注法

类型	旁注法		普通注法	说　明
不通光孔	4X∅7▽10	4X∅7▽10	4X∅7	4×∅7 表示直径为 7,均匀分布的四个光孔,"▽"表示孔深为 10
螺孔	3XM6	3XM6	3XM6	3×M6 表示大径为 6,均匀分布的三个螺孔
螺孔	3XM6▽10 ▽12	3XM6▽10 ▽12	3XM6	3×M6 表示大径为 6,均匀分布的三个不通螺孔,螺孔深度为 10,钻孔深度为 12

类型	旁注法		普通注法	说　明
埋头孔和沉孔	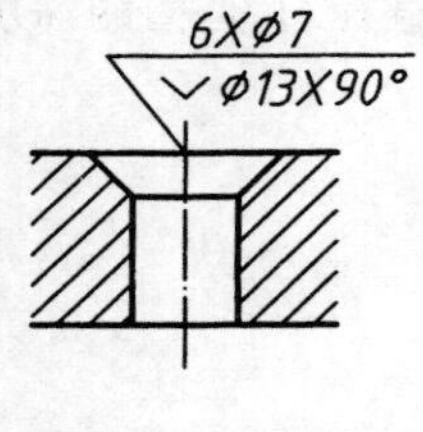 6×Φ7 ∨Φ13×90°	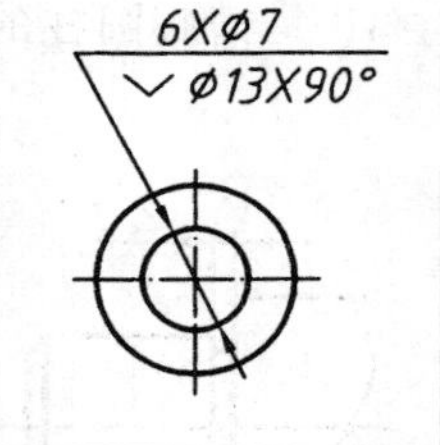 6×Φ7 ∨Φ13×90°	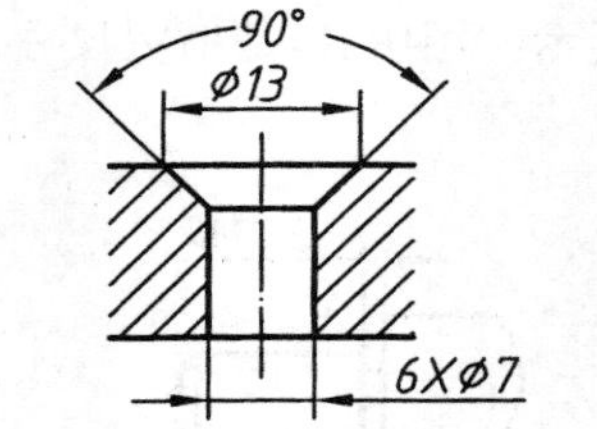 90° Φ13 6×Φ7	"∨"为锥形沉孔符号　锥形沉孔的直径Φ13和锥角90°均需注出
	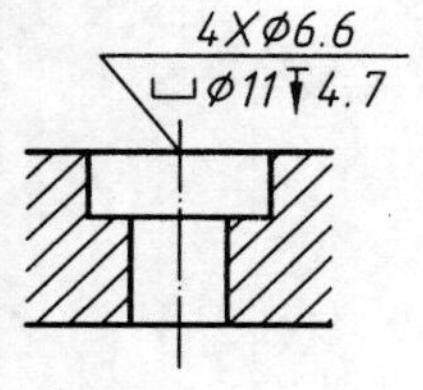 4×Φ6.6 ⊔Φ11▼4.7	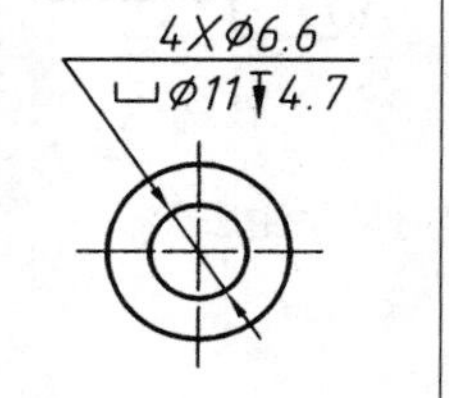 4×Φ6.6 ⊔Φ11▼4.7	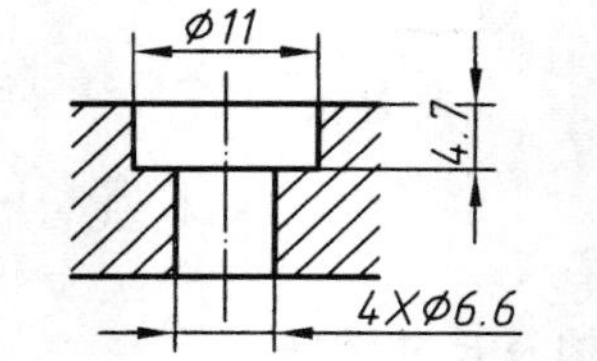 Φ11 4.7 4×Φ6.6	"⊔"为柱形沉孔及锪平孔符号　柱形沉孔的直径Φ11和深度4.7均需注出
锪平	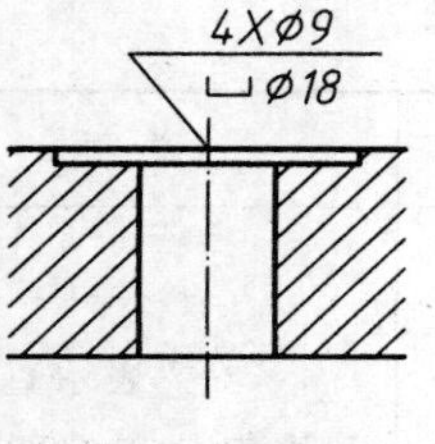 4×Φ9 ⊔Φ18	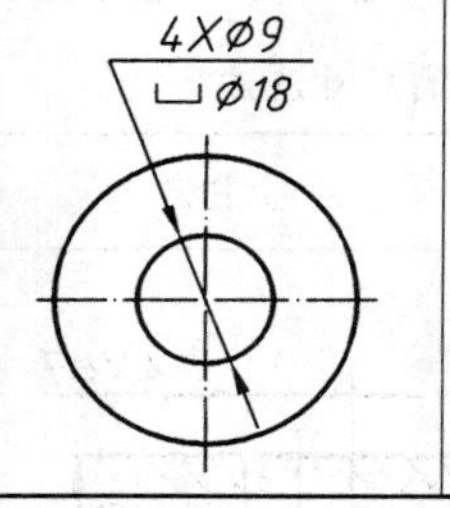 4×Φ9 ⊔Φ18	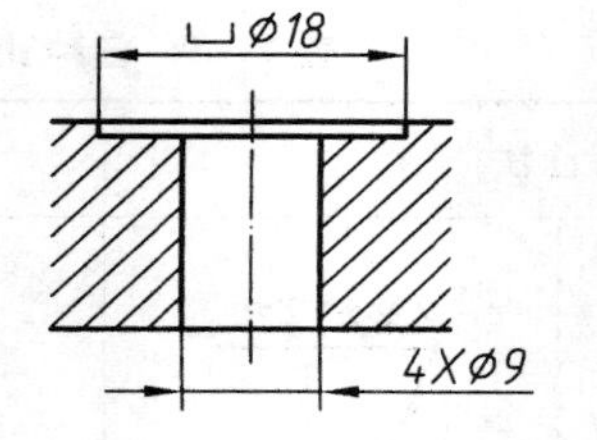 ⊔Φ18 4×Φ9	锪平孔Φ18的深度不需标注，一般加工到不出现毛坯面为止

7.2.3　铸件的工艺结构、过渡线

1. 铸件的工艺结构

由于铸造加工属于成型加工，通常是将熔化了的金属液体注入砂箱的型腔内，待金属液体冷却凝固后，去除型砂而获得铸件。因此在铸造加工时，为了保证零件质量，便于加工制造，铸件上需设计出均匀的壁厚、铸造圆角、凸台、凹坑和凹槽等一些铸造工艺结构，如图 7 – 15、7 – 16 所示。

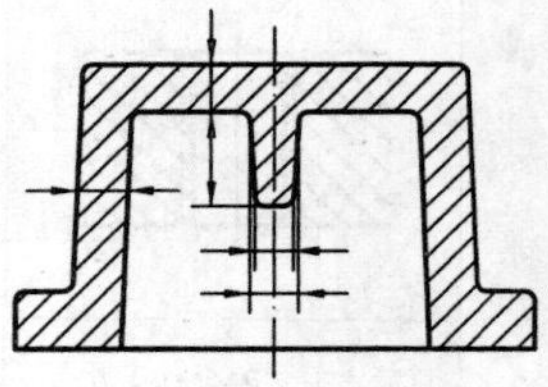

2. 过渡线

由于铸件表面相交处存在铸造圆角，因此其交线就不明显了。但为了增强图形的直观性，区别不同表面，图样上仍需在原相交处画出交线的投影，这种交线称为**过渡线**。

图 7 – 15　壁厚、铸造圆角

过渡线的画法与原有交线画法相同，但由于有圆角，因此交线的两端不再与铸件的轮廓线相接触，其画法如图 7 – 17 所示，过渡线用细实线绘制。

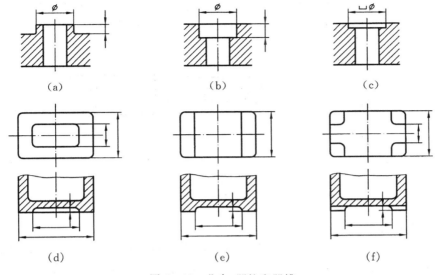

图 7 - 16　凸台、凹坑和凹槽

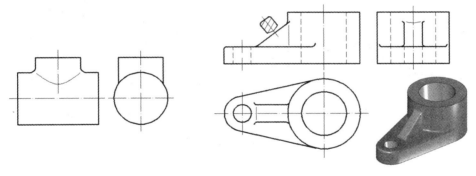

（a）两圆柱相交过渡线画法　　　　　（b）肋板与圆柱面和平面相交过渡线画法

图 7 - 17　过渡线画法

7.3　零件图的视图选择

　　零件图的视图选择是指选用适当的视图、剖视图、断面图等表示方法，将零件的结构形状完整、清晰地表达出来。**选择视图的总原则是：在便于看图的前提下，力求画图简便。**要达到这个要求首先必须选择好主视图，然后选配其他视图。

7.3.1　选择主视图的一般原则

1. 形状特征原则

　　其原则是要求所选主视图应较好地反映零件的形状特征，即能较好地将零件各功能部分的形状及相对位置表达出来。

如图 7-18 所示的轴,比较按 A 方向与 B 方向投射所得到的视图,很明显按 A 方向投射得到的视图能较好地反映此轴的形状特征,因此应选择 A 方向作为主视图的投影方向。

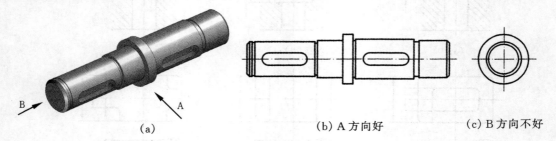

(a)   (b) A 方向好   (c) B 方向不好

图 7-18   轴的主视图选择

2. 加工位置原则

其原则是要求所选主视图应尽可能与零件在机床上加工时的装夹位置一致,以便于看图加工。由于轴、套、轮和盘盖类零件(见图 7-19),一般是在卧式车床上完成机械加工的,因此可按加工位置选择主视图,即将轴线水平画出,如图 7-18(b)、图 7-20 所示。

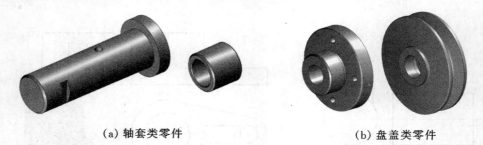

(a) 轴套类零件   (b) 盘盖类零件

图 7-19   轴套类、盘类零件

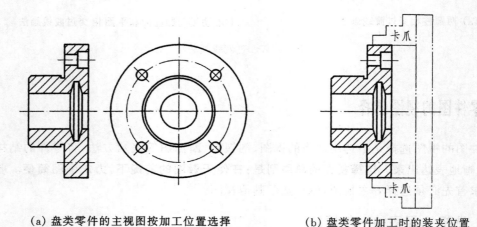

(a) 盘类零件的主视图按加工位置选择   (b) 盘类零件加工时的装夹位置

图 7-20   盘类零件的主视图选择

3. 工作位置原则

其原则是所选主视图应尽可能与零件在机器(或部件)中的工作位置一致,以便于对照装配图进行作业。

由于支座、箱体类零件(见图 7-21)的结构一般比较复杂,往往需要加工多处不同的表面,加工位置常常变化,因此不宜采用加工位置原则。对于此类零件,主视图选择时应采用工作位置原则,如图 7-22 所示。

（a）支座类零件　　　　　　　　　　　（b）箱体类零件

图 7-21　支座类、箱体类零件

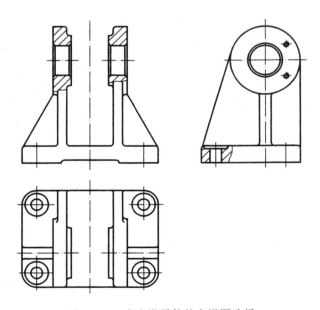

图 7-22　支座类零件的主视图选择

选择主视图时,上述三个原则不一定能同时满足,往往需要综合考虑并加以比较而定。

7.3.2　选择其他视图

为了表达清楚零件的每个组成部分的形状和它们的相对位置,一般还需要选择其他视图来配合主视图表达。

选择其他视图时,首先要考虑还需要哪些视图与主视图配合,其次还需要考虑其他视图之间的配合。如图 7-23 所示,轴的主视图已将轴上各段圆柱的大小和相对位置表达清楚了,但键槽部分还需要选择两个断面图来表达其深度等。

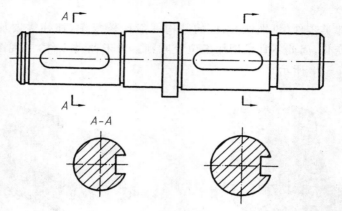

图 7-23   轴的视图表达方案

此外,有时还要考虑到视图与尺寸注法的配合,如图 7-24 所示零件,采用一个视图并加上所注带有符号"∅"的尺寸,即可表示清楚零件的柱体结构等。

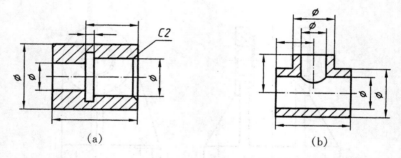

(a)   (b)

图 7-24   用一个带尺寸的视图能表达清楚零件形状的举例

7.3.3   视图选择举例

零件图的视图选择,一般可参考下列步骤。

1. 分析零件

分析零件在机器(或部件)中的作用、工作位置以及所采用的加工方法,并对零件进行形体分析或结构分析。

2. 选择主视图

根据零件的特点及类型,确定主视图选择的原则和安放位置,选择主视图的投射方向。

3. 选择其他视图

在选择其它视图时,配合主视图,灵活运用各种表示方法,表示清楚零件的外部形状和内部结构形状。

以图 7-25 所示的支座为例,说明零件视图选择的步骤和方案比较。

① **分析零件**   支座是用来支承传动轴的,图 7-25(a)所示为其工作位置。它由圆筒、底

板和十字肋组成。圆筒中部有个带长圆孔的倾斜凸台,内部有阶梯孔,左、右两端各有四个均布的螺孔;底板上有带通孔的四个凸台,底部有通槽;十字肋结构较简单。

　　② 选择主视图　　综合考虑形状特征和工作位置原则,图 7－25(a)中选择 A 方向为主视图投射方向。为了使主视图既能表示清楚圆筒内的阶梯孔,又能表示带长圆孔的倾斜凸台的形状和轴向位置,采用 A－A 旋转剖;左端和右端各四个螺孔均按简化画法画出。

　　③ 选择其它视图　　为了配合主视图更加完整、清晰地表达支座各组成部分的形状和相对位置,其它视图的选配可按如下分析进行。

　　圆筒　　为了表达倾斜凸台的方位和左端螺孔的分布情况,需要选配左视图;倾斜凸台的端面形状,则用斜视图表达。

　　底板　　选用俯视图,表达底板的形状。

　　十字肋　　对于十字肋基本形状的表达,选配左视图或俯视图都可以,但为了能同时表达出肋的横断面形状,则应选用俯视图或断面图。

　　相对位置　　圆筒、底板和十字肋的上下位置和左右位置关系,已经在主视图中表达清楚;前后位置关系可用左视图或俯视图来表达,但在俯视图上它们的投影互相重叠,不易分辨,因此应当选用左视图表达为佳。

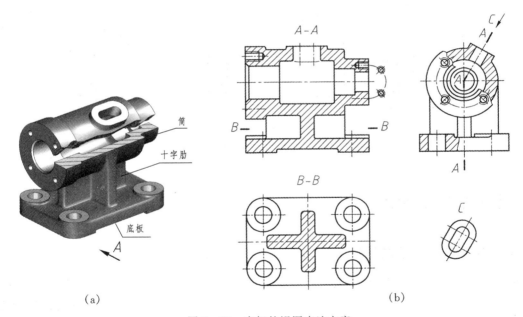

图 7－25　支架的视图表达方案

　　综合上述分析,最后确定的表达方案如图 7－25(b)所示。俯视图采用 B－B 全剖视图,配合主视图主要表达底板和十字肋的形状;左视图则与主视图配合表达圆筒的形状及圆筒与其它两部分的前后位置关系,左视图上部的局部剖视图除了表达倾斜凸台以外,还表达了十字肋的前后两个正平面与圆筒外表面的位置关系,左下角的局部剖视图是为了表明底板四个角上的孔都是通孔。在上述表达方案中,一些次要部位的表达问题,往往是在零件基本形状的表达方案确定后考虑的,因此,在基本形状的表达方案确定后,采用了局部斜视图对其进行适当补充,使之更加完善。

　　图 7-26 为支座的另一个表达方案,图中多画了一个 B—B 移出断面图和一个 D 向视图;左视图上部的局部剖,其剖切范围处理不当,无端地多剖去了一个螺孔。同时也没有将十字肋与圆筒表面前后的位置关系表达出来。因此,这个方案表达得不够完整、清晰,既不便于看图,也不便于画图。

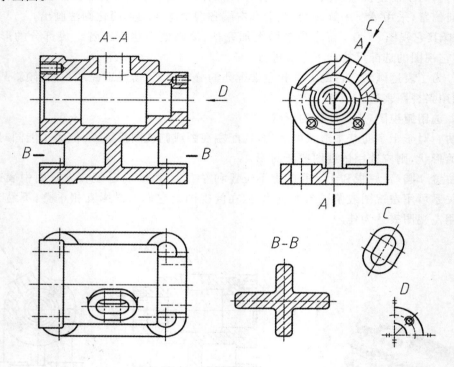

图 7-26　视图表达方案选择得不合理

7.4　零件图的尺寸标注

7.4.1　零件图尺寸标注的基本要求

　　标注零件图尺寸的基本要求是完整、清晰和合理。在第 4 章中已介绍了用形体分析法完整、清晰地标注尺寸的问题,这里主要介绍合理标注尺寸的基本知识。要使尺寸标注得合理,就要求所注的尺寸必须满足:① 设计要求,以保证机器的质量;② 工艺要求,以便于加工制造和检测。要达到以上要求,则必须掌握一定的生产实际知识和有关的专业知识,本章只对一些基本知识作初步介绍。

7.4.2　尺寸基准的选择

　　尺寸基准是指零件的设计、制造和测量时,确定尺寸位置的几何元素。零件的长、宽、高三个方向上都至少要有一个尺寸基准,当同一方向有几个基准时,其中之一为主要基准,其余为辅助基准。要合理标注尺寸,必须正确选择尺寸基准。基准有设计基谁和工艺基准两种。

1. 设计基准

设计基准是根据零件在机器中的作用和结构特点，为保证零件的设计要求而选定的一些基准。它一般是用来确定零件在机器中位置的接触面、对称面、回转面的轴线等。

如图 7-27 所示，定滑轮中的心轴，其径向是通过心轴与支架上的轴孔处于同一条轴线来定位的；轴向是通过轴肩左端面 A 与支架的圆筒右端面来定位的。所以，心轴的回转轴线和轴肩左端面 A 就是其在径向和轴向的设计基准。

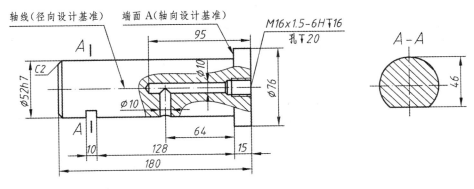

图 7-27　心轴的设计基准

如图 7-28 所示，定滑轮中的支架，它是定滑轮的主体，其左右结构对称，因此，这个对称面就是长度方向的设计基准。定滑轮在机器中的位置是通过支架的底面和前端面来定位的，所以，底面和前端面分别是支架在高度和宽度方向的设计基准。

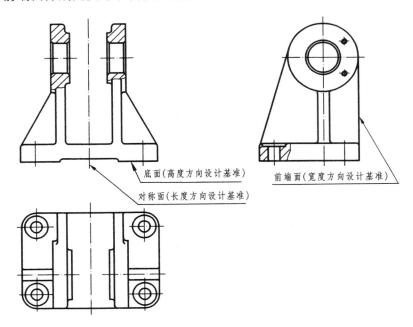

图 7-28　支架的设计基准

2．工艺基准

工艺基准是指零件在加工过程中,用于装夹定位,测量、检验零件尺寸时所选定的基准,主要是零件上的一些面、线或点。

如图7-29所示,在车床上加工心轴的∅52h7轴段时,夹具是以右端大圆柱面 B 来加工定位的;车削加工及测量长度时以端面 C 为起点。因此,圆柱面 B 和端面 C 分别是加工∅52h7轴段时的工艺基准。

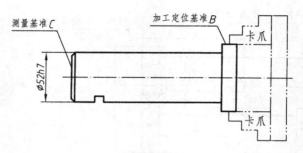

图 7-29　心轴的工艺基准

从设计基准出发标注尺寸,能保证设计要求;从工艺基准出发标注尺寸,则便于加工和测量。因此,最好使设计基准和工艺基准相重合。当设计基准和工艺基准不重合时,所注尺寸应在保证设计要求前提下,满足工艺要求。

7.4.3　零件尺寸的合理标注

1．正确选择尺寸基准

当依据功能要求确定了机器(或部件)中各零件的结构、位置和装配关系以后,其设计基准就基本确定了,但工艺基准则由于所采用的加工方法不同而有所差异。设计基准和工艺基准一致,可以减少误差。标注尺寸时一般重要的尺寸从设计基准为起点标注,以保证设计要求;一些必要的尺寸则从工艺基准出发进行标注,以便于加工和测量。

2．尺寸链中应留出一个尺寸不标注,以形成开链

同一方向上的一组尺寸顺序排列时,连成一个封闭回(环)路,其中每一个尺寸,均受到其余尺寸的影响,这种尺寸回路,称为尺寸链,图7-30(a)中的a,b,c,d 为一个尺寸链。尺寸链中的每一个尺寸均称为一个环。标注尺寸时,每个尺寸链中均应有一环不注尺寸,如图7-30(b)所示,此环称为终结环或尾环,这是因为加工某一表面时,将受到同一尺寸链中几个

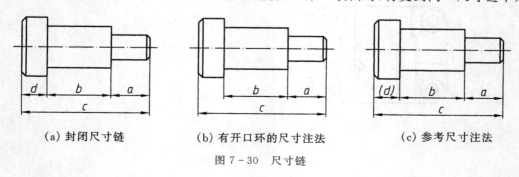

(a) 封闭尺寸链　　　　　(b) 有开口环的尺寸注法　　　　(c) 参考尺寸注法

图 7-30　尺寸链

尺寸的约束,标注不当时容易产生矛盾,甚至造成废品。因此,设计时通常将某一个最不重要的尺寸空出不注,如图 7 - 30(b) 所示。但有时为了设计、加工、检测或装配时提供参考,也可经计算后把尾环的尺寸加上括号(称为参考尺寸),如图 7 - 30 (c) 所示。

3. 重要尺寸必须直接标注

重要尺寸是指零件上对机器(或部件)的使用性能和装配质量有直接影响的尺寸,这些尺寸必须在图样上直接注出。如图 7 - 31 所示,标注定滑轮中支架的尺寸时,支架上部轴孔(心轴装在其内)的尺寸⌀52K8,轴线到底面的距离(中心高)180,底板安装孔的位置尺寸 25,120 及 184 等都是重要尺寸,必须在零件图上直接标注。

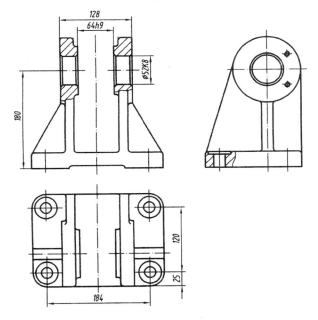

图 7 - 31　支架的重要尺寸

4. 尽量符合零件的加工要求并便于测量

除重要尺寸必须直接标注外,标注零件尺寸时,应尽可能与加工顺序一致,并要便于测量,如图 7 - 32 所示。

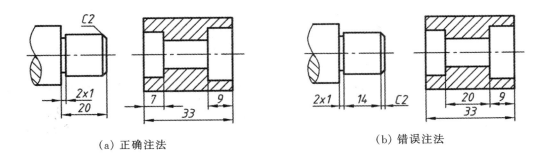

（a）正确注法　　　　　　　　　　　　　　　　　　（b）错误注法

图 7 - 32　阶梯轴及孔的尺寸注法

5. 毛坯面的尺寸注法

毛坯面是指用铸造或锻造等方法制造零件毛坯时所形成的且未经任何机械加工的表面。标注零件毛坯面的尺寸时,毛坯面与加工面之间,在同一方向上,只能有一个尺寸联系。图 7-33(b)的注法是错误的,在同一方向上的多个毛坯面不能与同一个加工面直接发生尺寸联系。

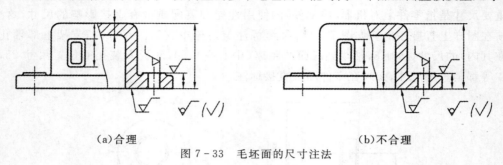

          (a)合理   (b)不合理

图 7-33　毛坯面的尺寸注法

7.5　表面结构的表示法

7.5.1　表面粗糙度概念

零件表面经过加工,会具有各种类型的不规则状态,形成零件的几何特性,这种几何特性构成了零件的实际表面结构。在零件表面的几何特性中表面粗糙度属于微观几何误差。由于零件各表面的作用不同,要求的加工方法不同,所以对零件表面所需的粗糙(或光滑)程度要求也不一样。表面粗糙度是衡量零件质量的评定标准之一,对零件的工作性能和使用寿命有很大的影响。

在表面粗糙度的评定参数中,轮廓的算术平均偏差 Ra,在实际应用中用得最广。国家标准对 Ra 的数值系列作了规定,常用 Ra 的数值(单位为微米,μm)有:0.2;0.4;0.8;1.6;3.2;6.3;12.5;25;50;100 等。

7.5.2　表面结构的图形符号和代号

① 表面结构图形符号及其含义,见表 7-4。

表 7-4　表面结构图形符号及其含义

符　号	意　义　及　说　明
√	基本图形符号　未指定工艺方法的表面,当通过一个注释解释时可单独使用
√	扩展图形符号　用去除材料方法获得的表面;仅当其含义是"被加工表面"时可单独使用
√	扩展图形符号　用不去除材料获得的表面;也可用于保持上道工序形成的表面
√ √ √	完整图形符号　当要求标注表面结构特征的补充信息时,应在基本图形符号或扩展图形符号的长边上加一横线

② 表面结构图形符号的画法(图 7 - 34)及尺寸(表 7 - 5)。

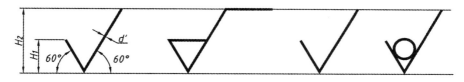

图 7 - 34　表面结构图形符号的画法

表 7 - 5 图 7 - 34 所示　表面结构图形符号的尺寸　　　　　　　　　mm

数字与字母的高度 h	2.5	3.5	5	7	10	14	20
符号的线宽 d' 数字与字母的笔画宽度 d	0.25	0.25	0.5	0.7	1	1.4	2
高度 H_1	3.5	5	7	10	14	20	28
高度 H_2(最小值)[①]	7.5	10.5	15	21	30	42	60

[①] H_2 取决于注写内容。

③ 表面结构代号及含义。

常用的表面结构参数代号 Ra,连同其数值用空格隔开,如 $Ra\ 0.8$、$Ra\ 6,3$、$Ra\ 12.5$,写在完整图形符号的横线下方,可表示表面结构的粗糙度要求,见图 7 - 35 所示。

以表面粗糙度为例,图 7 - 35(a)表示去除材料,Ra 粗糙度轮廓算术平均偏差极限值 $3.2\mu m$;图 7 - 35(b)表示不允许去除材料,Ra 粗糙度轮廓算术平均偏差极限值 $25\mu m$。

图 7 - 35　表面结构代号的示例

7.5.3　表面结构要求在图样中的注法

表面结构要求对每一表面一般只注一次,注写和读取方向与尺寸的注写和读取方向一致。表面结构标注示例和要求如表 7 - 6 所示。

表 7 - 6　表面结构要求标注示例

图　例	注 法 说 明
	(1)其符号应从材料外指向并接触表面 (2)注写方向与尺寸的注写方向一致 (3)可标注在轮廓线(或其延长线)上。必要时,表面结构符号可用带箭头或黑点的指引线引出标注

图 例	注 法 说 明
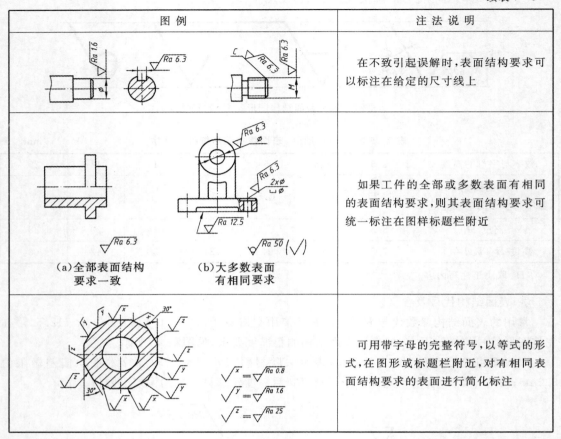	在不致引起误解时，表面结构要求可以标注在给定的尺寸线上
（a）全部表面结构 要求一致　　（b）大多数表面 有相同要求	如果工件的全部或多数表面有相同的表面结构要求，则其表面结构要求可统一标注在图样标题栏附近
	可用带字母的完整符号，以等式的形式，在图形或标题栏附近，对有相同表面结构要求的表面进行简化标注

7.6　极限与配合

7.6.1　零件的互换性

在制造零件时，技术上要求控制零件的尺寸精度，以使相配合的零件（如孔和轴）当各自满足技术要求又装配到一起时，能够满足设计要求的松紧程度和工作精度。

互换性是指按零件图要求生产出来的零件，不经任何选择或修配，就能装配成达到技术要求的成品的性质。零件具有互换性，便于装配和维修，也有利于组织生产协作，提高生产率。

7.6.2　公差与极限

在实际生产中，受各种因素的影响，零件的尺寸不可能做得绝对精确。为了使零件具有互换性，设计零件时，根据零件的使用要求和加工条件，对某些尺寸规定一个允许的变动量，这个变动量称为**尺寸公差**，简称公差。图 7 - 36(a) 中标注的孔和轴的配合尺寸为 $\phi50H7/g6$，按此要求图 7 - 36(b)，(c) 中分别注出了孔径和轴径的允许变动范围，即孔的公差为 0.025 mm，轴的公差为 0.016 mm。

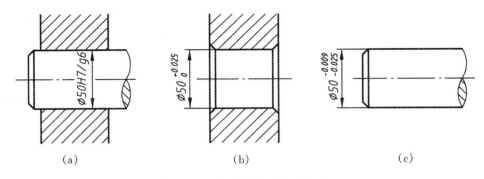

图 7 - 36　孔、轴配合与尺寸公差

图 7 - 37 是图 7 - 36 所注尺寸的公差术语图解。

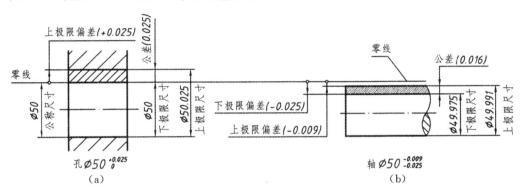

图 7 - 37　公差术语图解

下面以轴的尺寸 $\varnothing 50^{-0.009}_{-0.025}$ 为例（参看图 7 - 37），将有关尺寸公差的术语和定义介绍如下：

① **尺寸要素**　由一定大小的线性尺寸或角度尺寸确定的几何形状。

② **公称尺寸**（$\varnothing 50$）　由图样规范确定的理想形状要素的尺寸,通过它应用上、下极限偏差可计算出极限尺寸。公称尺寸可以是一个整数或一个小数值。

③ **实际尺寸**　通过测量获得的尺寸。

④ **极限尺寸**　尺寸要素允许的尺寸的两个极端。

上极限尺寸（$\varnothing 49.991$）　尺寸要素允许的最大尺寸。

下极限尺寸（$\varnothing 49.975$）　尺寸要素允许的最小尺寸。

⑤ **偏差**　某一尺寸减其公称尺寸所得的代数差。

上极限偏差（-0.009）　上极限尺寸减其公称尺寸所得的代数差。

下极限偏差（-0.025）　下极限尺寸减其公称尺寸所得的代数差。

上极限偏差和下极限偏差统称为**极限偏差**。偏差可以为正、负或零值。

⑥ **尺寸公差**（简称公差）（0.016）　允许尺寸的变动量

公差＝上极限尺寸－下极限尺寸＝上极限偏差－下极限偏差

尺寸公差是一个没有正负的绝对值。

⑦ **零线**　在极限与配合图解（简称公差带图,如图 7 - 38 所示）中,表示公称尺寸的一条直线,

以其为基准确定偏差和公差。通常，零线沿水平方向绘制，正偏差位于其上，负偏差位于其下。

⑧ **公差带**　在公差带图中，由代表上极限偏差和下极限偏差或上极限尺寸和下极限尺寸的两条直线所限定的一个区域。

公差带由公差大小和表示其相对零线的位置（如基本偏差）来确定。

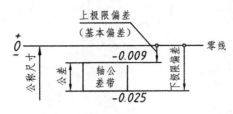

图 7-38　轴的公差带

7.6.3　标准公差与基本偏差

1. 公差带的确定方法

国家标准规定，公差带由"公差大小"和"公差带位置"组成，公差带大小由**标准公差**确定，公差带位置由**基本偏差**确定，基本偏差是确定公差带相对于零线位置的上极限偏差或下极限偏差。

如图 7-38 所示，轴的公差 0.016 确定了公差带大小；而基本偏差（上极限偏差为 -0.009）确定了公差带位置；因此，下极限偏差可以根据公差与上极限偏差的关系得到：

$$公差＝上极限偏差－下极限偏差$$

通过计算：下极限偏差＝上极限偏差－公差＝－0.009－0.016＝－0.025

2. 标准公差等级与标准公差系列

公差等级用来确定尺寸的精确程度。国家标准将公差等级分为 20 级，其代号为 IT01，IT0，IT1，IT2，…，IT18。IT 表示标准公差，数字表示公差等级。IT01 级的精度最高，即其公差最小，以下逐级降低。设计中常用 IT5～IT12。标准公差的数值取决于公差等级和公称尺寸，其选取请参考有关国家标准（可参见附表 23）。

3. 基本偏差系列

基本偏差一般是指上、下极限偏差中靠近零线的那个极限偏差。为了满足各种配合要求，国家标准规定了基本偏差系列，孔和轴各有 28 个基本偏差，它们的代号用拉丁字母表示，大写为孔，小写为轴。图 7-39 表示基本偏差系列代号及其与零线的相对位置，图中代号 ES(es) 表示上极限偏差，EI(ei) 表示下极限偏差，孔用大写字母，轴用小写字母。从图 7-39 和轴、孔基本偏差数值表（附表 24 和附表 25）可知：

① 对于孔，A～H 的基本偏差为下极限偏差（EI），J～ZC 的基本偏差为上极限偏差（ES）；对于轴，a～h 的基本偏差为上极限偏差（es），j～zc 的基本偏差为下极限偏差（ei）。

② 孔 Js 和轴 js 的公差带对称分布于零线两边，其基本偏差为上极限偏差（+IT/2）或下极限偏差（-IT/2）。

③ 孔 A～H 与轴 a～h 相应的基本偏差对称于零线，即 EI＝－es。

④ 孔 H 的基本偏差（下极限偏差）为 0；轴 h 的基本偏差（上极限偏差）为 0。

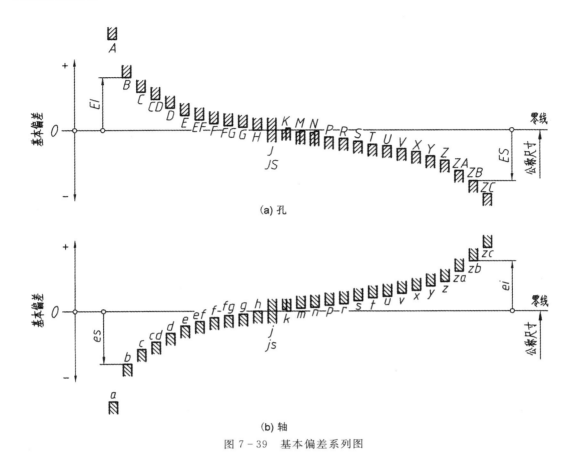

(a) 孔

(b) 轴

图 7 - 39　基本偏差系列图

7.6.4　配合与配合制

　　配合是公称尺寸相同并且相互结合的孔和轴公差带之间的关系。

　　配合公差是组成配合的孔与轴的公差之和，它是允许间隙或过盈的变动量。配合公差是一个没有符号的绝对量。

　　1. 间隙和过盈

　　孔和轴配合时，由于它们的实际尺寸不同，会产生"过盈"或"间隙"。孔的尺寸减去相配合的轴的尺寸所得的代数差为正时是**间隙**，为负时是**过盈**。

　　2. 配合类别

　　① **间隙配合**　只能具有间隙（包括最小间隙等于零）的配合。此时，孔的公差带在轴的公差带之上，如图 7 - 40 所示。

　　② **过盈配合**　只能具有过盈（包括最小过盈等于零）的配合。此时，孔的公差带在轴的公差带之下，如图 7 - 41 所示。

　　③ **过渡配合**　可能具有过盈，也可能具有间

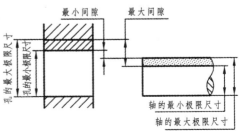

图 7 - 40　间隙配合

隙的配合。此时,孔的公差带与轴的公差带相互交叠,如图7-42所示。

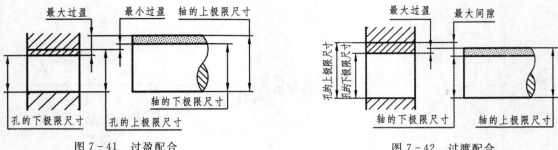

图7-41 过盈配合   图7-42 过渡配合

3. 配合制

把基本尺寸相同的孔与轴装配起来,可以形成不同松紧程度的配合。为了便于设计和制造,实现配合标准化,国家标准配合制规定了基孔制配合与基轴制配合。

① **基孔制配合** 基本偏差为一定的孔的公差带,与不同基本偏差的轴的公差带形成各种配合的一种制度,如图7-43所示。

基孔制配合的孔称为**基准孔**,基准孔的基本偏差代号为 H,其下极限偏差为零。

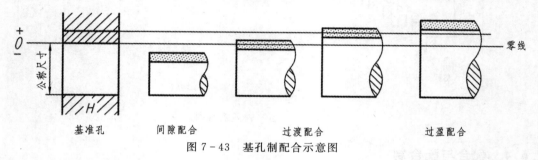

基准孔   间隙配合   过渡配合   过盈配合
图7-43 基孔制配合示意图

② **基轴制配合** 基本偏差为一定的轴的公差带,与不同基本偏差的孔的公差带形成各种配合的一种制度,如图7-44所示。

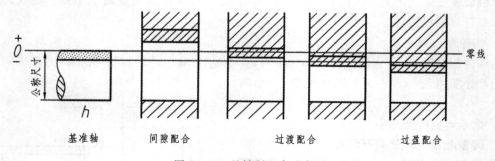

基准轴   间隙配合   过渡配合   过盈配合

图7-44 基轴制配合示意图

基轴制配合的轴称为**基准轴**,基准轴的基本偏差代号为 h,其上偏差为零。

4. 公差带代号和配合代号

① **公差带代号** 公差带代号由基本偏差代号后跟标准公差等级数字组成,例如:H7,M8为孔的公差带代号;g6,h7 为轴的公差带代号。

② **配合代号**　配合代号由组成配合的孔、轴公差带代号组成，写成分数形式，分子为孔的公差带代号，分母为轴的公差带代号，例如：$\dfrac{H7}{g6}$，$\dfrac{M8}{h7}$，也可写成 H7/g6，M8/h7。

5. 优先和常用配合

按照配合的定义，只要公称尺寸相同的孔和轴公差带结合起来，就可以组成配合。但是，过多的配合既不能发挥标准的作用，也不利于生产，为此国家标准规定了优先和常用配合，见表 7-7、表 7-8。

表 7-7　公称尺寸至 500 mm 基孔制优先、常用配合

基孔制	轴																				
	a	b	c	d	e	f	g	h	js	k	m	n	p	r	s	t	u	v	x	y	z
	间隙配合								过渡配合				过盈配合								
H6						$\frac{H6}{f5}$	$\frac{H6}{g5}$	$\frac{H6}{h5}$	$\frac{H6}{js5}$	$\frac{H6}{k5}$	$\frac{H6}{m5}$	$\frac{H6}{n5}$	$\frac{H6}{p5}$	$\frac{H6}{r5}$	$\frac{H6}{s5}$	$\frac{H6}{t5}$					
H7						$\frac{H7}{f6}$	$\frac{H7▲}{g6}$	$\frac{H7▲}{h6}$	$\frac{H7}{js6}$	$\frac{H7▲}{k6}$	$\frac{H7}{m6}$	$\frac{H7▲}{n6}$	$\frac{H7▲}{p6}$	$\frac{H7}{r6}$	$\frac{H7▲}{s6}$	$\frac{H7}{t6}$	$\frac{H7▲}{u6}$	$\frac{H7}{v6}$	$\frac{H7}{x6}$	$\frac{H7}{y6}$	$\frac{H7}{z6}$
H8					$\frac{H8}{e7}$	$\frac{H8▲}{f7}$	$\frac{H8}{g7}$	$\frac{H8▲}{h7}$	$\frac{H8}{js7}$	$\frac{H8}{k7}$	$\frac{H8}{m7}$	$\frac{H8}{n7}$	$\frac{H8}{p7}$	$\frac{H8}{r7}$	$\frac{H8}{s7}$		$\frac{H8}{u7}$				
				$\frac{H8}{d8}$	$\frac{H8}{e8}$	$\frac{H8}{f8}$		$\frac{H8}{h8}$													
H9			$\frac{H9}{c9}$	$\frac{H9▲}{d9}$	$\frac{H9}{e9}$	$\frac{H9}{f9}$		$\frac{H9▲}{h9}$													
H10			$\frac{H10}{c10}$	$\frac{H10}{d10}$				$\frac{H10}{h10}$													
H11	$\frac{H11}{a11}$	$\frac{H11}{b11}$	$\frac{H11▲}{c11}$	$\frac{H11}{d11}$				$\frac{H11▲}{h11}$													
H12		$\frac{H12}{b12}$						$\frac{H12}{h12}$	常用配合 59 种，其中包括优先配合 13 种。右上角标注▲的为优先配合												

表 7-8　公称尺寸至 500 mm 基轴制优先、常用配合

基轴制	孔																				
	A	B	C	D	E	F	G	H	JS	K	M	N	P	R	S	T	U	V	X	Y	Z
	间隙配合								过渡配合				过盈配合								
h5						$\frac{F6}{h5}$	$\frac{G6}{h5}$	$\frac{H6}{h5}$	$\frac{JS6}{h5}$	$\frac{K6}{h5}$	$\frac{M6}{h5}$	$\frac{N6}{h5}$	$\frac{P6}{h5}$	$\frac{R6}{h5}$	$\frac{S6}{h5}$	$\frac{T6}{h5}$					
h6						$\frac{F7}{h6}$	$\frac{G7}{h6}$	$\frac{H7▲}{h6}$	$\frac{JS7}{h6}$	$\frac{K7▲}{h6}$	$\frac{M7}{h6}$	$\frac{N7▲}{h6}$	$\frac{P7▲}{h6}$	$\frac{R7}{h6}$	$\frac{S7▲}{h6}$	$\frac{T7}{h6}$	$\frac{U7▲}{h6}$				
h7					$\frac{E8}{h7}$	$\frac{F8▲}{h7}$		$\frac{H8▲}{h7}$	$\frac{JS8}{h7}$	$\frac{K8}{h7}$	$\frac{M8}{h7}$	$\frac{N8}{h7}$									
h8				$\frac{D8}{h8}$	$\frac{E8}{h8}$	$\frac{F8}{h8}$		$\frac{H8}{h8}$													
h9				$\frac{D9▲}{h9}$	$\frac{E9}{h9}$	$\frac{F9}{h9}$		$\frac{H9▲}{h9}$													
h10				$\frac{D10}{h10}$				$\frac{H10}{h10}$													
h11	$\frac{A11}{h11}$	$\frac{B11}{h11}$	$\frac{C11▲}{h11}$	$\frac{D11}{h11}$				$\frac{H11▲}{h11}$													
h12		$\frac{B12}{h12}$						$\frac{H12}{h12}$	常用配合 47 种，其中包括优先配合 13 种。右上角标注▲的为优先配合												

7.6.5 尺寸公差与配合在图样中的注法

1. 零件图上线性尺寸公差的注法

在零件图中需要与另一零件配合的尺寸应标注公差，线性尺寸公差的标注形式有三种：

① 在公称尺寸右边，只标注公差带代号，如图 7 – 45(a)所示。

② 在公称尺寸右边，标注上、下极限偏差，如图 7 – 45(b)所示。

上极限偏差应注在公称尺寸的右上方，下极限偏差应与公称尺寸注在同一底线上，偏差数字应比公称尺寸数字小一号。上、下极限偏差前面必须标出正、负号，上、下极限偏差的小数点必须对齐，小数点后的位数也必须相同。当上极限偏差或下极限偏差为"零"时，用数字"0"标出，并与另一极限偏差的小数点前的个位数对齐。

当公差带相对于零线对称地配置，即上、下极限偏差绝对值相同时，极限偏差只需注写一个数字，并应在极限偏差数字与公称尺寸之间注出符号"±"，且两者字高相同，例如："50±0.025"。

③ 在孔或轴的公称尺寸后面，同时标注公差带代号和上、下极限偏差时，上、下极限偏差必须加上括号，如图 7 – 45(c)所示。

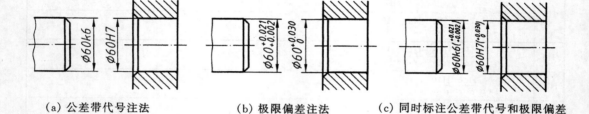

（a）公差带代号注法　　　（b）极限偏差注法　　　（c）同时标注公差带代号和极限偏差

图 7 – 45　尺寸公差在零件图中的规定注法

2. 装配图上配合尺寸的注法

在装配图中，表示孔、轴配合的部位要标注配合尺寸。配合尺寸是在公称尺寸右边用分数的形式注出孔、轴的公差带代号，通常注法如图 7 – 46 所示。必要时也可以标注孔和轴的上、下极限偏差，具体注法可查标准。

这里所说的孔、轴，是一个广义的概念，除指圆柱形的内、外表面外，还包括如图 7 – 47 所示的平面配合。

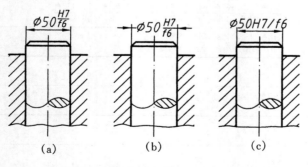

图 7 – 46　配合代号在装配图中的允许注法

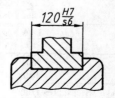

图 7 – 47　平面配合

7.6.6　举例

在阅读图样时,通过对配合的标注进行识别和分析,可以确定孔、轴的极限偏差、公差,以及配合性质等。

（1）直接查表法

已知配合为优先配合时,可直接查阅极限偏差表得到孔和轴的上、下极限偏差。

【例 7-1】　确定配合尺寸 $\varnothing 30 \dfrac{\text{F8}}{\text{h7}}$ 中孔和轴的上、下极限偏差。

解　配合尺寸 $\varnothing 30 \dfrac{\text{F8}}{\text{h7}}$ 表示公称尺寸为 $\varnothing 30$,基轴制间隙配合;孔的公差带代号为 F8,基本偏差代号为 F,标准公差等级为 8 级;轴的公差带代号为 h7,基本偏差代号为 h,标准公差等级为 7 级。

① 从附表 26 的 >24～30 尺寸分段中,直接查得轴 $\varnothing 30$h7 的极限偏差为 $_{-0.021}^{\ \ 0}$。

② 从附表 27 的 >24～30 尺寸分段中,直接查得孔 $\varnothing 30$K8 的极限偏差为 $_{+0.020}^{+0.053}$。

③ 绘制孔、轴公差带图,如图 7-48 所示。

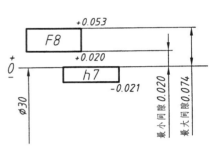

图 7-48　例 7-1 公差带图

（2）查表计算法

先从附表 23 中确定标准公差值,再由附表 24 或附表 25 中确定轴或孔的基本偏差,然后计算出极限偏差。

【例 7-2】　确定配合尺寸 $\varnothing 30 \dfrac{\text{H6}}{\text{s5}}$ 中孔和轴的上、下极限偏差。

解　配合尺寸 $\varnothing 30 \dfrac{\text{H6}}{\text{s5}}$ 表示公称尺寸为 $\varnothing 30$,基轴制过盈配合;孔的公差带代号为 H6,基本偏差代号为 H,标准公差等级为 6 级;轴的公差带代号为 s5,基本偏差代号为 s,标准公差等级为 5 级。

① 从附表 23 查得标准公差值:IT5=0.009 mm;IT6=0.013 mm。

② 从附表 24 查得基本偏差 s 的下极限偏差 ei=+0.035 mm,轴的上极限偏差 es= ei+IT=+0.035+0.009=+0.044 mm。因此,轴 $\varnothing$ 30s5 的极限偏差为 $_{+0.035}^{+0.044}$。

③ 从附表 25 查得基本偏差 H 的下极限偏差 EI=0,孔的上极限偏差 ES= EI+IT=+0.013 +0=+0.013 mm。因此,孔 $\varnothing 30$H6 的极限偏差为 $_{0}^{+0.013}$。

④ 绘制孔、轴公差带图,如图 7-49 所示。

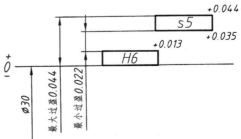

图 7-49　例 7-2 公差带图

7.6.7　用 AutoCAD 标注轴、孔的公称尺寸和极限偏差

标注图 7-50(c)所示的轴、孔公称尺寸和极限偏差,其步骤如下:

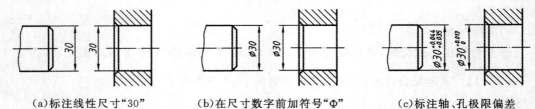

（a）标注线性尺寸"30"　　　（b）在尺寸数字前加符号"Φ"　　　（c）标注轴、孔极限偏差

图 7-50　标注轴、孔公称尺寸和极限偏差的步骤

① 点击【标注】工具条中 ⊢⊣ 按钮,标注线性尺寸"30",如图 7-50(a)所示;

② 点击【文字】工具条中的 A_x 按钮,在尺寸数字"30"前添加直径符号"∅",如图 7-50(b)所示;

③ 点击轴的尺寸"∅30"后,再单击鼠标右键,弹出【快捷】菜单栏,点击【特性】,弹出【特性】菜单栏(图 7-51);

④ 将【特性】菜单栏的滚动条下移至【公差】处(图 7-51),将【显示公差】选项设置为"极限偏差";将【公差下偏差】选项设置为"-0.035",将【公差上偏差】选项设置为"0.044";将【公差精度】选项设置为"0.000";将【公差文字高度】选项设置为"0.6",关闭【特性】菜单栏。轴的上、下极限偏差数值即可标注完成,如图 7-50(c)所示。

⑤ 标注孔的尺寸公差步骤同上。需要注意,在第 4 步中不同的是,只需将【公差下偏差】选项设置为"0",将【公差上偏差】选项设置为"0.013",如图 7-52 所示。

图 7-51　轴的极限偏差设置

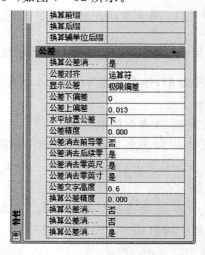

图 7-52　孔的极限偏差设置

7.7　读零件图

读零件图就是通过看零件图了解零件的作用,弄清楚零件的结构形状、尺寸、技术要求以及材料等等。

以图 7 - 53 端盖零件图为例,说明读零件图的一般方法和步骤。

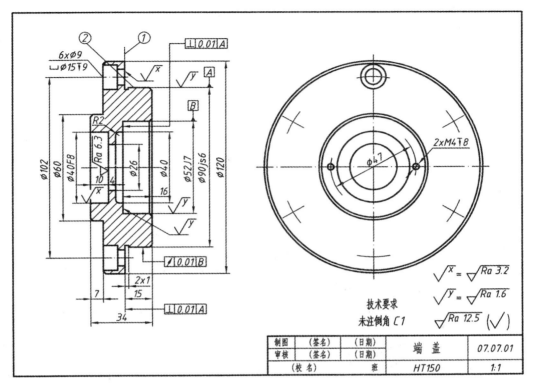

图 7 - 53 端盖零件图

1. 概括了解

可先从标题栏了解零件的名称、材料、图样比例等,并大致了解零件的作用。由图 7 - 53 的标题栏可知,零件的名称为端盖,材料为牌号 HT150 的铸铁,图样比例 1∶1。该零件属于盘盖类零件,是某箱体上一个孔的盖子。

2. 读懂零件的结构形状

(1)分析视图

先找出主视图,然后分析各视图之间的相互关系及其所表示的内容。剖视图应找出剖切面的位置和投射方向。

端盖零件图采用两个基本视图表示盘盖类零件。其中主视图采用全剖视图,表达了端盖零件的外部结构特征,以及内部台阶孔的结构。左视图表达了该零件圆盘形状特征,以及均布沉孔的相对位置,图中采用了简化画法。

(2)分析结构形状

在形体分析的基础上,结合零件上常见结构的特点,以及一般的工艺知识,分析零件各个结构的形状及其功能和作用,最终想象出整个零件的形状。

从端盖零件图的主视图中可以看出,①是端盖凸缘部分(连接板)的平面,安装时起到与某箱体零件接触连接的作用。结合主视图和左视图可看出,在凸缘部分上,沿圆周分布了六个安装螺钉所用的沉孔。②是端盖上标注尺寸 ∅90js6 的圆柱面将插入箱体上的孔。圆柱面左端有砂轮越程槽。内部台阶孔用来穿轴和滚动轴承。

3. 分析尺寸

根据形体和结构特点,先分析出三个方向的尺寸基准,再分析哪些是重要尺寸,哪些是非功能尺寸。端盖零件的轴向尺寸以接触面①为主要基准,径向基准为轴孔轴线。重要尺寸主要有,轴孔尺寸 $\varnothing 26$,圆柱尺寸 $\varnothing 90$js6,轴承孔尺寸 $\varnothing 52$J7、16 等。砂轮越程槽尺寸 2×1,沉孔尺寸 $6 \times \varnothing 9$、$\varnothing 15$、9,为标准结构尺寸。

4. 分析技术要求

了解图中的尺寸公差、几何公差、表面结构要求以及热处理等的基本含义。

端盖零件图中标出有尺寸公差要求的配合尺寸包括:圆柱面直径 $\varnothing 90$js6,轴承孔直径 $\varnothing 52$J7,以及轴套孔直径 $\varnothing 40$F8。标出有几何公差要求的有三处。表面结构粗糙度要求最高的是 $\varnothing 90$js6 圆柱面及轴承孔的两个面,其 Ra 值均为 1.6。接触面①及 $\varnothing 40$F8 孔表面的粗糙度 Ra 值为 3.2。其余表面 Ra 值为 12.5。所有表面均用去除表面材料的方法获得。

图 7-54 为拨叉零件图。主视图主要表示外形,在凸台销孔处用局部剖视图表示。俯视图为过拨叉基本对称中心线剖出的全剖视图,以表示圆柱形套筒、叉架及其连接关系。A 向斜视图表示倾斜凸台的真形。由于拨叉制造过程中,两件合铸,加工后分开,因而在主视图上,用双点画线画出与其对称的另一件的部分投影。

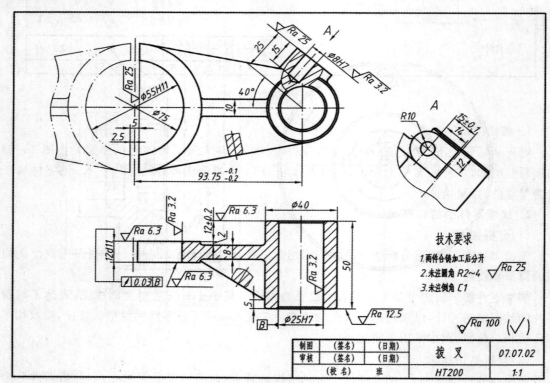

图 7-54　拨叉零件图

拨叉零件图尺寸注法的特点是以叉架孔 $\varnothing 55$H11 的轴线为长度方向的主要基准,标出与孔 $\varnothing 25$H7 的轴线间的中心距 93.75 ;高度方向以拨叉的基本对称面为主要基准;宽度方向则以叉架的两工作侧面为主要基准,标出尺寸 12d11,12 ± 0.2。

小　结

　　零件图是工程图样的重要组成部分,是生产中重要的技术资料之一。本章主要介绍零件图的作用、零件图的视图选择和尺寸注法、零件上的常见结构、零件图中表面结构要求的注法、极限与配合在图样上的标注和识别。

　　本章学习的重点内容是零件上的常见结构;零件图的视图选择;零件图的尺寸注法。

　　本章学习的难点是零件图的视图选择和尺寸注法。

复习思考题

　　1. 一张完整的零件图应包括哪些内容? 标题栏中应填写哪些内容?

　　2. 零件上的常见结构有哪些? 它们的画法和尺寸注法有哪些特点?

　　3. 选择零件主视图的一般原则是什么? 不同类型零件的视图选择有什么异同?

　　4. 零件图中如何合理标注尺寸?

　　5. 零件图的尺寸标注有哪些要求?

　　6. 零件图的尺寸基准怎样选择?

　　7. 零件图中合理标注尺寸应注意哪些方面的问题?

　　8. 零件表面结构要求粗糙度符号怎样画? 表面结构代号在图样中如何标注?

　　9. 公差带包括哪两部分内容?

　　10. 尺寸公差指的是什么? 配合分哪几种类型?

第 8 章
标准件和常用件

　　在机器或部件中,螺栓、螺钉、螺母、垫圈、键、销、齿轮、弹簧、滚动轴承等零(组)件被广泛、大量地使用,为了设计、制造和使用方便,国家标准对这些零(组)件的结构、型式、尺寸、材料、技术要求、画法和标记作了统一规定。其中一些已完全标准化,有的部分标准化,完全标准化的零(组)件称为标准件。本章主要介绍标准件和常用件的基本知识、规定画法和标记方法。

8.1　螺纹紧固件

8.1.1　螺纹紧固件及其标记方法

　　螺纹紧固件是指通过螺纹旋合起到紧固、连接作用的零件。常用的螺纹紧固件有螺栓、螺柱、螺钉、螺母、垫圈等,如图 8-1 所示。螺纹紧固件的种类很多,且使用范围广泛,一般均已标准化,其结构、型式、尺寸和技术要求等均可根据标记从标准中查得。因此,在机器设计过程中选用螺纹紧固件时,不必绘制出它们的零件图。

六角头螺栓	Ⅰ型六角螺母	六角开槽螺母	开槽锥端紧定螺钉
A型双头螺柱	内六角圆柱头螺钉	开槽圆柱头螺钉	开槽沉头螺钉
平垫圈	弹簧垫圈	圆螺母用止退垫圈	圆螺母

图 8-1　螺纹紧固件

　　国家标准 GB/T 1237 — 2000《紧固件标记方法》中规定有完整标记和简化标记两种,并规定了完整标记的内容、格式和标记的简化原则。

表 8-1 列举了一些常用的螺纹紧固件的简图和简化标记示例。

表 8-1　常用螺纹紧固件的简图和简化标记示例

名称及标准编号	简　图	简化标记及其说明
六角头螺栓 —A 和 B 级 GB/T 5782 — 2000	 M10　35	螺栓　GB/T 5782　M10×35 ［表示螺纹规格 d = M10、公称长度 l = 35 mm、性能等级为 8.8 级、表面氧化、A 级的六角头螺栓］
双头螺柱 GB/T 897 ～900—1988	 A 型 B 型	螺柱　GB/T 897　M10×35 ［表示两端均为粗牙普通螺纹、螺纹规格 d = M10、公称长度 l = 35 mm，性能等级为 4.8 级、B 型，b_m = 1d 的双头螺柱］ 螺柱　GB/T 897　AM10—M10×1×35 ［表示旋入机体一端为粗牙普通螺纹、旋螺母一端为螺距 p = 1mm 的细牙普通螺纹、螺纹规格 d = M10、公称长度 l = 35mm，性能等级为 4.8 级、A 型，b_m = 1d 的双头螺柱］
开槽圆柱头螺钉 GB/T 65 — 2000	 M10　35	螺钉　GB/T 65　M10×35 ［表示螺纹规格 d = M10、公称长度 l = 35 mm、性能等级为 4.8 级、不经表面处理的 A 级开槽圆柱头螺钉］
开槽沉头螺钉 GB/T 68—2000	 M10　50	螺钉　GB/T 68　M10×50 ［表示螺纹规格 d = M10、公称长度 l = 50 mm、性能等级为 4.8 级、不经表面处理的 A 级开槽沉头螺钉］
十字槽沉头螺钉 GB/T 819.1—2000	 M10　40	螺钉　GB/T 819.1　M10×50 ［表示螺纹规格 d = M10、公称长度 l = 40 mm、性能等级为 4.8 级、H 型十字槽、不经表面处理的 A 级十字槽沉头螺钉］
开槽锥端紧定螺钉 GB/T 71—1985	 M6　20	螺钉　GB/T 71　M6×20 ［表示螺纹规格 d = M6、公称长度 l = 20 mm、性能等级为 14H 级、表面氧化的开槽锥端紧定螺钉］

名称及标准编号	简图	简化标记及其说明
Ⅰ型六角螺母 —A 级和 B 级 GB/T 6170—2000	M10	螺母　GB/T 6170　M10 ［表示螺纹规格 $D=$ M10、性能等级为 8 级、不经表面处理、产品等级为 A 级的Ⅰ型六角螺母］
平垫圈—A 级 GB/T 97.1—2002 平垫圈 倒角型—A 级 GB/T 97.2—2002	Ø10.5	垫圈　GB/T 97.1　10 ［表示标准系列、公称规格为 10mm、性能等级为 200HV 级、不经表面处理、产品等级为 A 级的平垫圈］
标准型弹簧垫圈 GB/T 93—1987	Ø10,2	垫圈　GB/T 93　10 ［表示规格为 10mm、材料为 65Mn、表面氧化的标准型弹簧垫圈］

螺纹紧固件的基本连接形式有**螺栓连接、双头螺柱连接、螺钉连接**三种,下面分别介绍它们在装配图中的画法。

8.1.2　螺栓连接

在螺栓连接中,应用最广的是六角头螺栓连接,它由六角头螺栓、螺母和垫圈组成,如图 8－2 所示。垫圈的作用是防止拧紧螺母时损坏被连接零件的表面和增加支承面积,并使螺母的压力均匀分布到零件表面上。螺栓连接主要用于连接不太厚的两个或两个以上的零件,被连接的零件都加工出无螺纹的通孔,通孔的直径 d_h（参见图 8－3）稍大于螺栓大径,其尺寸可查标准。

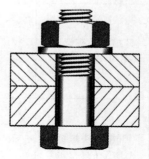

图 8－2　螺栓连接

在画螺栓连接装配图时,应先根据紧固件的型式、螺纹大径(d)以及被连接零件的厚度(δ_1、δ_2)等,确定螺栓的公称长度(l)和标记。具体步骤如下:

(1)通过计算,初步确定螺栓的公称长度 l

$l \geqslant$ 被连接零件的总厚度($\delta_1+\delta_2$)＋垫圈厚度(h)＋螺母厚度(m)＋螺栓伸出螺母的高度(b_1)。

式中 h、m 的数值从相应标准中查得,b_1 一般取值为 $0.2d\sim0.3d$。

(2)根据螺栓长度的计算值选取公称长度

在螺栓标准表(附表 10)中的 l 公称系列值中,选取公称长度值。

(3)确定螺栓的标记

例如,已知螺纹紧固件的标记为:螺栓 GB/T 5782 M12×l、螺母 GB/T 6170 M12、垫圈

GB/T 97.1 12,被连接零件的厚度 $\delta_1=20$ mm,$\delta_2=18$ mm。其螺栓公称长度(l)和标记的确定步骤如下：

　① 查标准,得出垫圈厚度 $h=2.5$,螺母厚度 $m=10.8$。

　② 计算出 $l_计=20+18+2.5+10.8+(0.2\sim0.3)\times12=53.7\sim54.9$。

　③ 查螺栓标准表中的 l 公称系列值,根据 $l\geqslant l_计$,从中选取螺栓的公称长度 $l=55$。

　④ 确定螺栓的标记为:螺栓 GB/T 5782 M12×55。

　为了便于画图,装配图中的螺纹紧固件可以不按标准中规定的尺寸画出,而采用按螺纹大径(d)的比例值画图,如图 8-3 所示。这种近似画法称为**比例画法**。

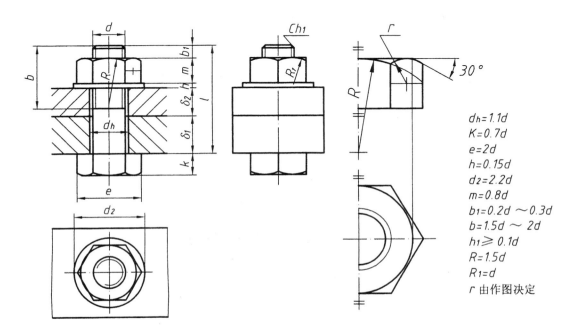

图 8-3　六角头螺栓连接装配图的比例画法

　画螺纹紧固件的连接装配图时,应遵守下列规定：

　① 两零件的接触面只画一条线,不接触面和不配合面应画两条线。

　② 在装配图中,若剖切平面通过螺纹紧固件的轴线时,则螺纹紧固件按未剖切绘制。

　③ 在剖视图中,相邻的两金属零件,其剖面线方向应相反,同一零件的各个视图中所有剖面线的方向和间隔都应一致。

　④ 在剖视图中,当其边界不画波浪线时,应将剖面线绘制整齐。

8.1.3　双头螺柱连接

　　双头螺柱连接是用双头螺柱、垫圈和螺母来紧固被连接零件的,如图 8-4 所示。双头螺柱连接用于被连接零件之一太厚或由于结构上的原因不宜用螺栓连接的场合。被连接零件中较厚的一个加工出螺孔,其余零件都加工出通孔。图 8-4 中选用了弹簧垫圈,它能起防松作用。

双头螺柱两端都有螺纹，一端必须全部旋入被连接零件的螺孔中，称为 **旋入端**；另一端用来拧紧螺母，称为 **紧固端**。旋入端的长度 b_m 与螺孔和钻孔的深度尺寸 L_2 和 L_3，应根据螺纹大径和加工出螺孔的零件的材料来决定，螺孔和钻孔的深度尺寸数值可查有关标准。按旋入端长度 b_m 的不同，国家标准规定双头螺柱有以下四种：

钢、青铜零件	$b_m = 1d$ （GB/T 897 - 1988）
铸铁零件	$b_m = 1.25d$ （GB/T 898 - 1988）
材料强度在铸铁与铝之间的零件	$b_m = 1.5d$ （GB/T 899 - 1988）
铝零件	$b_m = 2d$ （GB/T 900 - 1988）

画双头螺柱连接的装配图和画螺栓连接装配图一样，应先根据紧固件的型式、螺纹大径（d）、加工出通孔的零件的厚度（δ）等，确定螺柱的公称长度（l）和标记。

双头螺柱公称长度应根据下式估算后，再查螺柱标准选取相近的标准公称长度数值：

$l \geqslant$ 加工出通孔的零件厚度（δ）＋垫圈厚度（s）＋螺母厚度（m）＋螺柱伸出螺母高度（b_1）

式中 s，m 的数值从相应标准中查得，b_1 取值为 $0.2d \sim 0.3d$。

双头螺柱连接装配图的比例画法如图 8 - 5 所示。图中未注出的比例值尺寸，都与螺栓连接图中对应处的比例值相同。画连接图时要注意：旋入端的螺纹终止线与带螺孔的被连接零件的上端面平齐。

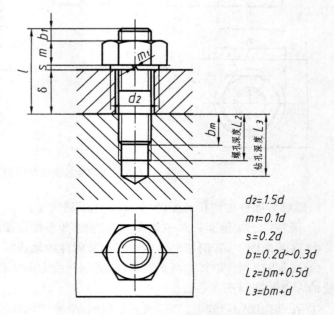

$d_2 = 1.5d$
$m_1 = 0.1d$
$s = 0.2d$
$b_1 = 0.2d \sim 0.3d$
$L_2 = bm + 0.5d$
$L_3 = bm + d$

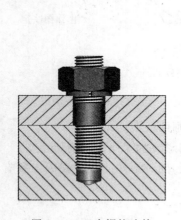

图 8 - 4　双头螺柱连接　　　　　　　图 8 - 5　双头螺柱连接装配图的比例画法

8.1.4　螺钉连接

螺钉连接一般用于受力不大而又不需经常拆装的地方。这种连接不用螺母，而是把螺钉直接拧入一个带螺孔的被连接零件中，其余零件都加工出通孔，如图 8 - 6 所示。

在画螺钉连接装配图时，必须先确定螺钉的型式，螺纹大径（d）、被连接零件的厚度（δ）以及带螺孔的被连接零件的材料，确定螺钉的公称长度（l）和标记。

　　螺钉公称长度应根据下式估算后再查螺钉标准,选取相近的标准公称长度数值:

　　$l \geqslant$ 加工出通孔的零件厚度(δ)＋螺钉旋入螺孔的深度(L_1)

　　(L_1 可按双头螺柱旋入端长度 b_m 的计算方法来确定)

　　部分常见螺钉连接图的比例画法如图 8-7 所示。

　　要注意螺钉头部起子槽的画法,它的主、俯视图之间是不符合投影关系的,在俯视图中螺钉头部起子槽应画成与圆的对称中心线成 45°倾斜。

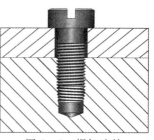

图 8-6　螺钉连接

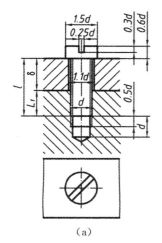
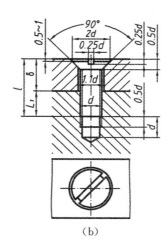
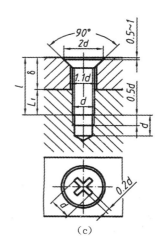

　　　　(a)　　　　　　　　　　　(b)　　　　　　　　　　　(c)

图 8-7　部分常见螺钉连接图的比例画法

8.1.5　螺纹紧固件连接图的简化画法

　　根据国家标准规定,画螺栓、螺柱、螺钉连接图时,可采用图8-8所示的简化画法:

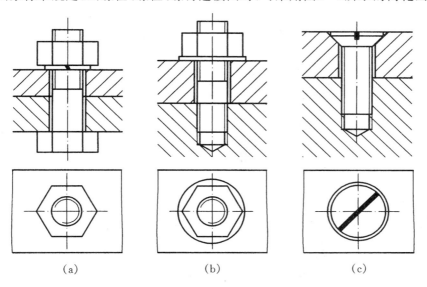

　　　　(a)　　　　　　　　　　　(b)　　　　　　　　　　　(c)

图 8-8　螺栓、螺柱、螺钉连接装配图的简化画法

① 螺纹紧固件的工艺结构,如倒角、退刀槽、缩颈、凸肩等均可省略不画。

② 不穿通的螺孔,可以不画出钻孔深度,仅按有效螺纹部分的深度(不包括螺尾)画出。

③ 螺钉头部的一字槽和十字槽、弹簧垫圈的开口可按简化画法画出。

8.2 键

8.2.1 键的种类和标记

在机器中,键常用来联结轴和轴上的零件(如齿轮、带轮等),使它们和轴一起转动,如图8-9所示。常用的键有**普通型平键**、**普通型半圆键**和**钩头型楔键**。键的种类很多,都已标准化,它们的简图和标记如表8-2所示。

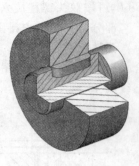

图8-9 平键联结

表8-2 常用键的简图和标记

名称及标准编号	简 图	标记及其说明
普通型平键 GB/T 1096—2003		GB/T 1096 键 8×7×28 〔表示宽度 $b=8$ mm、高度 $h=7$ mm、长度 $L=28$ mm,普通A型平键〕
普通型半圆键 GB/T 1099.1—2003		GB/T 1099.1 键 6×10×25 〔表示宽度 $b=6$ mm、高度 $h=10$ mm、直径 $D=25$ mm,普通型半圆键〕
钩头型楔键 GB/T 1565—2003		GB/T 1565 键 8×28 〔表示宽度 $b=8$ mm、高度 $h=7$ mm、长度 $L=28$ mm,钩头普通型楔键〕

8.2.2 普通型平键键槽的画法及键联结的画法

1. 普通型平键键槽的画法和尺寸注法

画普通型平键联结图时,首先应知道轴的直径和键的类型,然后根据轴的直径查有关标准,确定键的尺寸 b(键宽)和 h(键高),以及轴和轮子的键槽尺寸,并选定键的长度 L。

　　例如:已知轴的直径为 26 mm,采用普通 A 型平键,由标准 GB/T 1095—2003(附表 18)查得键宽 b=8 mm,键高 h=7 mm;轴和轮(毂)上键槽尺寸分别为 t_1=4 mm,t_2=3.3 mm,键长 L 应小于轮厚 B=26 mm,从标准 GB/T 1096—2003(附表 19)选取键长 L=25 mm,其零件图中轴和轮上键槽尺寸标注如图 8-10 所示。

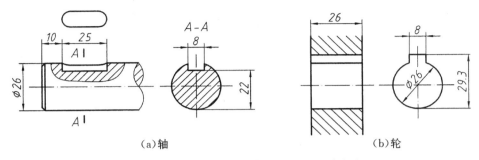

图 8-10　普通型平键键槽的画法和尺寸注法

2. 普通型平键联结图的画法

　　用普通型平键联结时,键的两侧面是工作表面,因此在装配图中,键的两侧面和下底面都应与轴上、轮毂上键槽的相应表面接触,而键的顶面是非工作面,它与轮毂的键槽顶面之间不接触,应留有间隙。普通平键联结图的画法如图 8-11 所示。

　　此外,在剖视图中,当剖切平面通过键的纵向对称平面时,键按不剖绘制。当剖切平面垂直于轴线剖切键时,被剖切的键应画出剖面线。

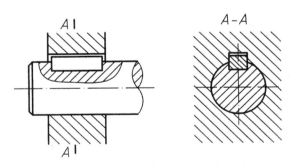

图 8-11　普通型平键联结图的画法

8.3　销

8.3.1　销的种类和标记

　　常用的销有**圆柱销**、**圆锥销**和**开口销**。圆柱销和圆锥销通常用于零件间的定位和连接,而开口销则用来防止螺母回松,或固定其他零件以防止零件脱落。表 8-3 列举了三种销的简图和标记。

表 8-3　常用的销的简图和标记

名称及标准编号	简　图	标记及其说明
圆柱销 GB/T 119.1—2000	≈15° c c l d	销　GB/T 119.1　8 m6×30 mm 〔表示公称直径 $d=8$ mm,公差为 m6,公称长度 $l=30$ mm,材料为钢,不经淬火,不经表面处理的圆柱销〕
圆锥销 GB/T 117—2000	1:50 d R_1 R_2 a a l	销　GB/T 117　10×60 〔表示公称直径 $d=10$ mm,公称长度 $l=60$ mm,材料为35钢,热处理硬度 28～38HRC,表面氧化处理的 A 型圆锥销〕
开口销 GB/T 91—2000	允许制造的型式 b l a a c d	销　GB/T 91　5×50 〔表示公称直径 $d=5$ mm,公称长度 $l=50$ mm,材料为 Q215 或 Q235,不经表面处理的开口销〕

8.3.2　销连接的装配图画法

圆柱销连接图画法如图 8-12 所示。国家标准规定：在装配图中,对于轴、销等实心零件,若剖切平面通过其轴线时,这些零件均按不剖绘制。

圆锥销连接图画法如图 8-13 所示。应注意：圆锥销是以小端直径 d 为基准的,因此,圆锥销孔也应标注小端直径尺寸。

开口销连接图画法如图 8-14 所示。开口销与槽形螺母合用,用来防止螺母松开或者防止其他零件从轴上脱开。

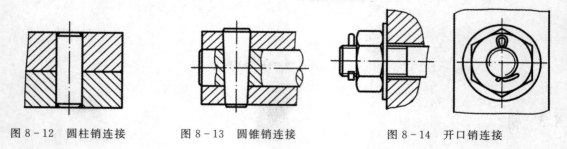

图 8-12　圆柱销连接　　　　图 8-13　圆锥销连接　　　　图 8-14　开口销连接

8.4　齿轮

8.4.1　齿轮的基本知识

齿轮是机械传动中广泛应用的常用零件,它可以用来传递动力、改变转动方向和速度以及改变运动方式等,但必须成对使用。

　　齿轮的种类很多,根据传动轴轴线的相对位置不同,常见的齿轮有**圆柱齿轮**传动(用于两平行轴的传动)、**锥齿轮传动**(用于两相交轴的传动)和**蜗轮蜗杆传动**(用于两垂直交叉轴的传动)三种,如图 8 - 15 所示。

　　　　(a)圆柱齿轮传动　　　　　　　　(b)圆锥齿轮传动　　　　　　(c)蜗轮蜗杆传动

图 8 - 15　三种齿轮传动

　　齿轮上的齿称为**轮齿**,轮齿是齿轮的主要结构,只有当轮齿符合国家标准中规定的齿轮才能称为标准齿轮。在齿轮的性能参数中,只有模数和齿形角已标准化。下面主要介绍直齿圆柱齿轮的基本知识及画法。

8.4.2　直齿圆柱齿轮的基本参数、各部分的名称和尺寸关系

　　当圆柱齿轮的轮齿方向与圆柱的素线方向一致时,称为**直齿圆柱齿轮**。直齿圆柱齿轮各部分名称和基本参数见表 8 - 4。

　　1. 齿轮的基本参数和轮齿各部分名称(GB/T 3374.1—2010)

表 8 - 4　直齿圆柱齿轮轮齿各部分的名称和基本参数

名称	符号	说　明	直齿圆柱齿轮轮齿的示意图及各部分名称
齿　数	Z	齿轮的齿数	
齿顶圆	d_a	通过轮齿顶部的圆	
齿根圆	d_f	通过轮齿根部的圆	
分度圆	d	计算轮齿各部分尺寸的基准圆	
齿　高	h	齿顶圆与齿根圆之间的径向距离	
齿顶高	h_a	分度圆到齿顶圆的径向距离	
齿根高	h_f	分度圆到齿根圆的径向距离	
齿　距	P	在分度圆上,相邻两齿对应点的弧长	
齿　厚	S	在分度圆上,每个齿的弧长	
节　圆	d'	一对齿轮传动时,两齿轮的齿廓在连心线 O_1O_2 上接触点 C 处,两齿轮的圆周速度相等,以 O_1C 和 O_2C 为半径的两个圆称为相应齿轮的节圆	

名称	符号	说　明	直齿圆柱齿轮轮齿的示意图及各部分名称
压力角	α	齿轮传动时,一齿轮(从动轮)齿廓在分度圆上点 C 的受力方向与运动方向所夹的锐角称压力角。我国采用标准压力角为 $20°$	
啮合角	α'	两齿轮传动时,两相啮合的轮齿齿廓接触点处的公法线与两节圆的内公切线所夹的锐角称为啮合角。啮合角就是在点 C 处两齿轮受力方向与运动方向的夹角	
模数	m	由于 $\pi d = zp$,所以 $d = (p/\pi)z$,令 $m = p/\pi$	

模数 m 是设计和制造齿轮的重要参数,m 的大小反映了轮齿的大小。两啮合齿轮的 m 必须相等。不同模数的齿轮要用不同的刀具来加工制造。为了便于设计和加工,模数已标准化,其数值如表 8-5 所示。

表 8-5　齿轮模数标准系列(摘录 GB/T 1357—2008)　　　　(单位:mm)

第 Ⅰ 系列	1　1.25　1.5　2　2.5　3　4　5　6　8　10　12　16　20　25　32　40　50
第 Ⅱ 系列	1.75　2.25　2.75　3.5　4.5　5.5　(6.5)　7　9　11　14　18　22　28　36　45

注:选用模数时,应优先选用第Ⅰ系列,其次选用第Ⅱ系列,括号内的模数尽可能不用。

2. 轮齿各部分尺寸与模数的关系

在设计齿轮时,要先确定模数和齿数,其他各部分尺寸都可由模数和齿数计算出来。标准直齿圆柱齿轮轮齿各部分的尺寸关系见表 8-6。

只有模数、压力角都相同的齿轮才能相互啮合。

表 8-6　标准直齿圆柱齿轮轮齿各部分的尺寸关系

名　称	代　号	尺寸关系
分度圆直径	d	$d = mz$
齿顶高	h_a	$h_a = m$
齿根高	h_f	$h_f = 1.25m$
齿顶圆直径	d_a	$d_a = d + 2h_a = m(z+2)$
齿根圆直径	d_f	$d_f = d - 2h_f = m(z-2.5)$
齿高	h	$h = h_a + h_f = 2.25m$
两啮合齿轮中心距	a	$a = m(Z_1 + Z_2)/2$
齿距	p	$P = \pi m$

8.4.3　直齿圆柱齿轮的规定画法

1. 单个圆柱齿轮的画法

齿轮一般用两个视图(包括剖视图)或一个视图和一个局部视图来表示,如图 8-16 所示。根据国家标准 GB/T 4459.2—2003 中的规定,直齿圆柱齿轮的画法如下:

　　① 齿顶圆和齿顶线用粗实线绘制；分度圆和分度线用细点画线绘制（分度线应超出轮廓线2～3 mm）；齿根圆和齿根线用细实线绘制，也可省略不画。

　　② 在剖视图中，当剖切平面通过齿轮的轴线时，轮齿一律按不剖绘制，齿根线用粗实线绘制。

　　③ 如需表明齿形时，可在图形中用粗实线画出一个或两个齿，或用适当比例的局部放大图表示。

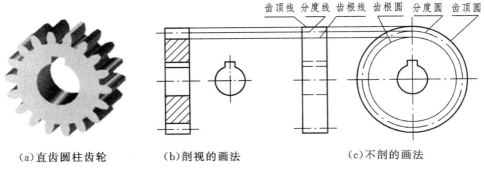

　　（a）直齿圆柱齿轮　　　　　（b）剖视的画法　　　　　　　（c）不剖的画法

图 8 - 16　直齿圆柱齿轮的画法

2. 直齿圆柱齿轮副的啮合画法

　　一对模数、压力角相同且符合标准的圆柱齿轮处于正确的安装位置（装配准确）时，其分度圆和节圆重合。一对齿轮啮合在一起称为齿轮副，其啮合区的画法规定如下：

　　① 在垂直于圆柱齿轮轴线的投影面的视图中，两节圆应相切。啮合区内的齿顶圆均用粗实线绘制，如图 8 - 17(a)左视图；也可省略不画，如图 8 - 17(b)左视图。齿根圆全部不画。

　　② 在平行于圆柱齿轮轴线的投影面的视图中，啮合区内的齿顶线不需画出，节线用粗实线绘制，见图 8 - 17(b)主视图。

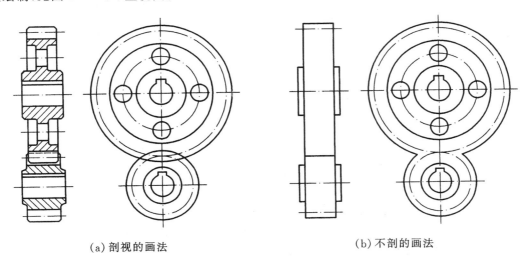

　　　　（a）剖视的画法　　　　　　　　　　　　（b）不剖的画法

图 8 - 17　直齿圆柱齿轮的啮合画法

③ 在剖视图中，当剖切平面通过两啮合齿轮的轴线时，在啮合区内将一个齿轮的轮齿用粗实线绘制，另一个齿轮的轮齿被遮挡的部分用细虚线绘制，这条细虚线也可省略不画。

④ 在剖视图中，当剖切平面不通过啮合齿轮的轴线时，齿轮一律按不剖绘制。

8.4.4　齿轮图样格式

图 8 - 18 是按照渐开线圆柱齿轮图样格式绘制的直齿圆柱齿轮零件图，图中除了要按画法规定绘制轮齿外，还要按规定进行标注，包括尺寸标注、几何公差标注和填写齿轮参数表。参数表中参数包括模数、齿数、齿形角和精度等级等，其项目可根据需要增减。

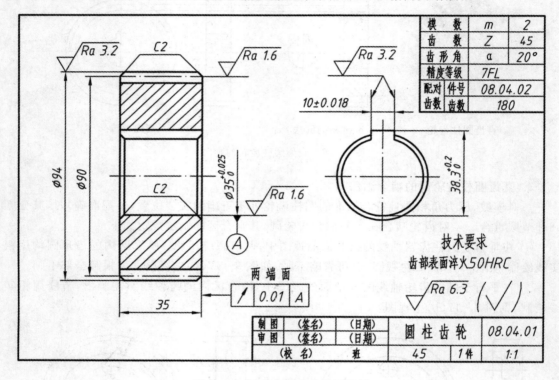

图 8 - 18　直齿圆柱齿轮的零件图

8.5　弹簧

弹簧的用途很广，可用来储藏能量、减震、测力、夹紧等。在电器中，弹簧常用来保证导电零件的良好接触或脱离接触。

弹簧的种类很多，有**螺旋弹簧、蜗卷弹簧**和**板弹簧**等，如图 8 - 19 所示。在各种弹簧中，圆柱螺旋弹簧最为常见，根据其受力方向的不同，又分为**压缩弹簧、拉伸弹簧、扭转弹簧**三种。

下面主要介绍圆柱螺旋压缩弹簧的规定画法和标记。

(a) 压缩弹簧　　(b) 拉伸弹簧　　(c) 扭转弹簧　　(d) 蜗卷弹簧　　(e) 板弹簧

图 8 - 19　常见的各种弹簧

8.5.1　圆柱螺旋压缩弹簧各部分名称及其相互关系

表 8 - 7 列出了圆柱螺旋压缩弹簧各部分名称和相互关系。

表 8 - 7　圆柱螺旋压缩弹簧各部分名称和相互关系

名称	符号	说　明	图例
材料直径	d	制造弹簧用的型材直径	
弹簧的外径	D_2	弹簧的最大直径	
弹簧的内径	D_1	弹簧的最小直径	
弹簧的中径	D	$D = D_2 - d = D_1 + d$	
有效圈数	n	为了工作平稳，n 一般不小于 3 圈。	
支承圈数	n_2	弹簧两端并紧磨平或锻平的各圈仅起着支承作用（一般取 1.5, 2 或 2.5 圈）。	
总圈数	n_1	$n_1 = n + n_2$	
节　距	t	相邻两个有效圈在中径上对应点的轴向距离	
自由高度	H_0	未受负荷时的弹簧高度 $H_0 = nt + (n_2 - 0.5)d$	
展开长度	L	制造弹簧时，所需弹簧钢丝的长度 $L = \dfrac{\pi D n_1}{\cos\alpha} \approx \pi D n_1$，式中 α 为螺旋升角，一般为 5°~9°。	

圆柱螺旋压缩弹簧的 d、D、H_0、n 等尺寸及参数在 GB/T 2089—2009 中都作了规定，使用时可查阅该标准。

8.5.2　圆柱螺旋压缩弹簧的画法

根据 GB/T 4459.4—2003 螺旋弹簧的规定画法如下（参看图 8 - 20）：

① 在平行于螺旋弹簧轴线的投影面的视图中，其各圈的轮廓线应画成直线。

② 螺旋弹簧均可画成右旋，但左旋螺旋弹簧不论画成左旋或右旋，必须在"技术要求"中

注明"旋向:左旋"。

③ 对于螺旋压缩弹簧,如要求两端并紧且磨平时,不论支承圈数多少和末端贴紧情况如何,均按图 8-20(有效圈是整数,支承圈为 2.5 圈)的形式绘制。必要时也可按支承圈的实际结构绘制。

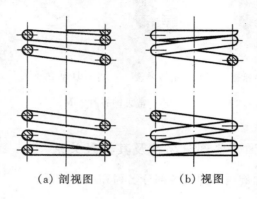

　　　　　(a) 剖视图　　　　　　　(b) 视图

图 8-20　圆柱螺旋压缩弹簧画法

④ 当弹簧的有效圈数在 4 圈以上时,中间部分可以省略不画,只画出两端的 1～2 圈(支承圈除外)。中间部分省略后,用通过弹簧钢丝中心的两条细点画线表示,并允许适当缩短图形的长度。

⑤ 在装配图中,型材直径或厚度在图形上等于或小于 2 mm 的螺旋弹簧,允许用示意图绘制,如图 8-21(a)所示;当弹簧被剖切时,也可用涂黑表示,且各圈的轮廓线不画,如图 8-21(b)所示。

⑥ 在装配图中,被弹簧挡住的结构一般不画出,可见部分应从弹簧的外轮廓线或从弹簧钢丝断面的中心线画起,如图 8-22 所示。

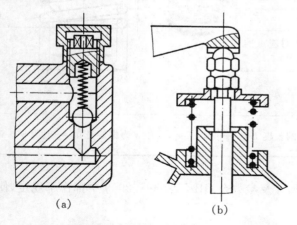

　　(a)　　　　　　　　　　(b)

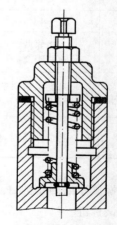

图 8-21 装配图中弹簧材料直径≤1mm 时的画法　　　　图 8-22 被弹簧挡住的零件结构的画法

8.5.3　普通圆柱螺旋压缩弹簧的标记

根据 GB/T 2089—2009 规定,圆柱螺旋压缩弹簧的标记由类型代号、规格、精度代号、旋

向代号和标准号组成,规定如下:

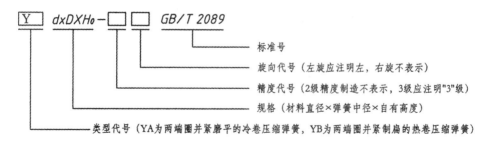

标记示例:

示例 1:

YA 型弹簧,材料直径为 1.2 mm,弹簧中径为 8 mm,自由高度为 40 mm,精度等级为 2 级,左旋的两端圈并紧磨平的冷卷压缩弹簧。

标记:YA 1.2×8×40　左　GB/T 2089

示例 2:

YB 型弹簧,材料直径为 30 mm,弹簧中径为 160 mm,自由高度为 200 mm,精度等级为 3 级,右旋的并紧制扁的热卷压缩弹簧。

标记:YB 30×160×200-3　GB/T 2089

8.5.4　圆柱螺旋压缩弹簧的画图步骤

当已知弹簧的材料直径 d、中径 D、自由高度 H_0(画装配图时,采用初压后的高度)、有效圈 n、总圈数 n_1 和旋向后,即可计算出节距 t,其作图步骤按图 8-23 所示。

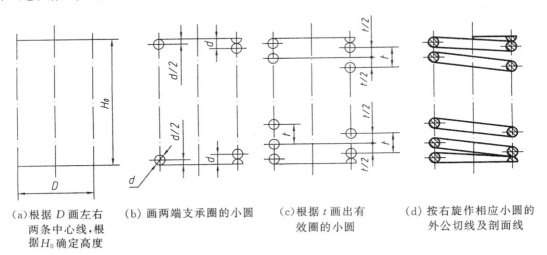

(a)根据 D 画左右两条中心线,根据 H_0 确定高度　　(b)画两端支承圈的小圆　　(c)根据 t 画出有效圈的小圆　　(d)按右旋作相应小圆的外公切线及剖面线

图 8-23　圆柱螺旋压缩弹簧的画图步骤

图 8-24 为圆柱螺旋压缩弹簧的零件图,主视图右上方的倾斜直线(机械性能曲线)表示该弹簧在不同负荷下其长度变化的情况,其中 P_1、P_2 为弹簧的工作负荷,P_j 为工作极限负荷,55 mm,47 mm 表示相应工作负荷下的工作高度,39 mm 表示工作极限负荷下的高度。

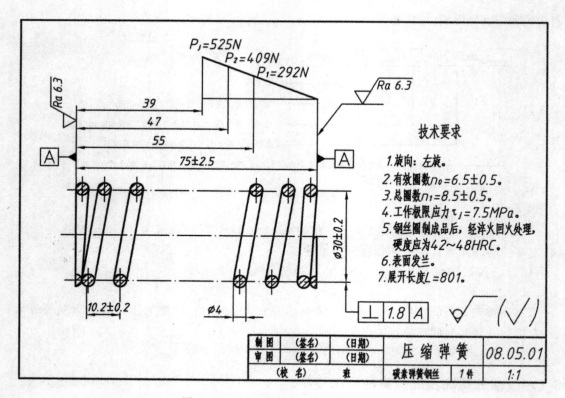

图 8-24　圆柱螺旋压缩弹簧的零件图

8.6　滚动轴承

　　滚动轴承是支承转动轴的组件,具有结构紧凑、摩擦阻力小、动能损失少和旋转精度高等优点,应用比较广泛。滚动轴承是常用的标准件,它由专门工厂生产,用户根据机器的具体情况确定型号,选购即可。

8.6.1　滚动轴承的结构和类型

　　滚动轴承的种类很多,但其结构大致相同,通常由**外圈、内圈、滚动体**(安装在内、外圈的滚道中如滚珠、滚锥等)和**隔离圈**(又叫保持架)等零件组成,如图 8-25 所示。

图 8-25　滚动轴承的结构

　　滚动轴承按其承受载荷的方向不同,可分为三类:

　　① 向心轴承　　主要用以承受径向载荷,如深沟球轴承。

　　② 推力轴承　　用以承受轴向载荷,如推力球轴承。

　　③ 向心推力轴承　　可同时承受径向和轴向的联合载荷,如圆锥滚子轴承。

8.6.2　滚动轴承表示法(GB/T 4459.7—1998)

　　在装配图中,滚动轴承有两种表示法:简化画法和规定画法。这些画法的具体规定如下。

1．基本规定

① 通用画法、特征画法及规定画法中的各种符号、矩形线框和轮廓线均用粗实线绘制。

② 绘制滚动轴承时，其矩形线框或外轮廓线的大小应与滚动轴承的外形尺寸一致，并与所属图样采用同一比例。

③ 在剖视图中，用简化画法绘制滚动轴承时，一律不画剖面符号（剖面线）。

采用规定画法绘制滚动轴承的剖视图时，轴承的滚动体不画剖面线，其各套圈可画成方向、间隔相同的剖面线（见表 8－8）。在不致引起误解时，也允许省略不画。

2．简化画法

用简化画法绘制滚动轴承时，应采用通用画法或特征画法，但在同一图样中一般只采用其中的一种简化画法。

（1）通用画法

在剖视图中，当不需要确切地表示轴承的外形轮廓、载荷特性、结构特征时，可用矩形线框及位于线框中央正立的十字形符号表示，十字形符号不应与矩形线框接触。通用画法在轴的两侧以同样方式画出，如图 8－26（a）所示。如需确切地表示滚动轴承的外形时，则应画出其断面轮廓，并在轮廓中间画出正立十字符号，如图 8－26（b）所示。通用画法的尺寸比例如图8－27所示。

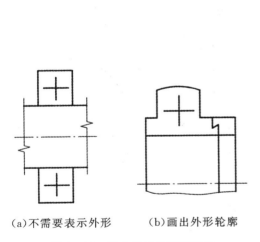

（a）不需要表示外形　　　（b）画出外形轮廓

图 8－26　滚动轴承的通用画法

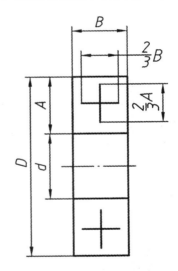

图 8－27　通用画法尺寸比例

（2）特征画法

在剖视图中，如需较形象地表示滚动轴承的结构特征时，可采用在矩形线框内画出其结构要素符号的方法表示。常用滚动轴承的特征画法在表 8－8 中给出。

在垂直于滚动轴承轴线的投影面的视图上，无论滚动体的形状（如球、柱、针等）及尺寸如何，均按图 8－28 的方法绘制。

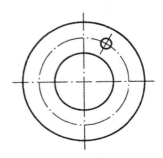

图 8－28　滚动轴承轴线垂直于投影面的视图的特征画法

3. 规定画法

必要时，在图样中可采用规定画法绘制滚动轴承，表 8-8 中列出了三种滚动轴承的规定画法。

在装配图中，滚动轴承的保持架及倒角、圆角等结构可省略不画。

规定画法一般绘制在轴的一侧，另一侧按通用画法绘制，如表 8-8 所示。

表 8-8   常用滚动轴承的规定画法和特征画法

轴承名称、类型及标准号	类型代号	规定画法	特征画法	标记及说明
深沟球轴承 60000 型 GB/T 276-2013	6			滚动轴承 6210 GB/T 276—2013 [按 GB/T 276—2013 制造，内径代号为 10（公称内径 $d=50$ mm），直径系列代号为 2，宽度系列代号为 0（省略）的深沟球轴承]
圆锥滚子轴承 30000 型 GB/T 297—1994	3			滚动轴承 30204 GB/T 297—1994 [按 GB/T 297—1994 制造，内径代号为 04（公称内径 $d=20$ mm），尺寸系列代号为 02 的圆锥滚子轴承]
单向推力球轴承 50000 型 GB/T 301—1995	3			滚动轴承 51206 GB/T 301—1995 [按 GB/T 301—1995 制造，内径代号为 06（公称内径 $d=30$ mm），尺寸系列为 12 的推力球轴承]

8.6.3 滚动轴承的代号及标记（GB/T 272—1993，GB/T 271—2008）

滚动轴承的种类很多。为了便于选用，国家标准规定各种不同的滚动轴承用代号表示。滚动轴承代号用字母加数字组成。完整的代号包括前置代号、基本代号和后置代号三部分。通常用其中的基本代号表示。基本代号表示轴承的基本类型、结构和尺寸，是轴承代号的基础。只有当轴承的结构形状、尺寸、公差和技术要求等有改变时，才在其基本代号前、后添加的补充代号,要了解它们的编制规则和含义可查阅有关标准。

基本代号由轴承的类型代号、尺寸系列代号和内径代号三部分自左至右顺序排列组成。类型代号用数字或字母表示,数字或字母的含义见表 8 - 9;接着是尺寸系列代号,它由轴承的宽(高)度系列代号(一位数字)和直径系列代号(一位数字)组成;最后是内径代号(两位数字),当轴承内径在 20~480 mm 范围内,内径代号乘以 5 为轴承的公称内径尺寸。

表 8 - 9　轴承的类型代号(摘录 GB/T 272 - 1993)

类型代号	0	1	2	3	4	5	6	7	8	N	QJ
滚动轴承名称	双列角接触球轴承	调心球轴承	调心滚子轴承和推力调心滚子轴承	圆锥滚子轴承	双列深沟球轴承	推力球轴承	深沟球轴承	角接触球轴承	推力圆柱滚子轴承	圆柱滚子轴承	双半内圈四点接触球轴承

轴承基本代号示例如下:

① 轴承 6210　　　6——类型代号,表示深沟球轴承;

　　　　　　　　　2——尺寸系列代号,表示 02 系列(直径系列代号为 2,宽度系列代号为 0 省略);

　　　　　　　　　10——内径代号,表示该轴承的公称内径为 50 mm。

② 轴承 30204　　　3——类型代号,表示圆锥滚子轴承;

　　　　　　　　　02——尺寸系列代号,表示 02 系列;

　　　　　　　　　04——内径代号,表示该轴承的公称内径为 20 mm。

③ 轴承 51206　　　5——类型代号,表示推力球轴承;

　　　　　　　　　12——尺寸系列代号,表示 12 系列;

　　　　　　　　　06——内径代号,表示该轴承的公称内径为 30 mm。

为了便于识别轴承,生产厂家一般将轴承代号打印在轴承圈的端面上。

滚动轴承的标记由名称、代号和标准编号三个部分组成。其格式如下:

| 名称 | 代号 | 标准编号 |　　　例如:滚动轴承　51206　GB/T 301—1995

8.7　利用块绘制螺栓连接图

1. 块的基本概念

块是由用户定义并赋予名称的一组对象的集合。一旦一组对象组成块,便被视为一个图形元素。绘图时,用户可根据作图的需要,将这个块的图形元素按任意的比例、角度插入到当前图形的任意位置,且插入的次数不受限制。

图形中的块可被移动、删除和数据查询,通过附着属性将非图形数据和图形中的块联系起来。在插入时可以填写这些信息,如零件表面粗糙度 Ra 数值。

利用 AutoCAD 绘图时,经常需要重复绘制一些相同的图形或符号,为了避免绘图的重复,提高绘图效率,通常将一些重复出现的图形,如表面结构代号、零件、部件等创建为块,建立专用和通用的图库。可用插入块的方法来拼装设计图,这样既可以减少大量的重复工作,又可以提高绘图的效率。

2. 创建块(BLOCK)

BLOCK 命令用来定义块。它可以从现有图中选择某一部分或整个图形定义成一个块,并赋予块名。用 BLOCK 命令创建的块保存在所创建块的图形中,且只限于本图使用。

激活"创建块"命令的 3 种方法如下:

① 在【绘图】工具栏中单击▢按钮,如图 8-29 所示。

图 8-29　【绘图】工具栏中单击"创建块"按钮

② 在下拉菜单中,单击"绘图(D)→块(K)→创建(M)"。

③ 在命令行中输入"block",按"Enter"回车键。

执行 BLOCK 命令后,屏幕弹出【块定义】对话框(图 8-30),利用【块定义】对话框可创建图块。【块定义】对话框中各选项说明如下:

· 名称(N):给出图块的名称。

· 基点:给出图块插入时的基准点,单击"拾取点(K)"左边的箭头按钮可直接选择。一般选择图块中图形的左下角或图形的中点,也可以直接输入坐标。

· 对象:选择构成图块的图形。单击"选择对象(T)"左边的箭头按钮可直接在图上选取图形;单击"选择对象(T)"右边的箭头按钮可用快速方式选取图形。勾选"保留(R)"选项,可使构成图块的原图保持不变;勾选"转换为块(C)"选项,可使构成图块的原图同时转换为图块;勾选"删除(D)"选项,将删除构成图块的原有图形。

· 方式:勾选"允许分解(P)"选项,可使插入后的图块直接打散。

· 设置:在块单位(U)中选择插入图块时的缩放单位,一般选毫米。

· 说明:给图块做出说明,可置空。

下面以螺栓图形的块创建为例,创建块名为"螺栓主视图",说明创建块的过程。

① 在【绘图】工具栏中单击【创建块】▢按钮,弹出【块定义】对话框(图 8-30)。

② 在【块定义】对话框中输入块名"螺栓主视图"。

块名可长达 255 个字符,其中可以包括空格。

③ 在【基点】中单击"拾取点(K)"按钮,指定块定义的基点(建议指定在螺栓头部与连接杆分界线的中点处),如图 8-31 所示。

④ 在【对象】中单击"选择对象(T)"按钮,用窗口方式选择要定义的螺栓主视图,如图 8-31所示。若在"选择对象(T)"中勾选"转化为块(C)"选项,则将构造块的对象转化为图块。

⑤ 在【方式】中勾选"允许分解"选项,如图 8-30 所示。

⑥ 在【块单位】列表中选择毫米，如图 8 - 30 所示。

⑦ 在说明框内可输入有关块图形的说明文字。

⑧ 选择【确定】。

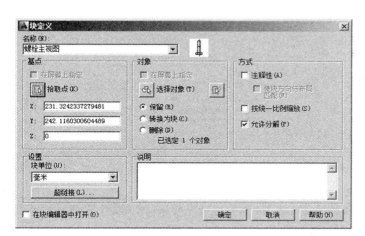

图 8 - 30　执行 BLOCK 命令弹出的【块定义】对话框

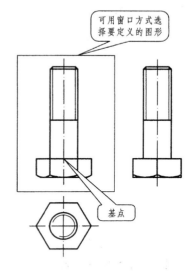

图 8 - 31　创建块

用 BLOCK 命令创建的块，只能由块所在的图形使用。如果用户希望在任何图形均能使用所建的块，则需用 WBLOCK 命令建块，将块以图形文件的形式写入磁盘（后缀为.DWG）。

执行 WBLOCK 命令，AutoCAD 弹出"写块"对话框，在该对话框中进行有关设置，如图 8 - 32所示。

图 8 - 32　执行 WBLOCK 命令弹出的【写块】对话框

①【源】选项组：在该选项组中可定义要写图形文件的对象，可以是块、整个图形或用户选中的任何对象。

②【目标】选项组：定义存储文件的名称、目录和单位。

其它选项含义与块定义对话框中的相应选项相同。

3. 图块的插入块(INSERT)

INSERT 命令用来将已定义的图块或一个图形文件按指定的位置插入到当前绘制的图形中。在插入时可改变插入图块的比例和旋转角度。

激活"插入块"命令的 3 种方法如下：

① 在【绘图】工具栏中单击【插入块】🔲按钮，如图 8－33 所示。

图 8－33 【绘图】工具栏中单击"插入块"按钮

② 在下拉菜单中，单击"插入(I)→块(B)"

③ 命令行中输入"insert"，按"Enter"回车键。

执行 INSERT 命令后，屏幕弹出【插入】对话框(图 8－34)，利用【插入】对话框可插入图块。【插入】对话框中各选项说明如下。

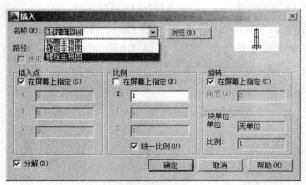

图 8－34 【插入】对话框

(1)名称(N)

从下拉菜单表中选择本图中已定义的图块或从外部调入图块，如选择螺栓主视图，或点击"浏览(B)"按钮，弹出如图 8－35 所示的【选择图形文件】对话框，根据图块的保存目录打开需要插入的图形文件。

(2)插入点

勾选"在屏幕上指定(S)"，可直接选择从屏幕上指定插入点，如图 8－34 所示。不勾选该项可直接给出插入点坐标。

(3)比例

给定插入时 X，Y，Z 方向的缩放比例。勾选"统一比例(U)"，可等比例缩放。 比例系数大于 1，放大插入；系数在 0～1 之间，缩小比例；系数为－1，镜像插入。

(4)旋转

给定插入时的旋转角度。若勾选"在屏幕上指定(C)"，可直接从屏幕上指定插入角度。

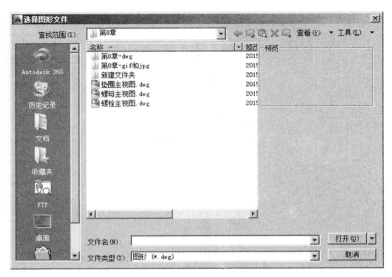

图 8 - 35　【选择图形文件】对话框

（5）分解（D）

勾选该项可使插入后的图块直接打散。

下面以画螺栓连接装配主视图为例，说明插入块的过程。具体步骤是：先分别将螺栓、螺母、垫圈的主视图创建成图块，并分别插入到主视图的指定位置，然后对主视图进行修剪编辑。

① 在【绘图】工具栏中单击【插入块】 按钮，弹出【插入】对话框（图 8 - 34）。

② 在【插入】对话框中的【名称（N）】列表中选择"螺栓主视图"图块，如图 8 - 34 所示。

③ 在"插入点"中选择"在屏幕上指定"选项，在屏幕上指定插入点。

④ 在"比例"中勾选"统一比例（U）"，不勾选"在屏幕上指定（E）"选项。

⑤ 在"旋转"中不使用"在屏幕上指定"选项，采用缺省的角度。

⑥ 在"分解（D）"中勾选该项，可使插入后的图块直接打散。

⑦ 点击"确定"。

⑧ 在屏幕上指定插入点，插入后的结果如图 8 - 36(b)所示。

⑨ 依次插入"垫圈主视图"和"螺母主视图"图块，插入方法同前①～⑤，不勾选"分解（D）"，点击"确定"，在屏幕上指定相应的插入点，并对主视图进行修剪编辑，修剪后完成的主视图如图 8 - 36(c) 所示。

图 8 - 36 是应用图块功能绘制机械图的一个实例。螺栓连接主视图采用了图块插入方法来绘制，先将连接件的各视图做成块，再按零件间的相对位置将图块逐个插入（考虑到还要对装配图进行编辑修改，在插入"螺栓主视图"图块时，选择插入时将块分解），拼画成装配图，最后经修剪、整理，完成螺栓连接的主视图。

注意：插入块时比例系数可正、可负（缺省值为 1）。若为负值，其结果是插入镜像图，如图 8－37 所示。

MINSERT 命令将已定义的块或一个图形文件按矩形阵列形式实现多重插入。若将三角形图形按 2 行 5 列（图 8-38）的矩形阵列形式插入，其执行过程如下：

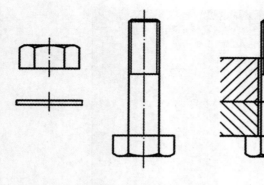

(a)将各紧固件主视图创建成块　　　(b)插入"螺栓主视图"图块　　　(c)依次插入各紧固件的主视图图块，
　　　　　　　　　　　　　　　　　　　　　　　　　　　　　　　　　　修剪后完成主视图

图 8 - 36　用图块插入法画螺栓连接图

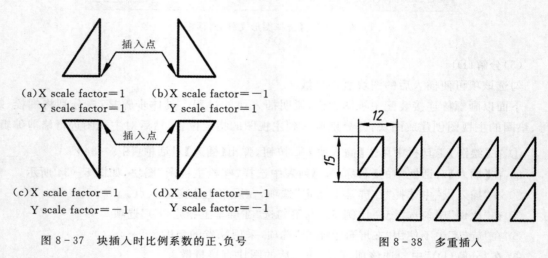

(a)X scale factor＝1　　　(b)X scale factor＝－1
　　Y scale factor＝1　　　　　Y scale factor＝1

(c)X scale factor＝1　　　(d)X scale factor＝－1
　　Y scale factor＝－1　　　　Y scale factor＝－1

图 8 - 37　块插入时比例系数的正、负号

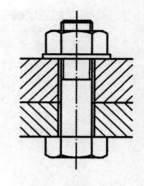

图 8 - 38　多重插入

命令：MINSERT

输入块名或[?]＜三角形＞：

单位：毫米　转换：1.0000

指定插入点或［基点(B)/比例(S)/X/Y/Z/旋转(R)］：　　　　　　　　　　(任意指定一点)

输入 X 比例因子，指定对角点，或［角点(C)/XYZ(XYZ)］＜1＞：　　　　　(按回车键)

输入 Y 比例因子或 ＜使用 X 比例因子＞：　　　　　　　　　　　　　　　(按回车键)

指定旋转角度 ＜0＞：　　　　　　　　　　　　　　　　　　　　　　　　(按回车键)

输入行数（———）＜1＞：2

输入列数（|||）＜1＞：5

输入行间距或指定单位单元（———）：15

指定列间距（|||）：12

多重插入完成，插入后的图形如图 8-38 所示。

这里需要说明：块或图形文件可由分处于不同图层上的对象组成。插入图块时，若图块中的非 0 层有和当前图形同名的图层,那么,图块中这些同名的图层上的对象按当前图形的图层所设置的颜色、线型和线宽显示。其它非 0 层上的对象仍保持定义块时的特性,如颜色、线型和线宽,并给当前图形增加相应的图层。只有块中位于 0 层的对象(对象的颜色、线型和线宽都设置为"随层")插入时,随插入时当前层的颜色、线型和线宽而改变,0 层的这种特性称为"变色龙"特性。

4. 重新定义块(修改已被插入的图块)

使用块插入图形的一大优点就是便于修改。无论是对当前图中定义的块,还是作为图形文件存在的块,都可以对其修改之后重新定义。对于当前图的块重新定义后,原来插入块的内容随之更新。但是,块与图形是两个文件时,块文件的更新对原来插入的块并无影响。

例如已将 wheel 图块插入图形 car 中,wheel 已是图形 car 中的一个图块(图 8 - 39(b))。

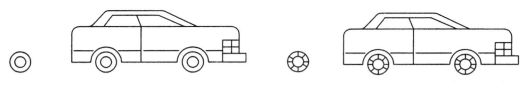

(a) 原图 wheel　　　(b) 图形 car　　　　(c) 修改后的图 wheel　　　(d) 重新插入后的图形 car

图 8 - 39　修改被插入的图块

现在修改了 wheel 图形文件(图 8 - 36(c)),修改情况系统不会自动提供给 car 图。为了要更新 car 图中的 wheel 块内容,可重新执行插入命令,通过插入预览找到修改后 wheel 图形文件,在重新插入 wheel 图时,系统出现图 8 - 40 所示的【块-重新定义块】对话框,提示用户"wheel"已定义为此图形中的块。希望重新定义此块参照吗?。若点击"重新定义块"按钮,这时,car 图中的 wheel 图块全部更新内容,如图 8 - 39(d)所示。

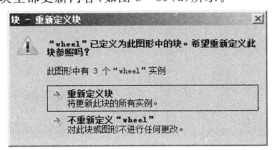

图 8 - 40　【块-重新定义块】的对话框

5. 块与属性

在一般情况下,定义的块只含有图形信息,而有些情况下需要定义块的非图形信息,例如:零件的表面结构代号,既有图形信息(表面结构图形符号),又有非图形信息(Ra 数值)。属性记录的信息可以在图形上显示或者隐藏。属性值可以是固定值,也可以在每次插入块时重新定义。

属性是从属于块的非图形信息,它是块的一个组成部分。实际上,属性是块中的文本对象,可以加在绘图文件中的任何图形对象上,就好像一个产品的标签,注释着产品的生产厂家、生产日期和材料等信息。

一般使用属性的步骤是：

① 绘制组成块的图形对象。

② 定义所需的属性(当需要定义多个属性时,分别执行 ATTDEF 命令来定义多个属性)。

③ 创建块(将图形对象和属性作为一组对象来创建块)。

④ 插入定义好的包含属性的块,并按照提示输入属性值。

下面以创建表面结构代号为例,说明创建和使用包含属性的块的具体操作过程。

(1)绘制完整图形符号(图 8-41)

命令：_line 指定第一点：	(任意指定一点 A)
指定下一点或[放弃(U)]：@-8,0	(给定 B 点的相对坐标)
指定下一点或[放弃(U)]：@8<-60	(给定 C 点的相对坐标)
指定下一点或[闭合(C)/放弃(U)]：@17<60	(给定 D 点的相对坐标)
指定下一点或[闭合(C)/放弃(U)]：@18,0	(给定 E 点的相对坐标)
指定下一点或[闭合(C)/放弃(U)]：	(按回车结束)

(2)定义属性(下拉菜单位置:绘图→块→属性定义)

执行 ATTDEF 命令,弹出【属性定义】对话框,在该对话框中进行属性的设置,如图 8-42 所示。

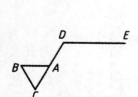

图 8-41　完整图形符号

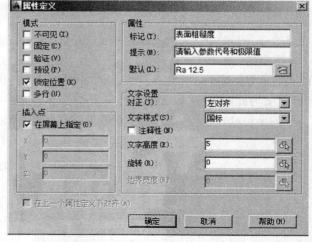

图 8-42　【属性定义】对话框

从图 8-42 中可以看出,可设置属性的标记(T)为"表面粗糙度";提示(M)为"请输入参数代号和极限值",也可以不写;默认(L)为"$Ra\ 12.5$"(这里预先设定一个默认的表面结构参数 Ra 的极限值为 12.5)。文字设置中的对正(J)采用对话框中默认的"左对齐",文字样式采用用户自定义的"国标"字体,插入点可由读者根据所绘完整图形符号的位置来确定。

单击"确定"按钮,完成属性定义,结果如图 8-43 所示。

(3)创建块(包含属性的块)

创建块要通过【块定义】对话框来完成。执行 BLOCK 命令,弹出【块定义】对话框,在该对话框中对"表面结构代号"进行块定义的设置,如图 8-44 所示。

从图 8-44 中可以看出,块名为"表面结构代号",通过"拾取点(K)"按钮将表面结构符号的尖端作为插入点(图 8-45),并通过"选择对象(T)"按钮选择图 8-45 中的表面结构的完整图形符号和属性(在选择作为块的对象时,除选择图形对象外,还要选择表示属性定义的文字对象)。单击对话框中的"确定"按钮,出现"编辑属性"对话框(图 8 - 46),点击"确定"按钮,即可完成"包含属性的块"的创建。

图 - 43　完成属性定义　　　　　　　图 8 - 44　"表面结构代号"的块定义对话框

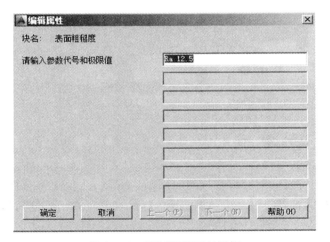

图 - 45　插入点的设置　　　　　　图 8 - 46　【编辑属性】对话框

(4)插入包含属性的块

举例:在图 8 - 47 中 45°斜边上标注表面结构代号,其 Ra 数值为 6.3,在图形上边轮廓线上标注表面结构代号,其 Ra 数值为 12.5。

命令:_insert　　(在块插入对话框中指定块名为"表面结构代号")

指定插入点或[基点(B)/比例(S)/旋转(R)]:

　　　　　　　　(在图形的斜边上任选定一点)

指定旋转角度 <0>:45

在输入"45"后,屏幕上弹出图 8 - 46"编辑属性"对话框,将"请输入属性数值"框内的12.5改为 6.3,即可完成对斜边的标注,如图 8 - 47 所示。

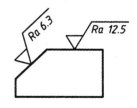

图 8 - 47　块及属性的应用

　　而在上边轮廓线上标注表面结构代号时,则不必输入指定旋转角度,也不需重新输入属性数值 12.5,其插入过程如下:

　　命令：_insert　　　　　　　　　　　　　　　　　　(在块插入对话框中指定块名为"表面结构代号")

　　指定插入点或[基点(B)/比例(S)/旋转(R)]：(在图形上边轮廓线上任选定一点)

　　指定旋转角度 <0>：　　　　　　　　　　　　(回车,默认旋转角度为 0)

　　在弹出的图 8－46"编辑属性"对话框中点击"确定"按钮,即可完成对图形上边轮廓线上的标注。

　　其插入执行结果如图 8－47 所示。

　　利用增强属性编辑器可以修改属性数值,即在图块的属性文字处(图 8－47 中的 12.5 处)双击鼠标左键,可弹出【增强属性编辑器】对话框,如图 8－48 所示。将对话框中的"值(V)"改为 3.2,点击"确定"按钮,该属性数值编辑后的修改结果如图 8－49 所示。

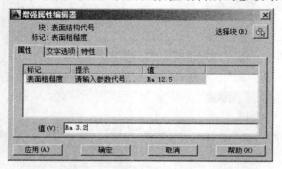

图 8－48　【增强属性编辑器】对话框

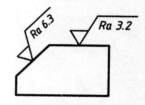

图 8－49　增强属性编辑器的应用

　　由上述实例可知,表面结构代号的书写有两种方法：一种方法是在插入包含属性图块过程中直接进行书写;另一种方法是事先已经标注了表面结构代号,但需要修改表面结构 Ra 极限值时,可先将光标直接放在块的表面结构 Ra 极限值上,然后双击鼠标左键,可弹出【增强属性编辑器】对话框,将【增强属性编辑器】对话框中的"值(V)"改为用户需要修改的表面结构 Ra 极限值。

小　结

　　标准件和常用件是机器上被广泛、大量使用的零(组)件。本章主要介绍螺纹紧固件、键、销、弹簧、轴承的结构型式、标记、规定画法和查表方法;齿轮的结构型式、规定画法和尺寸注法。

　　本章学习的重点内容是：常用螺纹紧固件的标记、查表方法和连接图画法;键联结的画法;直齿圆柱齿轮的画法、尺寸注法及其啮合画法。

　　本章学习的难点是：常用螺纹紧固件的查表方法及其连接图画法。

复习思考题

1. 螺栓、双头螺柱、螺钉三种连接图,在结构上和应用上有什么区别?

2. 螺栓或双头螺柱连接时,使用垫圈的目的是什么?

3. 螺栓 GB/T 5782 M10×30,螺柱 GB/T 897 AM10×30,螺钉 GB/T 68 M10×30,垫圈 GB/T 97.1 10,各表示什么含义?

4. 绘制螺钉头部起子槽时,应注意什么规定画法?

5. 绘制键联结时,键若按纵向剖切且剖切平面通过其对称平面,键应如何绘制?

6. 绘制标准直齿圆柱齿轮需要哪几个参数? 如何计算轮齿各部分的尺寸?

7. 直齿圆柱齿轮应标注哪些尺寸?

8. 两个直齿圆柱齿轮正确啮合的条件是什么?

9. 国家标准对圆柱螺旋压缩弹簧的画法有哪些规定?

10. 滚动轴承 6206 表示什么含义?

第9章 装配图

装配图是表示机器、部件或组件的图样。在设计过程中,一般先画出装配图,再根据装配图设计零件并画出零件图(称为拆图)。在生产过程中,装配图是制定装配工艺规程,进行装配、检验、安装、调试及维修的技术依据。在使用或维修机器或部件的过程中,需要通过装配图了解机器或部件的构造和性能。在进行技术交流、引进设备的过程中,装配图是必不可少的技术资料。

9.1 装配图的作用和内容

图9-1是蝴蝶阀的物体图。蝴蝶阀是管道中用以截断流体的部件,当外力推动齿杆左、右移动时,齿杆带动齿轮旋转,齿轮的旋转带动阀杆和铆在阀杆上的阀门转动,阀门的转动可以调节阀体上孔的流通断面面积,从而实现节流和增流。

从图9-2可以看出,一张完整的装配图应具有以下内容:

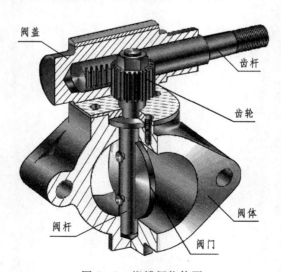

图9-1 蝴蝶阀物体图

① 一组视图 表明机器或部件的工作原理、结构特点、零件之间的装配关系以及零件的主要结构形状。

② 几种尺寸 表示机器或部件的性能、规格及装配、检验、安装时所需的一些尺寸。

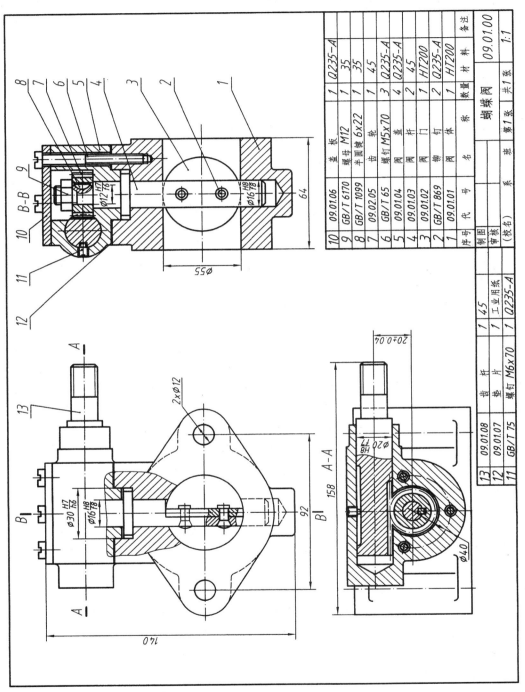

图 9-2　蝴蝶阀装配图

③ 技术要求　说明机器或部件在装配、安装、调试、检验、使用、维修等方面的要求和技术指标。

④ 零、部件的编号、标题栏和明细栏　将每一种零件或组件按一定的格式进行编号，并在明细栏内填写序号、名称、数量、材料等内容，标题栏内填写机器或部件的名称、图号、比例以及设计、审核等人员的姓名。

9.2　装配图的图样画法

装配图和零件图表达的侧重点不同，零件图主要表达零件的结构形状；装配图的主要任务是表达机器或部件的工作原理、各零件之间的装配关系等。因此，除了第6章中介绍的各种视图、剖视图和断面图等之外，对装配图还需规定相应的画法。

1. 规定画法

① 两个零件的接触表面或配合表面只画一条线，不接触表面或非配合面应画两条线，如图9-2所示，在左视图中第10件盖板与第5件阀盖的接触面画一条线；而第6件螺钉与阀盖的孔之间即使间隙很小，也应画成两条线。

② 当两个或两个以上金属零件互相邻接时，剖面线的倾斜方向应相反，或方向相同但间隔不等，以示区别，如图9-2所示。

同一零件在各个视图中的剖面线方向和间隔必须相同。如图9-2中第1件阀体的剖面线的画法。

对断面厚度在2 mm以下的图形，允许以涂黑来代替剖面符号，如图9-2中第12件垫片的画法。

③ 对于紧固件（如螺钉、螺栓、螺母、垫圈等）和实心件（如键、销、轴和球等），当剖切平面通过它们的对称中心线或轴线时，这些零件均按不剖绘制。图9-2中第6件螺钉、第9件螺母和第4件阀杆都采用了这样的画法。当剖切平面垂直这些零件的轴线时，则应画剖面线。当剖切平面通过的某些部件为标准产品或该部件已由其他视图表示清楚时，可按不剖绘制（如图9-3主视图中的油杯按不剖绘制），或不画出（如图9-3左视图中的油杯可省略不画）。

2. 特殊画法

（1）拆卸画法

为了清楚表达机器或部件被某些零件遮住的内部结构或装配关系，可假想将有关零件拆卸后再绘制要表达的部分。必要时加注"拆去××等"。如图9-3中滑动轴承装配图的俯视图就是拆去轴承盖、上轴衬、螺栓和螺母后画出来的。

（2）沿零件间结合面的剖切画法

为了表示机器或部件内部结构，可假想沿着两零件的结合面剖切，这时，零件的结合面上不画剖面线，但其它被剖到的零件一般都应画剖面线。如图9-4所示的B—B剖视图就是沿着泵盖和泵体的结合面剖切后再投影得到的。

（3）单独表示某个零件的画法

当某个零件结构未表达清楚而影响对装配关系或结构形状的理解时，可单独画出该零件的视图，并在所画视图的上方注出该零件的视图名称，在相应的视图附近，用箭头指明投射方向，并注上相应的字母，如图9-4所示。

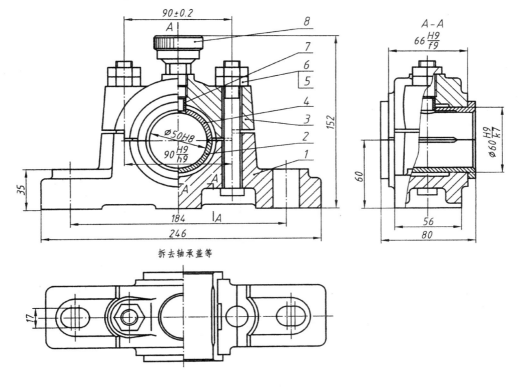

图 9 - 3　滑动轴承装配图

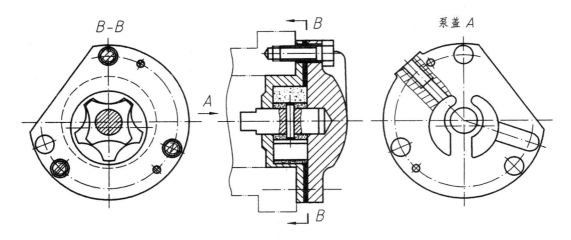

图 9 - 4　沿零件结合面的剖切画法

3. 夸大画法

　　对微小的装配间隙、带有很小斜度和锥度的零件以及很细小、很薄的零件,当按图中比例无法正常表达时,均可适当夸大画出。如图 9 - 2 中的第 12 件垫片就采用了夸大画法。图9 - 5中的螺栓与盖板处也采用了夸大画法。

4. 简化画法

① 对装配图中相同的零(组)件或部件,可详细画出一处,其余用细点画线表示其装配位置,如图9-5(a)、(b)所示的轴承架组和螺钉组的表示方法。

② 在装配图中可省略零件上的工艺结构,如:圆角、倒角、退刀槽等工艺结构允许省略不画,如图9-5(b)所示。

③ 滚动轴承允许采用图中的简化画法:一侧用规定画法表示,另一侧用通用画法表示,如图9-5(b)所示。

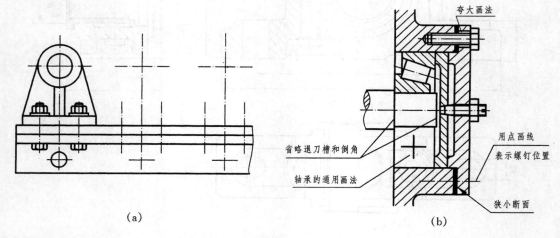

(a)   (b)

图9-5 简化画法和夸大画法

5. 假想画法

① 在装配图中,为了表示某些零件的运动轨迹和极限位置,可在一个极限位置画出该零件,在另一极限位置处用细双点画线画出这些运动零件的外形图,如图9-6所示。

② 装配图中,为了表示与本部件相邻的其它零(部)件的形状和位置,用细双点画线画出其轮廓外形图,如图9-4所示。

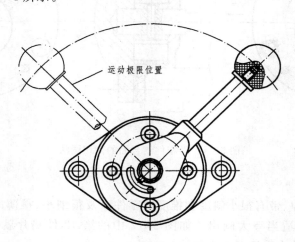

图9-6 假想画法

9.3　装配图中的尺寸标注

装配图与零件图的作用不同。因此装配图中不必标注各零件的全部尺寸,而只需标注与装配图作用相关的尺寸,如说明机器或部件的性能或规格尺寸、各零件之间的装配关系的尺寸和决定机器或部件外轮廓大小及安装情况的尺寸等。

装配图中一般应标注下列几种尺寸:

① 规格尺寸　说明机器或部件的性能或规格的尺寸。它是设计和选用机器或部件的主要依据。如图 9－2 中的阀体孔的尺寸 $\varnothing55$ 将影响气体或液体的流量,是规格尺寸。

② 装配尺寸　说明部件内部零件间装配关系的尺寸,主要包括:

ⅰ.配合尺寸　表示两个零件之间配合要求的尺寸。如图 9－2 中的尺寸 $\varnothing30H7/h6$ 和 $\varnothing20H8/f7$ 。

ⅱ.零件间的连接尺寸　如连接用的螺钉、螺栓和销等的定位尺寸(如图 9－3 中两个螺栓间距 90±0.2)和非标准零件上的螺纹副的标记或螺纹标记。

③ 安装尺寸　表示部件安装在机器上或机器安装在基座上所需要的尺寸。如图 9－2 中的尺寸 92 和 $2\times\varnothing12$;又如图 9－3 中的尺寸 184 和 17。

④ 外形尺寸　表示机器或部件的总长、总宽、总高的尺寸。外形尺寸表明机器或部件所占空间的大小,它是包装、运输、安装和厂房设计的依据。如图 9－2 中的尺寸 140,158 和 64。

⑤ 其它重要尺寸　它是在设计中经过计算而确定的,但未包括在上述几类尺寸之中的一些重要尺寸。如图 9－2 中的尺寸 20±0.04 是表示齿杆与阀杆相对位置的重要尺寸。

9.4　装配图中的技术要求

装配图中的技术要求通常有以下几个方面:

① 装配要求　装配时所要达到的精度,对装配方法的要求和说明等。

② 检验要求　检验、试验的方法和条件及必须达到的技术指标等。

③ 使用要求　包装、运输、安装、保养,以及使用操作时的注意事项等。

技术要求一般用文字写在标题栏的上方或左边。

9.5　装配图中零、部件的编号、明细栏和标题栏

为了便于阅读装配图和生产管理,必须对装配图中的每一种零(组)件编写序号,并填写与序号一致的明细栏,以说明各零(组)件的名称、数量、材料等,如图 9－2 所示。

9.5.1　装配图中的序号及编排方法

装配图中的每一种零(组)件只编一个序号,同一张装配图的序号编写形式应一致。编写序号的形式有三种,如图 9－7(a)、(b)、(c)所示。

标注的方法是在所要标注的零(组)件的可见轮廓线内画一圆点,然后引出指引线(细实线),在指引线的一端画水平线或圆(细实线),在水平线上或圆内注写序号。序号的字高应比

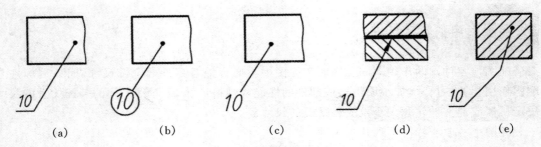

图 9 - 7　零件序号的注写形式

尺寸数字大一号或两号,如图 9 - 7(a)和图 9 - 7(b)所示;也可以在指引线旁注写序号,序号的数字应比尺寸数字大两号,如图 9 - 7(c)所示。其中图 9 - 7(a)所示是最常用的形式。

编写序号时,还应该遵守以下规定:

① 所有零、部件均应编号,相同的零(组)件用一个序号,一般只注一次。图中序号应与明细栏中的序号一致。

② 当零件很薄或其断面涂黑而不便画出圆点时,可在指引线的末端画出箭头,并指向零件轮廓,如图 9 - 7(d) 所示。

③ 指引线不允许彼此相交或与剖面线平行,必要时允许将指引线转折一次,如图 9 - 7(e) 所示。

④ 对一组紧固件以及装配关系清楚的零件组,允许采用公共指引线,如图 9 - 8 所示。

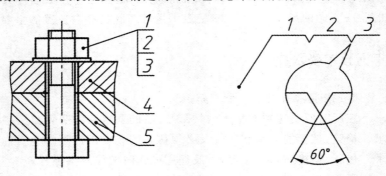

图 9 - 8　零件组的序号注写形式

⑤ 序号应按水平或垂直方向排列整齐,并按顺时针或逆时针方向编写序号,如图 9 - 2所示。

9.5.2　明细栏和标题栏

明细栏是机器或部件中全部零(组)件的详细目录。其形式和内容由国标 GB/T 10609.2—1989 中规定的明细栏格式确定。制图作业中采用的简化标题栏和明细栏格式如图 9 - 9所示。

明细栏一般应画在与标题栏相连的上方,零、部件序号应自下而上按顺序填写。当位置不够时,可将其余部分移在紧靠标题栏的左边。具体内容如图 9 - 2所示。

在特殊情况下,可将明细栏单独编写在另一张图纸上。

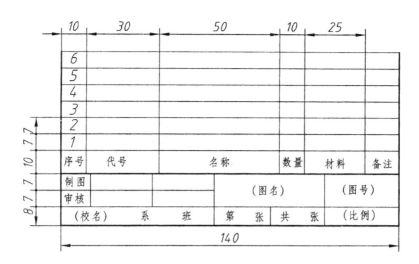

图 9-9 简化的标题栏和明细栏格式

9.6 画装配图

9.6.1 装配图的视图选择

装配图必须清楚表达机器或部件的工作原理、各零件的相对位置和装配连接关系等。因此在画装配图前,首先要了解和分析机器或部件的工作原理和结构情况等,以便合理选择表达方案。选择装配图的视图一般按照下列步骤进行。

1. 对机器或部件进行分析

从机器或部件的功能和工作原理出发,分析其工作情况、各零件的连接关系和配合关系。通过分析,弄清该机器或部件各部分的结构和装配关系,分清其主要部分和次要部分,为选择装配图的表达方案做好准备。

2. 主视图的选择

将机器或部件按工作位置放置,使其重要装配轴线、重要安装面处于水平或垂直位置,并选择适当的剖视,将能充分表达机器或部件形状特征的方向作为主视图的投射方向,使主视图能够较好地反映机器或部件的工作原理、结构特点及各零件之间的装配关系。

3. 其它视图的选择

在主视图确定后,根据需要选择适当的其它视图,对主视图的表达进行补充,以使机器或部件的表达清晰和完整。

9.6.2 由零件图画装配图

根据部件的工作原理和所属的各零件图,可以拼画部件的装配图。首先根据机器或部件的实物或装配示意图、物体图,对其进行观察和分析,了解该机器或部件的工作原理和各零件之间的装配关系,然后选择合适的表达方案,结合给出的零件图,完成装配图的绘制。下面以定滑轮为例说明由零件图拼画装配图的方法和步骤。定滑轮的轴测图如图 9-10 所示,定滑轮的心轴、卡板、滑轮和旋盖油杯零件图如图 9-11 所示,支架零件图如图 7-1 所示。

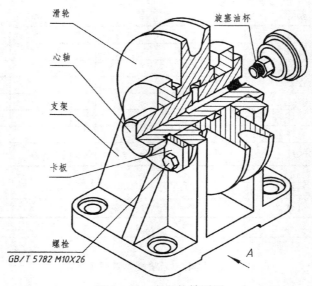

图 9 - 10   定滑轮轴测图

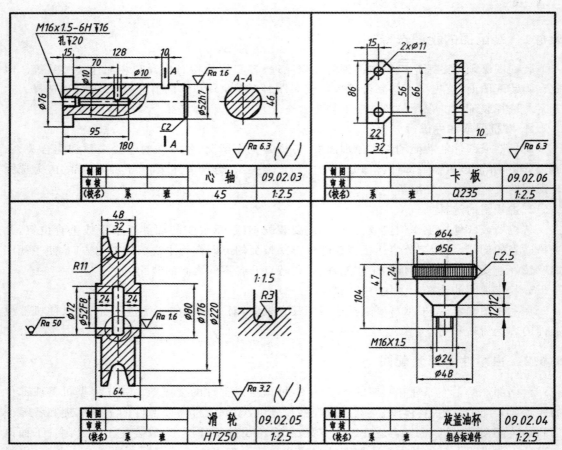

图 9 - 11   定滑轮的部分零件图

1．部件分析

如图 9-10 所示,定滑轮是一种简单的起吊装置。绳索套在滑轮的槽内,滑轮装在心轴上可以转动,心轴由支架支承并用卡板定位,卡板由螺栓固定在支架上;心轴内部有油孔,通过它可以将油杯中的油输送到滑轮的孔槽进行润滑。支架的底板上有四个安装孔,用于将定滑轮固定在所需位置。

2．视图选择

首先选择主视图。定滑轮的工作位置如图 9-10 所示,它只有一条**装配干线**(多个零件沿某一轴线方向装配而成,这条轴线称为装配干线),各零件沿着心轴的轴线方向装配而成,根据主视图选择的原则,选择箭头 A 的方向作为主视图的投射方向,通过心轴的轴线剖切,取局部剖视作为主视图。

主视图确定后,再选择补充表达装配关系和外形的其它视图。因此,选择俯视图和左视图表达定滑轮的外形结构,并在俯视图中采用局部剖视表达心轴与支架和卡板的连接关系,视图表达方案如图 9-12 所示。

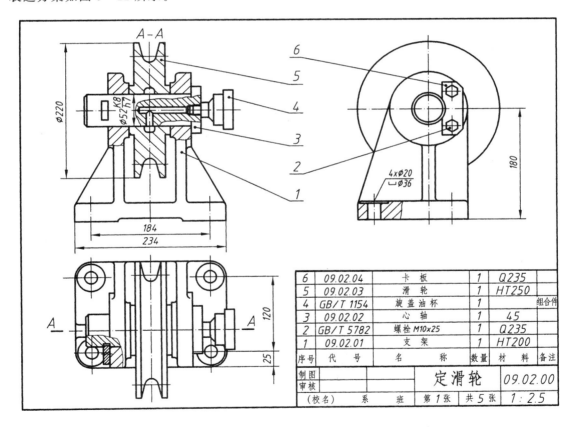

图 9-12　定滑轮装配图

3．画图步骤

① 确定表达方案后,根据部件的大小选定比例,确定图纸的幅面,然后布图、画标题栏、明细栏及各视图的主要基准线,各视图之间要留出足够的位置以标注尺寸和注写零件编号,如图

9-13(a)所示。

　　② 起稿画图从主体零件画起,按装配关系逐个画出各个零件的主要轮廓,如图9-13(b)所示。画图时应注意以下问题:

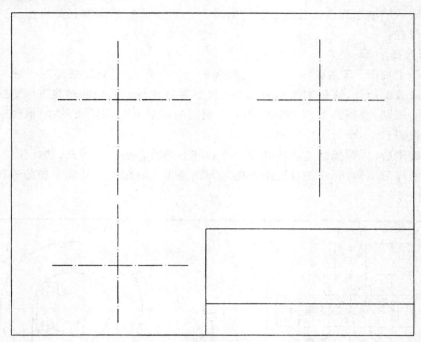

(a)画标题栏、明细栏及各视图的主要基准线

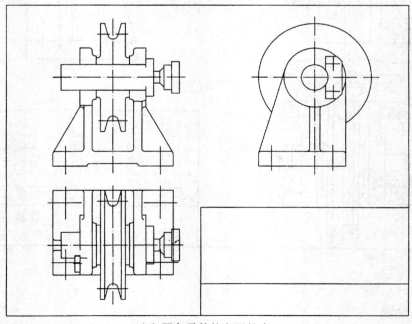

(b)画各零件的主要轮廓

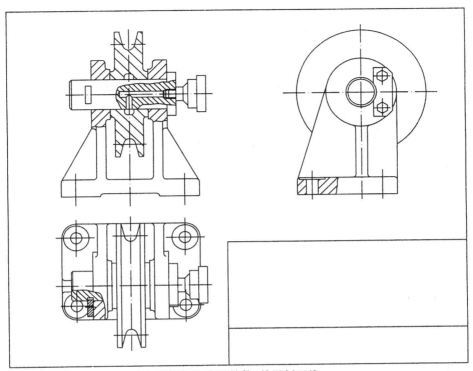

（c）画部件的次要结构，并画剖面线

图 9-13　定滑轮装配图的画图步骤

ⅰ．为了提高画图速度和减少不必要的作图线，可以采用从里向外画或从外向里画的方法。从外向里画是先画出外部零件（如箱体类零件）的大致轮廓，再将内部零件逐个画出；从里向外画是先从内部零件（如轴套类零件）画起，再逐步画出外部零件。

ⅱ．画图时应考虑装配工艺的要求：相邻的两个零件在同一方向一般只能有一对接触面或配合面，这样既能保证装配时零件接触良好，又能降低加工要求。图 9-14 表示了装配结构画法的正误对比。

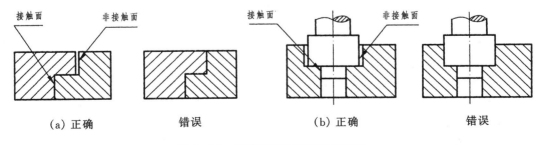

（a）正确　　　　错误　　　　（b）正确　　　　错误

图 9-14　装配结构画法的正误对比

③ 画出部件的次要结构，然后仔细检查全图。画出剖面符号，经仔细检查后加深图线，如图 9-13（c）所示。

④ 标注尺寸，编写零、部件序号，填写明细栏和标题栏，注写技术要求，如图 9-12 所示。

9.7　读装配图及拆画零件图的方法

在设计、制造机器或使用、维修设备或进行技术交流时,都要阅读装配图。工程技术人员通过读装配图来了解机器或部件的结构、用途和工作原理。在设计机器和部件时,通常是先画装配图,然后根据装配图来绘制零件图,因此,看懂装配图和由装配图拆画零件图是工程技术人员必须掌握的一门技术。

9.7.1　读装配图的要求

读装配图的基本要求主要有以下几点:
① 了解机器或部件的工作原理、性能、用途等。
② 了解零件之间的相对位置、连接方式、装配关系和配合性质等。
③ 了解零件在机器或部件中所起的作用、结构形状和装拆顺序等。
当然,要达到以上读图要求,有时还要阅读产品说明书及其有关资料。

9.7.2　读装配图的方法和步骤

下面以图9-15的虎钳装配图为例,介绍读装配图的方法和步骤。

1. 概括了解

首先阅读标题栏和明细栏、产品说明书,了解部件的名称、性能、用途及组成该部件的各种零件名称、数量、材料、标准件规格等;根据图形大小、画图比例和部件的外形尺寸了解部件的大小。

读图9-15中的标题栏和明细栏,部件名称为虎钳。它是夹持工件的工具,共有10种零件,其中标准件3种。按轮廓线、剖面线方向和间隔及各视图之间的投影关系,找到每种零件在视图中的位置。从画图比例1:1可以想象虎钳的真实大小。

2. 深入分析

这是读装配图的重要一步。经过深入分析,了解部件的工作原理、装配关系和零件的主要形状。通过分析视图表达方案,找出视图之间的投影关系。明确各视图所表达的内容和目的。然后,从反映工作原理的视图入手(一般为主视图),结合尺寸分析运动的传递情况、各零件的作用、形状、定位和配合情况。

图9-15中采用了三个基本视图、一个断面图和一个局部放大图。主视图采用全剖视图,主要表达虎钳工作原理和装配关系。

俯视图和左视图则补充表达虎钳的装配关系和外部形状。

从主视图中可以看出:转动螺杆1时,由于螺杆右端凸肩和左端上螺母10的阻止,螺杆只能转动而不能沿轴向移动,从而迫使与螺杆连接的螺母8沿轴向移动。由于螺母8和活动钳身之间是用压紧螺钉7固定连接的,螺母8便带动活动钳身轴向移动,从而达到将工件夹紧在两钳口之间的目的。图中标注了虎钳钳口张开的范围为0~48,即虎钳能夹持工件的厚度尺寸,它也是虎钳的规格尺寸。

为了保护钳身,在钳座3和活动钳身6处分别装有钳口4,并用螺钉5连接,以便钳口磨损后更换。从左视图的局部剖视图中可以看出钳口表面加工有滚花,以增大摩擦力。

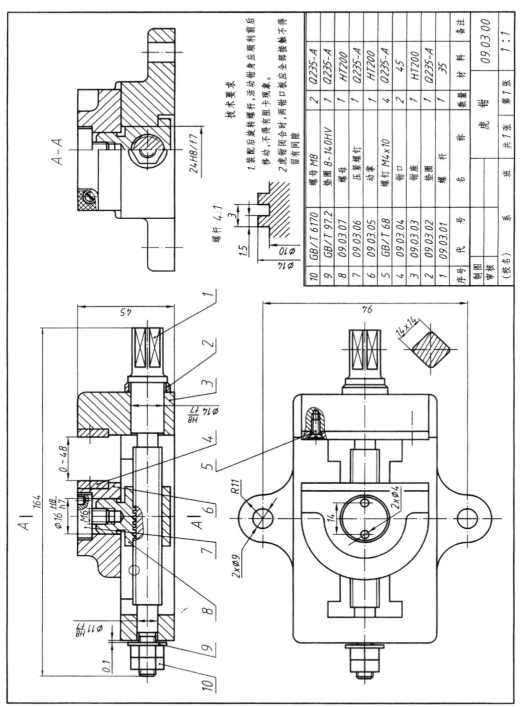

图 9-15 虎钳装配图

序号	代　号	名　称	数量	材　料	备注
10	GB/T 6170	螺母 M8	2	Q235-A	
9	GB/T 97.2	垫圈 8-140HV	1	Q235-A	
8	09.03.07	螺母	1	HT200	
7	09.03.06	压紧螺钉	1	Q235-A	
6	09.03.05	动掌	1	HT200	
5	GB/T 68	螺钉 M4×10	4	Q235-A	
4	09.03.04	钳口	2	45	
3	09.03.03	钳座	1	HT200	
2	09.03.02	垫圈	1	Q235-A	
1	09.03.01	螺杆	1	35	

		虎　钳		09.03.00	1：1
制图		班		共1张	第1张
审核		系			
（校名）					

技术要求

1. 装配后旋转螺杆，活动钳身应顺利前后移动，不得有阻卡现象。
2. 虎钳闭合时，两钳口板应全部接触不得留有间隙。

　　从主视图可以看出活动钳身 6 与螺母 8 上部有配合,尺寸 $\varnothing16H8/h7$ 为间隙配合。当用专用扳手松开压紧螺钉时,可使活动钳身偏转一定角度,以便夹持具有斜面的工件。螺杆 1 上的矩形螺纹是非标准螺纹,采用局部放大图表示,并注有详细的尺寸。螺杆两端装在钳座上。为了保证螺杆旋转灵活,在虎钳左端面留有 0.1 mm 的间隙,并用双螺母 10 起防松作用。

　　俯视图右下处的断面图表示了螺杆上装扳手部位的形状;压紧螺钉上的小孔和尺寸 14 和 $2\times\varnothing4$ 均为装拆该螺钉所需。

　　虎钳的安装尺寸为 94,用螺栓通过 $2\times\varnothing9$ 孔将虎钳固定在工作台上。

3. 综合归纳

　　为了对部件有一个全面、整体的认识,还应综合上述分析,再结合图中尺寸和技术要求等,对全图综合归纳,进一步了解零件的装拆顺序、装配和检验要求等。虎钳物体图如图 9 - 16 所示。

　　必须指出:上述读装配图的方法和步骤仅是一个概括性的说明,实际上读装配图时分析视图和分析尺寸往往是交替进行的。只有通过不断实践,积累经验,才能掌握读图的规律,提高读图的速度和能力。

图 9 - 16　虎钳物体图

9.7.3　由装配图拆画零件图

　　在设计过程中,根据装配图画出零件图的工作简称为拆图。拆图实际上是继续设计零件的过程。拆图是在读懂装配图的基础上进行的。关于零件图的内容、要求和画法等在前面章节已经讨论过,这里重点说明由装配图拆画零件图时应注意的问题。下面以拆画图 9 - 15 虎钳中的钳座为例,说明拆图的方法和步骤。

　　1. 分离零件,确定零件形状

　　在读懂虎钳装配图的基础上,从主视图下手,按轮廓线、剖面线、零件编号及视图之间的投影关系,将其它相关的零件排除,便可逐步将钳身从其它零件中分离出来。由图中可知:钳座主体为长方体。右边装钳口的部位较高,左边部分的中间开有一个“工”字形槽,用于螺母 8 的安装和移动。从俯视图中可以看出钳座的主体轮廓,综上所述,钳座的形状如图9 - 17所示。

图 9 - 17　钳座的物体图

　　装配图的表达重点是部件的工作原理、装配关系和零件间的相对位置,并非一定要把每个零件的结构形状都表达清楚,拆图时,应根据零件的作用和装配关系对那些未表达清楚的结构进行设计。

　　此外,装配图中未画出的倒角、退刀槽、圆角等工艺结构,在拆画零件图时必须详细画出,不得省略。

　　2. 确定零件表达方案

　　一般情况下,应根据零件结构形状的特点和前面章节所述零件图的视图选择原则来确定零件表达方案,不能机械地从装配图中照抄。但对箱体类零件来说,大多数的情况主视图尽可能与装配图表达一致,以便于读图和画图。例如:钳座为箱体类零件,按其工作位置选择视图。
如图 9 – 18 所示。

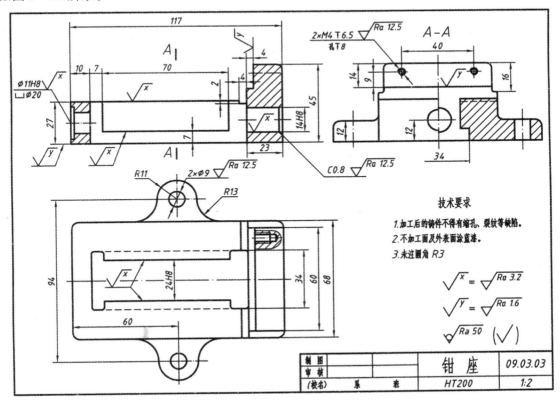

图 9 – 18　钳座的零件图

3. 画图(略)

4. 零件的尺寸标注

零件图尺寸标注的要求和标注步骤已在第 7 章中介绍。拆图时零件尺寸确定应按下列步骤进行:

① **抄**　凡装配图中已给定的有关尺寸应该直接抄注,不能随便改变它的大小及其标注方法。相配合的零件的尺寸分别标注到各自的零件图上时,所选的尺寸基准应协调一致。如图 9 – 18 中钳座的高度尺寸 45、底板安装孔的中心尺寸 94 等均抄自虎钳装配图。钳座左端支承孔的尺寸 ϕ11H8 抄自配合尺寸 ϕ11H8/f7。

② **查**　凡属于标准要素(如倒角、退刀槽、砂轮越程槽、键槽等)和标准件的尺寸,应根据装配图中所给定的公称直径或标准代号,查阅有关手册或书后附录确定。尺寸的极限偏差值,也应从有关手册或附录查出并按规定方式标注。

③ **算**　根据装配图给定的参数计算尺寸。例如,齿轮轮齿部分的尺寸,应根据齿数、模数和其它参数计算出分度圆直径和齿顶圆直径。

④ **量**　装配图中的各零件结构形状的大小都是由设计人员仔细考虑并按一定比例画出的。所以,凡装配图中未给出的、属于零件自由表面(不与其它零件接触的表面或不重要表面)

的尺寸和不影响装配精度的尺寸,一般可按装配图的画图比例,用分规和直尺直接在图中量取,并将量得的数值取整后标注。如钳座零件图中的总长尺寸 117 等。

5. 技术要求的注写

零件图中的技术要求应根据零件的作用、与其它零件的装配关系和工艺结构方面的要求来确定。由于技术要求的确定涉及的专业知识较多,这里只简单说明尺寸公差和表面粗糙度的确定。其它内容从略。

① 零件的尺寸公差是根据装配图中的配合代号确定的。如图 9－18 中钳座孔的尺寸 $\varnothing14H8$,$\varnothing11H8$。

② 表面粗糙度的确定应根据零件表面的作用和要求来确定。接触面和配合面的表面粗糙度数值小;非接触面和非配合面的表面粗糙度数值较大。一般参考同类产品,用类比法确定。

9.8 利用 AutoCAD 绘制装配图

9.8.1 绘图方法

用计算机绘制装配图的方法有两种:

① 用拼装的方法绘制二维装配图,即根据已画好的零件图拼成装配图。

② 由三维实体模型生成二维装配图,首先建立装配体的三维实体模型,然后由三维实体模型生成二维装配图。

由于篇幅所限,这里仅简单介绍前一种方法。对第二种方法感兴趣的读者,可查阅有关资料。

9.8.2 用拼装的方法绘制装配图

下面以低速滑轮为例,说明用 AutoCAD 拼画装配图的具体画图步骤。

(1)了解低速滑轮的工作原理

从图 9－19 低速滑轮装配轴测可知,低速滑轮是引导带绳运动的一种装置。它由装有衬套 3 的滑轮 2、心轴 1、托架 4 等零件组成。其中,带衬套的滑轮空套在心轴上,心轴用螺母、垫圈固定在托架上。整个装置通过托架下方的两个安装孔用螺栓与机架相连接(螺栓和机架的安装情况在轴测装配图中未画出)。

(2)创建图块

把除托架之外的其它零件的所需视图分别做成图块,做块之前应将其尺寸、技术要求图层关闭,并选择恰当的插入基点(图中用"×"表示插入基点),如图 9－20 所示。

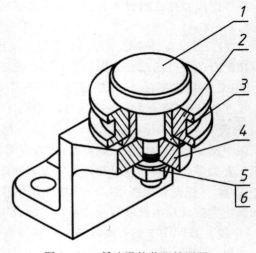

图 9－19 低速滑轮装配轴测图

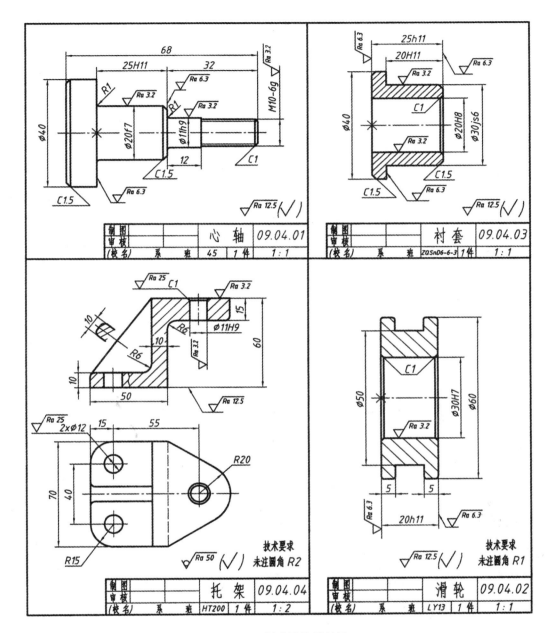

图 9 - 20　低速滑轮零件图

（3）拼图

以托架零件图为基础，分别将其它各图块插入图中（考虑到还要对装配图进行编辑修改，选择插入时将块分解），经过修改完成装配图。

（4）标注图中各类尺寸（略）

（5）画指引线和编写零件序号

① 设置引线样式　在【多重引线】工具条中，单击 🔾 "多重引线样式"按钮，设置引线样

式,如图9-21所示。

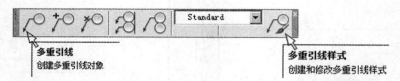

图9-21　在【多重引线】工具条中设置引线样式和激活引线标注命令

在弹出的【多重引线样式管理器】对话框(图9-22(a))中,单击"修改(M)"按钮,弹出【修改多重引线样式】对话框(图9-221(b)),在【引线格式】选项卡"箭头"选项的"符号(S)"下拉列表中选择"小点"(图9-22(b)),单击"确定"按钮,即可完成引线样式的设置。

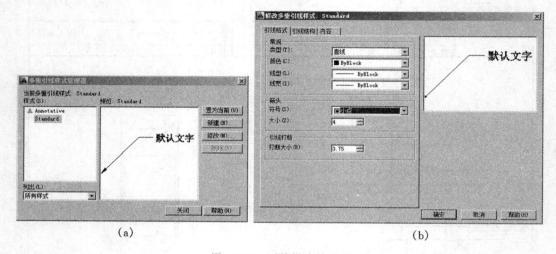

(a)　　　　　　　　　　　　　　　　　　　　　(b)

图9-22　引线样式的设置

② 零件序号的编写　在【多重引线】工具条中,单击 "多重引线"按钮(图9-21),画指引线,然后单击【文字】工具条中的 A "多行文字"按钮写出零件序号,图9-23为在主视图中完成的4个零件的序号编写。

(6)填写标题栏和明细栏

调用事先画好并存储的明细栏、标题栏图形文件。单击【文字】工具条中的【多行文字】按钮,填写明细栏和标题栏等相关内容。

图9-23是用AutoCAD拼画的低速滑轮装配图,主视图用于表达装配关系和工作原理,俯视图主要表达低速滑轮的外形。

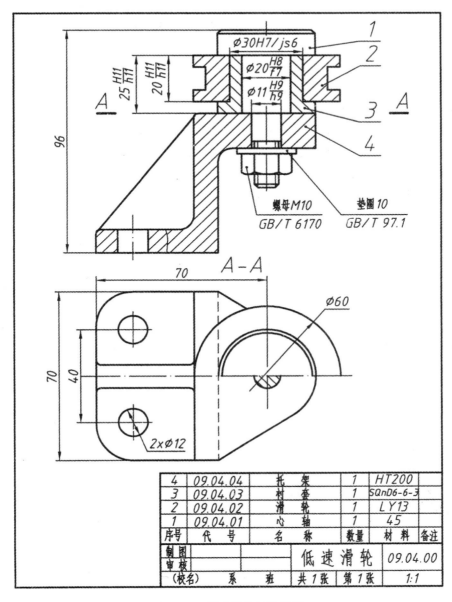

图 9 - 23　低速滑轮的装配图

小　结

　　装配图是工程图样的重要组成部分之一，是工程技术人员设计、了解机器设备必须掌握的基础知识。本章主要介绍装配图的作用和内容、装配图的图样画法和尺寸注法、零、部件编号、明细栏和标题栏、装配图的结构合理性及装配图画法以及阅读装配图及拆画零件图的方法。

本章学习的重点内容是装配图的画法；阅读装配图及拆画零件图。

本章学习的难点是阅读装配图及拆画零件图。

复习思考题

1. 一张完整的装配图应包括哪些内容？

2. 在装配图的视图表达中常采用哪些画法？

3. 在装配图上要标注哪几类尺寸？

4. 在装配图中，如何编制和编排零（部）件的序号？

5. 试述读装配图的方法和步骤。

6. 拆画零件图时如何进行视图选择和尺寸标注？

附录

为了配合作业需要,便于学生查阅,附录中的图、表都是相应标准的摘录。

一、常用零件结构要素

1. 零件倒圆与倒角(摘自 GB/T 6403.4—2008)

零件倒角与倒角的取值见附表1和附表2。

附表 1　零件倒圆与倒角系列值　　　　　　　　　　　　(单位:mm)

R、C尺寸系列值
0.1,0.2,0.3,0.4,0.5,0.6,0.8,1.0,1.2,1.6,2.0,2.5,3.0,4.0,5.0,6.0,8.0,10,12,16,20,25,32,40,50

尺寸规定:

①倒角为 45°。

②R_1、C_1 的偏差为正;R、C 的偏差为负。

③按上述关系装配时,内角与外角取值要适当。外角的倒圆或倒角过大会影响零件工作面,内角的倒圆或倒角过小会产生应力集中。

④左起第三种装配方式,内角倒角,外角倒圆时,C 的最大值 C_{max} 与 R_1 的关系如下:

R_1	0.1	0.2	0.3	0.4	0.5	0.6	0.8	1.0	1.2	1.6	2.0	2.5	3.0	4.0	5.0	6.0	8.0	10	12	16	20	25
C_{max}	—	0.1	0.1	0.2	0.2	0.3	0.4	0.5	0.6	0.8	1.0	1.2	1.6	2.0	2.5	3.0	4.0	5.0	6.0	8.0	10	12

附表 2　与直径 ϕ 相应的倒角 C、倒圆 R 的推荐值　　　　　(单位:mm)

ϕ	<3	>3~6	>6~10	>10~18	>18~30	>30~50	>50~80	>80~120	>120~180
C 或 R	0.2	0.4	0.6	0.8	1.0	1.6	2.0	2.5	3.0
ϕ	>180~250	>250~320	>320~400	>400~500	>500~630	>630~800	>800~1000	>1000~1250	>1250~1600
C 或 R	4.0	5.0	6.0	8.0	10	12	16	20	25

说明:表中"C"为倒角在轴线方向的长度,与倒角注法中符号 C 的含义不同。

2. 砂轮越程槽(摘自 GB/T 6403.5—2008)

砂轮越程槽的型式见附图 1,其尺寸见附表 3。

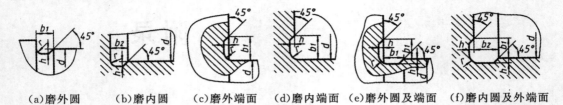

（a）磨外圆   （b）磨内圆   （c）磨外端面   （d）磨内端面   （e）磨外圆及端面   （f）磨内圆及外端面

附图 1   回转面及端面砂轮越程槽的型式

附表 3   回转面及端面砂轮越程槽的尺寸 (单位:mm)

b_1	0.6	1.0	1.6	2.0	3.0	4.0	5.0	8.0	10
b_2	2.0	3.0		4.0		5.0		8.0	10
h	0.1	0.2		0.3	0.4		0.6	0.8	1.2
r	0.2	0.5		0.8	1.0		1.6	2.0	3.0
d	~10			10~50		50~100		100	

注:① 越程槽内与直线相交处,不允许产生尖角。

　　② 越程槽深度 h 与圆弧半径 r,要满足 $r \leqslant 3h$。

3. 普通螺纹退刀槽和倒角(GB/T 3—1997)

内、外螺纹端面倒角见附图 2,内、外螺纹退刀槽尺寸见附表 4。

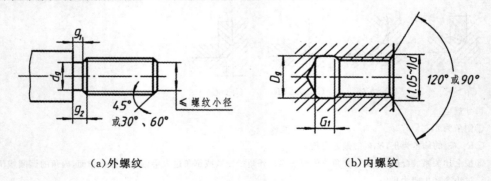

（a）外螺纹   （b）内螺纹

附图 2   内、外螺纹端面倒角

附表 4   内、外螺纹退刀槽尺寸 (单位:mm)

螺距	外螺纹			内螺纹		螺距	外螺纹			内螺纹	
	g_{2max}	g_{1min}	d_g	G_1	D_g		g_{2max}	g_{1min}	d_g	G_1	D_g
0.5	1.5	0.8	$d-0.8$	2		1.75	5.25	3	$d-2.6$	7	
0.7	2.1	1.1	$d-1.1$	2.8	$D+0.3$	2	6	3.4	$d-3$	8	
0.8	2.4	1.3	$d-1.3$	3.2		2.5	7.5	4.4	$d-3.6$	10	
1	3	1.6	$d-1.6$	4		3	9	5.2	$d-4.4$	12	$D+0.5$
1.25	3.75	2	$d-2$	5	$D+0.5$	3.5	10.5	6.2	$d-5$	14	
1.5	4.5	2.5	$d-2.3$	6		4	12	7	$d-5.7$	16	

4. 紧固件通孔及沉孔尺寸

紧固件通孔及沉孔尺寸见附表5。

附表5　紧固件通孔(摘自 GB/T 5277—1985)及沉孔尺寸(摘自 GB/T 152.2～152.4—1988)　　(单位:mm)

		螺纹规格 d	2	2.5	3	4	5	6	8	10	12	14	16	18	20	22	24
通孔直径		精装配	2.2	2.7	3.2	4.3	5.3	6.4	8.4	10.5	13	15	17	19	21	23	25
		中等装配	2.4	2.9	3.4	4.5	5.5	6.6	9	11	13.5	15.5	17.5	20	22	24	26
		粗装配	2.6	3.1	3.6	4.8	5.8	7	10	12	14.5	16.5	18.5	21	24	26	28
六角头螺栓和螺母用沉孔 t–刮平为止 GB/T 152.4-1988	用于标准对边宽度六角头螺栓及六角螺母	d_2 (H15)	6	8	9	10	11	13	18	22	26	30	33	36	40	43	48
		d_3	—	—	—	—	—	—	—	—	16	18	20	22	24	26	28
		d_1 (H13)	2.4	2.9	3.4	4.5	5.5	6.6	9	11	13.5	15.5	17.5	20	22	24	26
圆柱头用沉孔 GB/T 152.3-1988	用于 GB/T 70	d_2 (H13)	4.3	5.0	6.0	8.0	10	11	15	18	20	24	26	—	33	—	40
		t (H13)	2.3	2.9	3.4	4.6	5.7	6.8	9	11	13	15	17.5	—	21.5	—	25.5
		d_3	—	—	—	—	—	—	—	—	16	18	20	—	24	—	28
		d_1 (H13)	2.4	2.9	3.4	4.5	5.5	6.6	9	11	13.5	15.5	17.5	—	22	—	26
	用于 GB/T 65 及 GB/T 67	d_2 (H13)	—	—	—	8	10	11	15	18	20	24	26	—	33	—	—
		t (H13)	—	—	—	3.2	4	4.7	6	7	8	9	10.5	—	12.5	—	—
		d_3	—	—	—	—	—	—	—	—	16	18	20	—	24	—	—
		d_1 (H13)	—	—	—	4.5	5.5	6.6	9	11	13.5	15.5	17.5	—	22	—	—
沉头用沉孔 90° $^{-2°}_{-4°}$ GB/T 152.2-1988	用于沉头及半沉头螺钉	d_2 (H13)	4.5	5.6	6.4	9.6	10.6	12.8	17.6	20.3	24.4	28.4	32.4	—	40.4	—	—
		$t\approx$	1.2	1.5	1.6	2.7	2.7	3.3	4.6	5	6	7	8	—	10	—	—
		d_1 (H13)	2.4	2.9	3.4	4.5	5.5	6.6	9	11	13.5	15.5	17.5	—	22	—	—

注:尺寸下带括弧的为其公差带。

5. 粗牙螺栓、螺钉的拧入深度、攻螺纹深度和钻孔深度(JB/GQ 0126—1980)

粗牙螺栓、螺钉的拧入深度、攻螺纹深度和钻孔深度参见附图 3，其尺寸见附表 6。

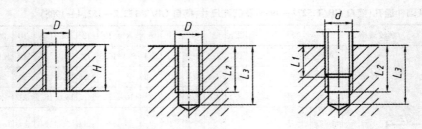

附图 3　粗牙螺栓、螺钉的拧入深度、攻螺纹深度和钻孔深度

附表 6　粗牙螺栓、螺钉的拧入深度、攻螺纹深度和钻孔深度尺寸　　　　　　（单位：mm）

公称直径 $D(d)$	钢和青铜				铸铁				铝			
	通孔拧入深度 H	盲孔拧入深度 L_1	攻螺纹深度 L_2	钻孔深度 L_3	通孔拧入深度 H	盲孔拧入深度 L_1	攻螺纹深度 L_2	钻孔深度 L_3	通孔拧入深度 H	盲孔拧入深度 L_1	攻螺纹深度 L_2	钻孔深度 L_3
3	4	3	4	7	6	5	6	9	8	6	7	10
4	5.5	4	5.5	9	8	6	7.5	11	10	8	10	14
5	7	5	7	11	10	8	10	14	12	10	12	16
6	8	6	8	13	12	10	12	17	15	12	15	20
8	10	8	10	16	15	12	14	20	20	16	18	24
10	12	10	13	20	18	15	18	25	24	20	23	30
12	15	12	15	24	22	18	21	30	28	24	27	36
16	20	16	20	30	28	24	28	38	36	32	36	46
20	25	20	24	36	35	30	35	47	45	40	45	57
24	30	24	30	44	42	35	42	55	65	48	54	68
30	36	30	36	52	50	45	52	68	70	60	67	84
36	45	36	44	62	65	55	64	82	80	72	80	98
42	50	42	50	72	75	62	74	95	95	85	94	115
48	60	48	58	82	85	75	85	108	105	95	105	128

二、螺纹

1. 普通螺纹(摘自 GB/T 193—2003、GB/T 196—2003)

标 记 示 例

粗牙普通螺纹，公称直径 10 mm，右旋，中径公差带代号 5g，顶径公差带代号 6g，短旋合长度的外螺纹，其标记为：
M10 - 5g6g - S。

细牙普通螺纹,公称直径 10 mm,螺距 1 mm,左旋,中径和顶径公差带代号都是 6H,中等旋合长度的内螺纹,其标记为:M10×1-LH。

公称直径与螺距标准组合系列、基本尺寸见附表 7。

附表 7　公称直径与螺距标准组合系列、基本尺寸　　　　　　　　　（单位:mm）

公称直径 D,d		螺距 P		粗牙小径 D_1,d_1	公称直径 D,d		螺距 P		粗牙小径 D_1,d_1
第一系列	第二系列	粗牙	细牙		第一系列	第二系列	粗牙	细牙	
3		0.5	0.35	2.459		22	2.5	2,1.5,1	19.294
	3.5	0.6		2.850	24		3		20.752
4		0.7	0.5	3.242		27	3		23.752
	4.5	0.75		3.688	30		3.5	(3),2,1.5,1	26.211
5		0.8		4.134		33	3.5	(3),2,1.5	29.211
6		1	0.75	4.917	36		4	3,2,1.5	31.670
8		1.25	1,0.75	6.647		39	4		34.670
10		1.5	1.25,1,0.75	8.376	42		4.5	4,3,2,1.5	37.129
12		1.75	1.25,1	10.106		45	4.5		40.129
	14	2	1.5,1.25,1	11.835	48		5		42.587
16		2	1.5,1	13.835		52	5		46.587
	18	2.5	2,1.5,1	15.294		56	5.5	4,3,2,1.5	50.046
20		2.5		17.294					

注:① 优先选用第一系列,括号内尺寸尽可能不用。第三系列未列入。

② 中径 D_2、d_2 未列入。

③ M14×1.25 仅用于火花塞;M35×1.5 仅用于滚动轴承锁紧螺母。

2. 梯形螺纹(摘自 GB/T 5796.3—2005)

梯形螺纹的公称直径与螺距参见附表 8。

标 记 示 例

单线梯形螺纹,公称直径 40 mm,螺距 7 mm,右旋,其代号为:Tr40×7。

多线梯形螺纹,公称直径 40 mm,导程 14 mm,螺距 7 mm,左旋,其代号为:Tr40×14(P7)LH。

附表 8　梯形螺纹的公称直径与螺距(摘自 GB/T 5796.3—2005)　　　　（单位:mm）

公称直径	第一系列	8		10		12		16		20		24		28		32		36		40		44		48		52		60		70
	第二系列		9		11		14		18		22		26		30		34		38		42		46		50		55		65	
螺距		1.5		1.5,2		2,3		2,4		3,5,8			3,6,10			3,7,10		3,7,12			3,8,12			3,9,14		4,10,16

3. 55°非密封管螺纹(摘自 GB/T 7307—2001)

55°非密封管螺纹的基本尺寸见附表 9。

标 记 示 例

管子尺寸代号为 3/4,左旋内螺纹:G3/4LH(右旋螺纹不注旋向)

管子尺寸代号为 1/2,A 级左旋外螺纹:G1/2A-LH

管子尺寸代号为 1/2,B 级左旋外螺纹:G1/2A-LH

附表 9   55°非密封管螺纹的基本尺寸

尺寸代号	每 25.4mm 内的牙数	螺距 P/mm	基本直径/mm	
			大径 D、d	小径 D_1、d_1
1/16	28	0.907	7.723	6.561
1/8	28	0.907	9.728	8.566
1/4	19	1.337	13.157	11.445
3/8	19	1.337	16.662	14.950
1/2	14	1.814	20.955	18.631
5/8	14	1.814	22.911	20.587
3/4	14	1.814	26.441	24.117
7/8	14	1.814	30.201	27.877
1	11	2.309	33.249	30.291
1⅛	11	2.309	37.897	34.939
1¼	11	2.309	41.910	38.952
1½	11	2.309	47.803	44.845
1¾	11	2.309	53.746	50.788
2	11	2.309	59.614	56.656
2¼	11	2.309	65.710	62.752
2½	11	2.309	75.184	72.226
2¾	11	2.309	81.534	78.576
3	11	2.309	87.884	84.926

三、常用紧固件

1. 螺栓

六角头螺栓的结构型式参见附图 4,其尺寸系列见附表 10。

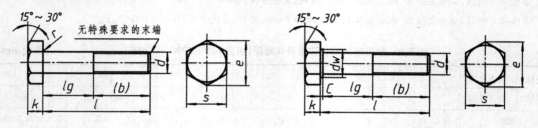

(a)六角头螺栓—C 级(GB/T5780-2000)   (b)六角头螺栓—A 级和 B 级(GB/T5782-2000)

附图 4   六角头螺栓的结构型式

标 记 示 例

螺纹规格 d＝M 12、公称长度 l＝80 mm、性能等级为 8.8 级、表面氧化、A 级的六角头螺栓：

螺栓　GB/T 5782　M12×80

附表 10　六角头螺栓的尺寸系列　　　　（单位:mm）

螺纹规格 d		M3	M4	M5	M6	M8	M10	M12	M16	M20	M24	M30	M36	M42
$b_{参考}$	$l \leqslant 125$	12	14	16	18	22	26	30	38	46	54	66	—	—
	$125 < l \leqslant 200$	18	20	22	24	28	32	36	44	52	60	72	84	96
	$l > 200$	31	33	35	37	41	45	49	57	65	73	85	97	109
c_{max}		0.4	0.4	0.5	0.5	0.6	0.6	0.6	0.8	0.8	0.8	0.8	0.8	1
d_w	产品等级 A	4.57	5.88	6.88	8.88	11.63	14.63	16.63	22.49	28.19	33.61	—	—	—
	B,C	4.45	5.74	6.74	8.74	11.47	14.47	16.47	22	27.7	33.25	42.75	51.11	59.95
e	产品等级 A	6.01	7.66	8.79	11.05	14.38	17.77	20.03	26.75	33.53	39.98	—	—	—
	B,C	5.88	7.50	8.63	10.89	14.20	17.59	19.85	26.17	32.95	39.55	50.85	60.79	72.02
k 公称		2	2.8	3.5	4	5.3	6.4	7.5	10	12.5	15	18.7	22.5	26
r		0.1	0.2	0.2	0.25	0.4	0.4	0.6	0.6	0.8	0.8	1	1	1.2
s 公称		5.5	7	8	10	13	16	18	24	30	36	46	55	65
l（商品规格范围）		20~30	25~40	25~50	30~60	40~80	45~100	50~120	65~160	80~200	90~240	110~300	140~360	160~440
l 公称		12,16,20,25,30,35,40,45,50,55,60,65,70,80,90,100,110,120,130,140,150,160,180,200,220,240,260,280,300,320,340,360,380,400,420,440,460,480,500												

注：① A 级用于 $d \leqslant 24$ mm 和 $l \leqslant 10d$ 或 $\leqslant 150$ mm 的螺栓；B 级用于 $d > 24$ mm 和 $l > 10d$ 或 >150 mm 的螺栓。

　　② 螺纹规格 d 范围：GB/T 5780—2000 为 M5~M64；GB/T 5782—2000 为 M1.6~M64。

　　③ 公称长度范围：GB/T 5780—2000 为 25 mm~500 mm；GB/T 5782—2000 为 12 mm~500 mm。

2. 双头螺柱

双头螺柱的结构型式参见附图 5,其尺寸系列见附表 11。

双头螺柱——b_m＝1d(GB/T 897—1988)；

双头螺柱——b_m＝1.25d(GB/T 898—1988)；

双头螺柱——b_m＝1.5d(GB/T 899—1988)；

双头螺柱——b_m＝2d(GB/T 900—1988)。

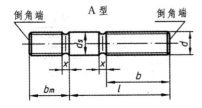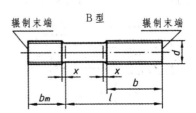

附图 5　双头螺柱的结构型式

标 记 示 例

两端均为粗牙普通螺纹，$d=10$ mm，$l=50$ mm，性能等级为 4.8 级、不经表面处理、B 型、$b_m=1d$ 的双头螺柱的标记为：

螺柱　GB/T　897　M10×50

旋入机体一端为粗牙普通螺纹，旋螺母一端为螺距 $P=1$ mm 的细牙普通螺纹，$d=10$ mm，$l=50$ mm，性能等级为 4.8 级、不经表面处理、A 型、$b_m=1d$ 的双头螺柱的标记为：

螺柱　GB/T　897　AM10—M10×1×50

旋入机体一端为过渡配合螺纹的第一种配合，旋螺母一端为粗牙普通螺纹，$d=10$mm，$l=50$mm，性能等级为 8.8 级、镀锌钝化、B 型、$b_m=1d$ 的双头螺柱的标记为：

螺柱　GB/T　897　GM10—M10×50—8.8—Zn·D

附表 11　双头螺柱的尺寸系列　　　　　　　　　　（单位：mm）

螺纹规格 d	M5	M6	M8	M10	M12	M16	M20	M24	M30	M36	M42
GB/T 897-1988	5	6	8	10	12	16	20	24	30	36	42
GB/T 898-1988	6	8	10	12	15	20	25	30	38	45	52
GB/T 899-1988	8	10	12	15	18	24	30	36	45	54	65
GB/T 900-1988	10	12	16	20	24	32	40	48	60	72	84
d_s	5	6	8	10	12	16	20	24	30	36	42
x	$1.5P$	$1.5P$	$1.5P$	$1.5P$	$1.5P$	$1.5P$	$1.5P$	$1.5P$	$1.5P$	$1.5P$	$1.5P$
$\dfrac{l}{b}$	$\dfrac{16\sim22}{10}$	$\dfrac{20\sim22}{10}$	$\dfrac{20\sim22}{10}$	$\dfrac{25\sim28}{14}$	$\dfrac{25\sim30}{16}$	$\dfrac{30\sim38}{20}$	$\dfrac{35\sim40}{25}$	$\dfrac{45\sim50}{30}$	$\dfrac{60\sim65}{40}$	$\dfrac{65\sim75}{45}$	$\dfrac{65\sim80}{50}$
	$\dfrac{25\sim50}{16}$	$\dfrac{25\sim30}{16}$	$\dfrac{25\sim30}{16}$	$\dfrac{30\sim38}{16}$	$\dfrac{32\sim40}{20}$	$\dfrac{40\sim55}{30}$	$\dfrac{45\sim65}{35}$	$\dfrac{55\sim75}{45}$	$\dfrac{70\sim90}{50}$	$\dfrac{80\sim110}{60}$	$\dfrac{85\sim110}{70}$
			$\dfrac{32\sim75}{18}$	$\dfrac{32\sim90}{22}$	$\dfrac{40\sim120}{26}$	$\dfrac{45\sim120}{30}$	$\dfrac{60\sim120}{38}$	$\dfrac{70\sim120}{46}$	$\dfrac{80\sim120}{54}$	$\dfrac{95\sim120}{60}$	$\dfrac{120}{78}$	$\dfrac{120}{90}$
					$\dfrac{130}{32}$	$\dfrac{130\sim180}{36}$	$\dfrac{130\sim200}{44}$	$\dfrac{130\sim200}{52}$	$\dfrac{130\sim200}{60}$	$\dfrac{130\sim200}{72}$	$\dfrac{130\sim200}{84}$	$\dfrac{130\sim200}{96}$
										$\dfrac{210\sim250}{85}$	$\dfrac{210\sim300}{91}$	$\dfrac{210\sim300}{109}$
l 系列	16,(18),20,(22),25,(28),30,(32),35,(38),40,45,50,(55),60,(65),70,(75),80,(85),90, (95),100,110,120,130,140,150,160,170,180,190,200,210,220,230,240,250,260,280,300											

注：P 是粗牙螺纹的螺距。

3. 螺钉

（1）开槽圆柱头螺钉（GB/T65—2000）、开槽盘头螺钉（GB/T67—2008）　　螺钉的结构型式见附图 6，其尺寸系列参见附表 12。

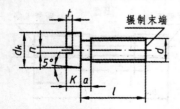　　　　　　　　　　

（a）开槽圆柱头螺钉（GB/T 65—2000）　　　（b）开槽盘头螺钉（GB/T 67—2008）

附图 6　螺钉的结构型式

标 记 示 例

螺纹规格 d＝M5、公称长度 l＝20 mm、性能等级为 4.8 级、不经表面处理的 A 级开槽圆柱头螺钉：

螺钉　GB/T 65　M5×20

附表 12　螺钉的尺寸系列　　　　　　　（单位：mm）

螺纹规格 d			M3	M4	M5	M6	M8	M10
a　max			1	1.4	1.6	2	2.5	3
b　min			25	38	38	38	38	38
n　公称			0.8	1.2	1.2	1.6	2	2.5
GB/T65—2000	d_k	max	5.5	7	8.5	10	13	16
		min	5.32	6.78	8.28	9.78	12.73	15.73
	k	max	2	2.6	3.3	3.9	5	6
		min	1.86	2.46	3.12	3.6	4.7	5.7
	t　min		0.85	1.1	1.3	1.6	2	2.4
GB/T67—2008	d_k	max	5.6	8	9.5	12	16	20
		min	5.3	7.64	9.14	11.57	15.57	19.48
	k	max	1.80	2.40	3.00	3.6	4.8	6.0
		min	1.66	2.26	2.86	3.3	4.5	5.7
	t　min		0.7	1	1.2	1.4	1.9	2.4
GB/T65—2000	$\dfrac{l}{b}$		$\dfrac{4\sim30}{l-a}$	$\dfrac{5\sim40}{l-a}$	$\dfrac{6\sim40}{l-a}$ $\dfrac{45\sim50}{b}$	$\dfrac{8\sim40}{l-a}$ $\dfrac{45\sim60}{b}$	$\dfrac{10\sim40}{l-a}$ $\dfrac{45\sim80}{b}$	$\dfrac{12\sim40}{l-a}$ $\dfrac{45\sim80}{b}$

注：① 表中型式 $(4\sim30)/(l-a)$ 表示全螺纹，其余同。

　② 螺钉的长度系列 l 为：2,2.5,3,4,5,6,8,10,12,(14),16,20,25,30,35,40,45,50,(55),60(65),70,(75),80,尽可能不采用括号内的规格。

　　(2) 开槽沉头螺钉 (GB/T 68—2000)、十字槽沉头螺钉 (GB/T 819.1—2000)、十字槽半沉头螺钉 (GB/T 820—2000)　沉头螺钉的结构型式参见附图 7，其尺寸系列参见附表 13。

标 记 示 例

螺纹规格 d＝M 5、公称长度 l＝20 mm、性能等级为 4.8 级、不经表面处理的开槽沉头螺钉，其标记为：

螺钉　GB/T 68　M 5×20

螺纹规格 d＝M 5、公称长度 l＝20 mm、性能等级为 4.8 级、不经表面处理的 H 型十字槽沉头螺钉，其标记为：

螺钉　GB/T 819.1　M 5×20

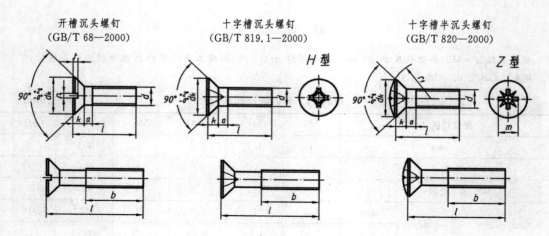

开槽沉头螺钉
（GB/T 68—2000）

十字槽沉头螺钉
（GB/T 819.1—2000）

十字槽半沉头螺钉
（GB/T 820—2000）

附图7　沉头螺钉的结构型式

附表13　沉头螺钉的尺寸系列　　　　（单位：mm）

螺纹规格 d		M2	M2.5	M3	M4	M5	M6	M8	M10
a max		0.8	0.9	1	1.4	1.6	2	2.5	3
b min		25	25	25	38	38	38	38	38
d_k 实际值	max	3.8	4.7	5.5	8.4	9.3	11.3	15.8	18.3
	min	3.5	4.4	5.2	8.04	8.94	10.87	15.37	17.78
k 公称＝max		1.2	1.5	1.65	2.7	2.7	3.3	4.65	5
r_f		4	5	6	9.5	9.5	12	16.5	19.5
n 公称		0.5	0.6	0.8	1.2	1.2	1.6	2	2.5
t	min	0.4	0.5	0.6	1	1.1	1.2	1.8	2
	max	0.6	0.75	0.85	1.3	1.4	1.6	2.3	2.6
H型十字槽 m 参考	GB/T 819.1	1.9	2.9	3.2	4.6	5.2	6.8	8.9	10
	GB/T820	2	3	3.4	5.2	5.4	7.3	9.6	10.4
l 公称（系列值）		2.5,3,4,5,6,8,10,12,(14),16,20,25,30,35,40,45,50,(55),60,(65),70(75),80							

注：① l 公称值尽可能不采用括号内的规格。

② GB/T 68—2000 当 d≤3 mm、l≤30 mm 时，及当 d＞3 mm、l≤45 mm 时，杆部制出全螺纹。

③ 螺纹规格 d 从 M1.6～M10。

④ GB/T 819.1—2000 公称长度 l 从 3～60 mm，当 d≤3 mm、l≤35 mm 时，及当 d≥4 mm、l≤45 mm 时，杆部制出全螺纹。

（3）紧定螺钉　紧定螺钉的结构型式参见附图8，其尺寸系列见附表14。

标　记　示　例

螺纹规格 d＝M 5、公称长度 l＝12 mm、性能等级为 14H 级、表面氧化的开槽锥端紧定螺钉，其标记为：

螺钉　GB/T 71　M 5×12

螺纹规格 d＝M 8、公称长度 l＝20 mm、性能等级为 14H 级、表面氧化的开槽长圆柱端紧定螺钉，其标记为：

螺钉　GB/T 75　M 8×20

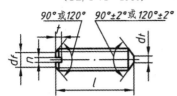
开槽锥端紧定螺钉
（GB/T 71—1985）

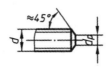
开槽平端紧定螺钉
（GB/T 73—1985）

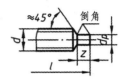
开槽长圆柱端紧定螺钉
（GB/T 75—1985）

附图 8　紧定螺钉的结构型式

附表 14　紧定螺钉的尺寸系列　　　　　　　　　　　　　　　　（单位：mm）

螺纹规格 d		M1.6	M2	M2.5	M3	M4	M5	M6	M8	M10	M12
P（螺距）		0.35	0.4	0.45	0.5	0.7	0.8	1	1.25	1.5	1.75
n		0.25	0.25	0.4	0.4	0.6	0.8	1	1.2	1.6	2
t		0.74	0.84	0.95	1.05	1.42	1.63	2	2.5	3	3.6
d_t		0.16	0.2	0.25	0.3	0.4	0.5	1.5	2	2.5	3
d_p		0.8	1	1.5	2	2.5	3.5	4	5.5	7	8.5
z		1.05	1.25	1.5	1.75	2.25	2.75	3.25	4.3	5.3	6.3
l	GB/T 71—1985	2～8	3～10	3～12	4～16	6～20	8～25	8～30	10～40	12～50	14～60
	GB/T 73—1985	2～8	2～10	2.5～12	3～16	4～20	5～25	6～30	8～40	10～50	12～60
	GB/T 75—1985	2.5～8	3～10	4～12	5～16	6～20	8～25	10～30	10～40	12～50	14～60
l 系列		2,2.5,3,4,5,6,8,10,12,(14),16,20,25,30,35,40,45,50,(55),60									

注：① l 为公称长度。

　　② 括号内的规格尽可能不采用。

4. 六角螺母

六角螺母的结构型式参见附图 9，其尺寸系列见附表 15。

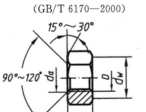
1 型六角螺母—A 级和 B 级
（GB/T 6170—2000）

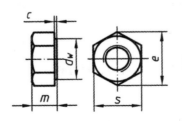
2 型六角螺母—A 级和 B 级
（GB/T 6175—2000）

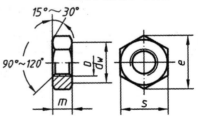
六角螺母—A 级和 B 级—倒角
（GB/T 6172.1—2000）

附图 9　六角螺母的结构型式

标 记 示 例

螺纹规格 D＝M 12、性能等级为 8 级、不经表面处理、产品等级为 A 级的 1 型六角螺母，其标记为

螺母　GB/T 6170　M 12

附表15　六角螺母尺寸系列　　　　　　　　　　　　　　　　（单位:mm）

螺纹规格 D		M3	M4	M5	M6	M8	M10	M12	M16	M20	M24	M30	M36
e_{min}		6.01	7.66	8.79	11.05	14.38	17.77	20.03	26.75	32.95	39.55	50.85	60.79
s	max	5.5	7	8	10	13	16	18	24	30	36	46	55
	min	5.32	6.78	7.78	9.78	12.73	15.73	17.73	23.67	29.16	35	45	53.8
c_{max}		0.4	0.4	0.5	0.5	0.6	0.6	0.6	0.8	0.8	0.8	0.8	0.8
d_{wmin}		4.6	5.9	6.9	8.9	11.6	14.6	16.6	22.5	27.7	33.2	42.7	51.1
d_{amax}		3.45	4.6	5.75	6.75	8.75	10.8	13	17.3	21.6	25.9	32.4	38.9
GB/T 6170	max	2.4	3.2	4.7	5.2	6.8	8.4	10.8	14.8	18	21.5	25.6	31
—2000 m	min	2.15	2.9	4.4	4.9	6.44	8.04	10.37	14.1	16.9	20.2	24.3	29.4
GB/T 6172.1	max	1.8	2.2	2.7	3.2	4	5	6	8	10	12	15	18
—2000 m	min	1.55	1.95	2.45	2.9	3.7	4.7	5.7	7.42	9.10	10.9	13.9	16.9
GB/T 6175	max	—	—	5.1	5.7	7.5	9.3	12	16.4	20.3	23.9	28.6	34.7
—2000 m	min	—	—	4.8	5.4	7.14	8.94	11.57	15.7	19	22.6	27.3	33.1

注:① GB/T 6170—2000 和 GB/T 6172.1—2000 的螺纹规格为 M1.6~M64;GB/T 6175—2000 的螺纹规格为 M5~M36。
　　② A 级用于 $D \leqslant 16$ mm;B 级用于 $D > 16$ mm。

5. 垫圈

（1）平垫圈　平垫圈的结构型式参见附图10,其尺寸系列见附表16。

标　记　示　例

标准系列、公称规格 8 mm,性能等级为 200HV 级,不经表面处理、产品等级为 A 级的平垫圈:

垫圈　GB/T 97.1　8

小垫圈—A 级　　　　　　　平垫圈—A 级　　　　　　　　平垫圈　倒角型—A 级
（GB/T 848—2002）　　　　（GB/T 97.1—2002）　　　　　（GB/T 97.2—2002）

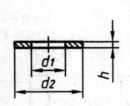
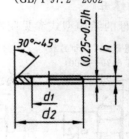

附图10　平垫圈的结构型式

附表16　平垫圈的尺寸系列　　　　　　　　　　　　　　　　（单位:mm）

公称规格 （螺纹大径 d）		1.6	2	2.5	3	4	5	6	8	10	12	14	16	20	24	30	36
d_1	GB/T 848—2002 GB/T 97.1—2002	1.7	2.2	2.7	3.2	4.3	5.3	6.4	8.4	10.5	13	15	17	21	25	31	37
	GB/T 97.2—2002	—	—	—	—	—	5.3	6.4	8.4	10.5	13	15	17	21	25	31	37

公称规格 （螺纹大径 d）		1.6	2	2.5	3	4	5	6	8	10	12	14	16	20	24	30	36
d₂	GB/T 848—2002	3.5	4.5	5	6	8	9	11	15	18	20	24	28	34	39	50	60
	GB/T 97.1—2002	4	5	6	7	9	10	12	16	20	24	28	30	37	44	56	66
	GB/T 97.2—2002	—	—	—	—	—	10	12	16	20	24	28	30	37	44	56	66
h	GB/T 848—2002 GB/T 97.1—2002	0.3	0.3	0.5	0.5	0.8	1	1.6	1.6	2	2.5	2.5	3	3	4	4	5
	GB/T 97.2—2002	—	—	—	—	—	1	1.6	1.6	2	2.5	2.5	3	3	4	4	5

（2）弹簧垫圈　弹簧垫圈的结构型式参见附图11,其尺寸系列见附表17。

标准型弹簧垫圈
（GB/T 93—1987）

轻型弹簧垫圈
（GB/T 859—1987）

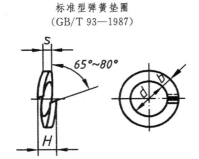

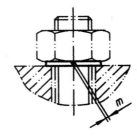

附图 11 -弹簧垫圈的结构型式

标 记 示 例

规格为 16 mm、材料为 65 Mn、表面氧化的标准型弹簧垫圈:

垫圈　GB/T 93　16

附表 17　弹簧垫圈的尺寸系列　　（单位:mm）

规格（螺纹大径）		3	4	5	6	8	10	12	(14)	16	(18)	20	(22)	24	(27)	30
d		3.1	4.1	5.1	6.1	8.1	10.2	12.2	14.2	16.2	18.2	20.2	22.5	24.5	27.5	30.5
H	GB/T 93—1987	1.6	2.2	2.6	3.2	4.2	5.2	6.2	7.2	8.2	9	10	11	12	13.6	15
	GB/T 859—1987	1.2	1.6	2.2	2.6	3.2	4	5	6	6.4	7.2	8	9	10	11	12
S(b)	GB/T 93—1987	0.8	1.1	1.3	1.6	2.1	2.6	3.1	3.6	4.1	4.5	5	5.5	6	6.8	7.5
S	GB/T 859—1987	0.6	0.8	1.1	1.3	1.6	2	2.5	3	3.2	3.6	4	4.5	5	5.5	6
m≤	GB/T 93—1987	0.4	0.55	0.65	0.8	1.05	1.3	1.55	1.8	2.05	2.25	2.5	2.75	3	3.4	3.75
	GB/T 859—1987	0.3	0.4	0.55	0.65	0.8	1	1.25	1.5	1.6	1.8	2	2.25	2.5	2.75	3
b	GB/T 859—1987	1	1.2	1.5	2	2.5	3	3.5	4	4.5	5	5.5	6	7	8	9

注:括号内的规格尽可能不采用。

四、常用键与销

1. 平键

（1）平键和键槽的剖面尺寸（GB/T 1095—2003）　平键和键槽的结构参见附图12，其尺寸系列参见附表18。

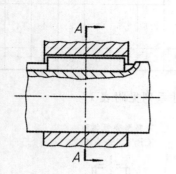
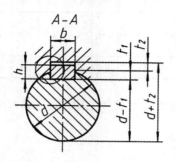
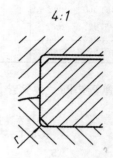

附图12　平键和键槽的结构

附表18　平键和键槽的剖面尺寸　　　　　　　　　　　　　（单位：mm）

轴	键	键槽											
			宽度 b					深度				半径 r	
公称直径 d	键尺寸 $b \times h$	基本尺寸	极限偏差					轴 t_1		毂 t_2			
			正常联结		紧密联结	松联结		基本尺寸	极限偏差	基本尺寸	极限偏差		
			轴 N9	毂 JS9	轴和毂 P9	轴 H9	毂 D10					min	max
自6~8	2×2	2	−0.004 −0.029	±0.0125	−0.006 −0.031	+0.025 0	+0.060 +0.020	1.2	+0.1 0	1.0	+0.1 0	0.08	0.16
>8~10	3×3	3						1.8		1.4			
>10~12	4×4	4	0 −0.030	±0.015	−0.012 −0.042	+0.030 0	+0.078 +0.030	2.5		1.8		0.16	0.25
>12~17	5×5	5						3.0		2.3			
>17~22	6×6	6						3.5		2.8			
>22~30	8×7	8	0 −0.036	±0.018	−0.015 −0.051	+0.036 0	+0.098 +0.040	4.0	+0.2 0	3.3	+0.2 0		
>30~38	10×8	10						5.0		3.3			
>38~44	12×8	12	0 −0.043	±0.0215	−0.018 −0.061	+0.043 0	+0.120 +0.050	5.0		3.3		0.25	0.40
>44~50	14×9	14						5.5		3.8			
>50~58	16×10	16						6.0		4.3			
>58~65	18×11	18						7.0		4.4			
>65~75	20×12	20	0 −0.052	±0.026	+0.022 −0.074	+0.052 0	+0.149 +0.065	7.5	+0.2 0	4.9	+0.2 0	0.40	0.60
>75~85	22×14	22						9.0		5.4			
>85~95	25×14	25						9.0		5.4			
>95~110	28×16	28						10.0		6.4			
>110~130	32×18	32						11.0		7.4			

注：在标准表中没有第一列"公称直径 d"这项内容，作者加上这一列是帮助初学者根据轴径 d 来确定键尺寸 $b \times h$。

（2）普通平键型式尺寸（GB/T 1096—2003）　普通平键的结构型式参见附图 13，其尺寸参见附表 19。

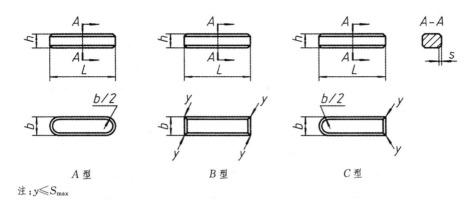

A 型　　　　　　　　　　B 型　　　　　　　　　　C 型

注：$y \leqslant S_{\max}$

附图 13　普通平键的结构型式

标 记 示 例

普通 A 型平键、$b=18$ mm，$h=11$ mm，$L=100$ mm，其标记为：GB/T 1096　键　　18×11×100

普通 B 型平键、$b=18$ mm，$h=11$ mm，$L=100$ mm，其标记为：GB/T 1096　键　B　18×11×100

普通 C 型平键、$b=18$ mm，$h=11$ mm，$L=100$ mm，其标记为：GB/T 1096　键　C　18×11×100

附表 19　普通平键的尺寸　　　　　　　　　　　　　　　　　　　　（单位：mm）

宽度 b	公称尺寸	2	3	4	5	6	8	10	12	14	16	18	20	22
	极限偏差 (h8)	0 −0.014		0 −0.018			0 −0.022		0 −0.027			0 −0.033		
高度 h	公称尺寸	2	3	4	5	6	7	8	8	9	10	11	12	14
	极限偏差 矩形 (h11)	—		—				0 −0.090			0 −0.010			
	方形 (h8)	0 −0.014		0 −0.018										
倒角或圆角 s		0.16~0.25			0.25~0.40				0.40~0.60				0.60~0.80	

长度 L														
公称尺寸	极限偏差 (h14)													
6	0 −0.36			—	—	—	—	—	—	—	—	—	—	—
8				—	—	—	—	—	—	—	—	—	—	—
10														

续附表 19

长度 L															
公称尺寸	极限偏差 (h14)														
12	0 −0.43						—		—	—	—	—	—	—	—
14							—		—	—	—		—	—	—
16							—		—	—	—		—	—	—
18							—		—	—	—		—	—	—
20	0 −0.52						—		—	—	—		—	—	—
22			—		标准		—		—	—	—		—	—	—
25			—				—		—	—	—		—	—	—
28			—				—		—	—	—		—	—	—
32	0 −0.62		—				—		—	—	—		—	—	—
36			—				—		—	—	—		—	—	—
40			—	—			—		—	—	—		—	—	—
45			—	—			长度		—	—	—		—	—	—
50			—	—	—		—		—	—	—		—	—	—
56	0 −0.74		—	—	—		—		—	—	—		—	—	—
63			—	—	—	—			—	—	—		—	—	—
70			—	—	—	—			—	—	—		—	—	—
80			—	—	—	—			—	—	—		—	—	—
90	0 −0.87		—	—	—	—			范围	—	—		—	—	—
100			—	—	—	—			—	—	—		—	—	—
110			—	—	—	—	—		—	—	—		—	—	—

2. 销

(1)圆柱销(GB/T 119.1—2000)——不淬硬钢和奥氏体不锈钢　圆柱销的结构参见附图14,其尺寸参见附表20。

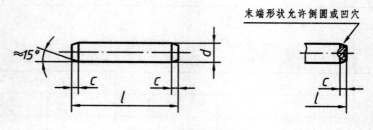

附图 14　圆柱销的结构

标 记 示 例

公称直径 $d=8$ mm、公差为 m 6、公称长度 $l=30$ mm、材料为钢、不经淬火、不经表面处理的圆柱销,其标记为:

销 GB/T 119.1 8m6×30

公称直径 $d=8$ mm、公差为 m 6、公称长度 $l=30$ mm、材料为 A1 组奥氏体不锈钢、表面简单处理的圆柱销,其标记为:

销 GB/T 119.1 8m6×30—A1

附表 20 圆柱销的尺寸 mm

公称直径 d(m6/h8)	0.6	0.8	1	1.2	1.5	2	2.5	3	4	5
$c\approx$	0.12	0.16	0.20	0.25	0.30	0.35	0.40	0.50	0.63	0.80
l(商品规格范围公称长度)	2~6	2~8	4~10	4~12	4~16	6~20	6~24	8~30	8~40	10~50
公称直径 d(m6/h8)	6	8	10	12	16	20	25	30	40	50
$c\approx$	1.2	1.6	2.0	2.5	3.0	3.5	4.0	5.0	6.3	8.0
l(商品规格范围公称长度)	12~60	14~80	18~95	22~140	26~180	35~200	50~200	60~200	80~200	95~200
l 公称(系列值)	2,3,4,5,6,8,10,12,14,16,18,20,22,24,26,28,30,32,35,40,45,50,55,60,65,70,75,80,85,90,95,100,120,140,160,180,200									

注:① 材料用钢时硬度要求为 125~245 HV30,用奥氏体不锈钢 Al(GB/T 3098.6)时硬度要求 210~280 HV30。
   ② 公差 m6:$Ra\leqslant0.8$ μm;公差 h8:$Ra\leqslant1.6$ μm。

(2)圆锥销(GB/T 117—2000) 圆锥销的结构型式参见附图 15,其尺寸系列见附表 21。

A 型(磨削)   B 型(切削成冷镦)

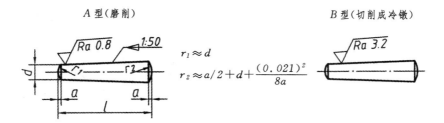

$$r_1\approx d$$
$$r_2\approx a/2+d+\frac{(0.021)^2}{8a}$$

附图 15 圆锥销的结构型式

标 记 示 例

公称直径 $d=10$ mm、长度 $l=60$ mm、材料为 35 钢、热处理硬度 28~38 HRC、表面氧化处理的 A 型圆锥销,其标记为:

销 GB/T 117 10×60

附表 21　圆锥销的尺寸系列　　　　　　　　　　　　（单位:mm）

d (公 称)	0.6	0.8	1	1.2	1.5	2	2.5	3	4	5
$a\approx$	0.08	0.1	0.12	0.16	0.2	0.25	0.3	0.4	0.5	0.63
l (商品规格范围公称长度)	4～8	5～12	6～16	6～20	8～24	10～35	10～35	12～45	14～55	18～60
d (公 称)	6	8	10	12	16	20	25	30	40	50
$a\approx$	0.8	1	1.2	1.6	2	2.5	3	4	5	6.3
l (商品规格范围公称长度)	22～90	22～120	26～160	32～180	40～200	45～200	50～200	55～200	60～200	65～200
l 系列	2,3,4,5,6,8,10,12,14,16,18,20,22,24,26,28,30,32,35,40,45,50,55,60,65,70,75,80,85,90,95,100,120,140,160,180,200									

（3）开口销（GB/T 91—2000）　　开口销的结构型式参见附图16,其尺寸系列见附表22。

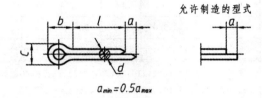

$a_{min}=0.5a_{max}$

附图 16　开口销的结构型式

标　记　示　例

公称直径 $d=5$ mm、长度 $l=50$ mm、材料为 Q215 或 Q235、不经表面处理的开口销,其标记为:

销　　GB/T 91　5×50

附表 22　开口销的尺寸系列　　　　　　　　　　　　（单位:mm）

公 称 规 格		0.6	0.8	1	1.2	1.6	2	2.5	3.2	4	5	6.3	8	10	13
d	max	0.5	0.7	0.9	1.0	1.4	1.8	2.3	2.9	3.7	4.6	5.9	7.5	9.5	12.4
	min	0.4	0.6	0.8	0.9	1.3	1.7	2.1	2.7	3.5	4.4	5.7	7.3	9.3	12.1
C	max	1	1.4	1.8	2	2.8	3.6	4.6	5.8	7.4	9.2	11.8	15	19	24.8
	min	0.9	1.2	1.6	1.7	2.4	3.2	4	5.1	6.5	8	10.3	13.1	16.6	21.7
$b\approx$		2	2.4	3	3	3.2	4	5	6.4	8	10	12.6	16	20	26
a_{max}		1.6	1.6	1.6	2.5	2.5	2.5	2.5	3.2	4	4	4	4	6.3	6.3
l (商品规格范围公称长度)		4～12	5～16	6～20	8～26	8～32	10～40	12～50	14～65	18～80	22～100	30～120	40～160	45～200	70～200
l 系列		4,5,6,8,10,12,14,16,18,20,22,24,26,28,30,32,36,40,45,50,55,60,65,70,75,80,85,90,95,100,120,140,160,180,200													

注:公称规格等于开口销孔直径。对销孔直径推荐的公差为:公称规格≤1.2:H13;公称规格>1.2:H14。

五、极限与配合

极限与配合的具体数值参见附表 23～附表 27。

附表 23　公称尺寸至 500 mm 的标准公差数值(摘自 GB/T 1800.1—2009)　μm

公称尺寸 (mm)		标准公差等级																	
大于	至	IT1	IT2	IT3	IT4	IT5	IT6	IT7	IT8	IT9	IT10	IT11	IT12	IT13	IT14	IT15	IT16	IT17	IT18
		μm											mm						
—	3	0.8	1.2	2	3	4	6	10	14	25	40	60	0.1	0.14	0.25	0.4	0.6	1	1.4
3	6	1	1.5	2.5	4	5	8	12	18	30	48	75	0.12	0.18	0.3	0.48	0.75	1.2	1.8
6	10	1	1.5	2.5	4	6	9	15	22	36	58	90	0.15	0.22	0.36	0.58	0.9	1.5	2.2
10	18	1.2	2	3	5	8	11	18	27	43	70	110	0.18	0.27	0.43	0.7	1.1	1.8	2.7
18	30	1.5	2.5	4	6	9	13	21	33	52	84	130	0.21	0.33	0.52	0.84	1.3	2.1	3.3
30	50	1.5	2.5	4	7	11	16	25	39	62	100	160	0.25	0.39	0.62	1	1.6	2.5	3.9
50	80	2	3	5	8	13	19	30	46	74	120	190	0.3	0.46	0.74	1.2	1.9	3	4.6
80	120	2.5	4	6	10	15	22	35	54	87	140	220	0.35	0.54	0.87	1.4	2.2	3.5	5.4
120	180	3.5	5	8	12	18	25	40	63	100	160	250	0.4	0.63	1	1.6	2.5	4	6.3
180	250	4.5	7	10	14	20	29	46	72	115	185	290	0.46	0.72	1.15	1.85	2.9	4.6	7.2
250	315	6	8	12	16	23	32	52	81	130	210	320	0.52	0.81	1.3	2.1	3.2	5.2	8.1
315	400	7	9	13	18	25	36	57	89	140	230	360	0.57	0.89	1.4	2.3	3.6	5.7	8.9
400	500	8	10	15	20	27	40	63	97	155	250	400	0.63	0.97	1.55	2.5	4	6.3	9.7

注:公称尺寸小于或等于 1mm 时,无 IT14 至 IT18。

附表 24　轴的基本偏差数值

基本偏差数值

公称尺寸（mm）		上 偏 差 es												IT5 和 IT6	IT7	IT8
		所 有 标 准 公 差 等 级														
大于	至	a	b	c	cd	d	e	ef	f	fg	g	h	js	j		
—	3	−270	−140	−60	−34	−20	−14	−10	−6	−4	−2	0	偏差＝$\pm\dfrac{\mathrm{IT}_n}{2}$，式中 IT_n 是 IT 值数	−2	−4	−6
3	6	−270	−140	−70	−46	−30	−20	−14	−10	−6	−4	0		−2	−4	
6	10	−280	−150	−80	−56	−40	−25	−18	−13	−8	−5	0		−2	−5	
10	14	−290	−150	−95		−50	−32		−16		−6	0		−3	−6	
14	18															
18	24	−300	−160	−110		−65	−40		−20		−7	0		−4	−8	
24	30															
30	40	−310	−170	−120		−80	−50		−25		−9	0		−5	−10	
40	50	−320	−180	−130												
50	65	−340	−190	−140		−100	−60		−30		−10	0		−7	−12	
65	80	−360	−200	−150												
80	100	−380	−220	−170		−120	−72		−36		−12	0		−9	−15	
100	120	−410	−240	−180												
120	140	−460	−260	−200		−145	−85		−43		−14	0		−11	−18	
140	160	−520	−280	−210												
160	180	−580	−310	−230												
180	200	−660	−340	−240		−170	−100		−50		−15	0		−13	−21	
200	225	−740	−380	−260												
225	250	−820	−420	−280												
250	280	−920	−480	−300		−190	−110		−56		−17	0		−16	−26	
280	315	−1050	−540	−330												
315	355	−1200	−600	−360		−210	−125		−62		−18	0		−18	−28	
355	400	−1350	−680	−400												
400	450	−1500	−760	−440		−230	−135		−68		−20	0		−20	−32	
450	500	−1650	−840	−480												

注：① 基本尺寸小于或等于 1mm 时，基本偏差 a 和 b 均不采用。

　　② 公差带 js7 至 js11，若 IT_n 值是奇数，则取偏差＝$\pm\dfrac{\mathrm{IT}_n-1}{2}$。

（摘自 GB/T 1800.1—2009） （单位：μm）

IT4 至 IT7	≤IT3 >IT7	下偏差 ei 所有标准公差等级													
k		m	n	p	r	s	t	u	v	x	y	z	za	zb	zc
0	0	+2	+4	+6	+10	+14		+18		+20		+26	+32	+40	+60
+1	0	+4	+8	+12	+15	+19		+23		+28		+35	+42	+50	+80
+1	0	+6	+10	+15	+19	+23		+28		+34		+42	+52	+67	+97
+1	0	+7	+12	+18	+23	+28		+33		+40		+50	+64	+90	+130
							+39	+45				+60	+77	+108	+150
+2	0	+8	+15	+22	+28	+35		+41	+47	+54	+63	+73	+98	+136	+188
							+41	+48	+55	+64	+75	+88	+118	+160	+218
+2	0	+9	+17	+26	+34	+43	+48	+60	+68	+80	+94	+112	+148	+200	+274
							+54	+70	+81	+97	+114	+136	+180	+242	+325
+2	0	+11	+20	+32	+41	+53	+66	+87	+102	+122	+144	+172	+226	+300	+405
					+43	+59	+75	+102	+120	+146	+174	+210	+274	+360	+480
+3	0	+13	+23	+37	+51	+71	+91	+124	+146	+178	+214	+258	+335	+445	+585
					+54	+79	+104	+144	+172	+210	+254	+310	+400	+525	+690
+3	0	+15	+27	+43	+63	+92	+122	+170	+202	+248	+300	+365	+470	+620	+800
					+65	+100	+134	+190	+228	+280	+340	+415	+535	+700	+900
					+68	+108	+146	+210	+252	+310	+380	+465	+600	+780	+1000
+4	0	+17	+31	+50	+77	+122	+166	+236	+284	+350	+425	+520	+670	+880	+1150
					+80	+130	+180	+258	+310	+385	+470	+575	+740	+960	+1250
					+84	+140	+196	+284	+340	+425	+520	+640	+820	+1050	+1350
+4	0	+20	+34	+56	+94	+158	+218	+315	+385	+475	+580	+710	+920	+1200	+1550
					+98	+170	+240	+350	+425	+525	+650	+790	+1000	+1300	+1700
+4	0	+21	+37	+62	+108	+190	+268	+390	+475	+590	+730	+900	+1150	+1500	+1900
					+114	+208	+294	+435	+530	+660	+820	+1000	+1300	+1650	+2100
+5	0	+23	+40	+68	+126	+232	+330	+490	+595	+740	+920	+1100	+1450	+1850	+2400
					+132	+252	+360	+540	+660	+820	+1000	+1250	+1600	+2100	+2600

附表 25　孔的基本偏差数值

公称尺寸(mm) 大于	至	基本偏差数值 下偏差 EI — 所有标准公差等级 A	B	C	CD	D	E	EF	F	FG	G	H	JS	J IT6	J IT7	J IT8	K ≤IT8	K >IT8	M ≤IT8	M >IT8
—	3	+270	+140	+60	+34	+20	+14	+10	+6	+4	+2	0		+2	+4	+6	0	0	−2	−2
3	6	+270	+140	+70	+46	+30	+20	+14	+10	+6	+4	0		+5	+6	+10	−1+△		−4+△	−4
6	10	+280	+150	+80	+56	+40	+25	+18	+13	+8	+5	0		+5	+8	+12	−1+△		−6+△	−6
10	14	+290	+150	+95		+50	+32		+16		+6	0		+6	+10	+15	−1+△		−7+△	−7
14	18	+290	+150	+95		+50	+32		+16		+6	0		+6	+10	+15	−1+△		−7+△	−7
18	24	+300	+160	+110		+65	+40		+20		+7	0		+8	+12	+20	−2+△		−8+△	−8
24	30	+300	+160	+110		+65	+40		+20		+7	0		+8	+12	+20	−2+△		−8+△	−8
30	40	+310	+170	+120		+80	+50		+25		+9	0		+10	+14	+24	−2+△		−9+△	−9
40	50	+320	+180	+130		+80	+50		+25		+9	0		+10	+14	+24	−2+△		−9+△	−9
50	65	+340	+190	+140		+100	+60		+30		+10	0		+13	+18	+28	−2+△		−11+△	−11
65	80	+360	+200	+150		+100	+60		+30		+10	0		+13	+18	+28	−2+△		−11+△	−11
80	100	+380	+220	+170		+120	+72		+36		+12	0		+16	+22	+34	−3+△		−13+△	−13
100	120	+410	+240	+180		+120	+72		+36		+12	0		+16	+22	+34	−3+△		−13+△	−13
120	140	+460	+260	+200		+145	+85		+43		+14	0		+18	+26	+41	−3+△		−15+△	−15
140	160	+520	+280	+210		+145	+85		+43		+14	0		+18	+26	+41	−3+△		−15+△	−15
160	180	+580	+310	+230		+145	+85		+43		+14	0		+18	+26	+41	−3+△		−15+△	−15
180	200	+660	+340	+240		+170	+100		+50		+15	0		+22	+30	+47	−4+△		−17+△	−17
200	225	+740	+380	+260		+170	+100		+50		+15	0		+22	+30	+47	−4+△		−17+△	−17
225	250	+820	+420	+280		+170	+100		+50		+15	0		+22	+30	+47	−4+△		−17+△	−17
250	280	+920	+480	+300		+190	+110		+56		+17	0		+25	+36	+55	−4+△		−20+△	−20
280	315	+1050	+540	+330		+190	+110		+56		+17	0		+25	+36	+55	−4+△		−20+△	−20
315	355	+1200	+600	+360		+210	+125		+62		+18	0		+29	+39	+60	−4+△		−21+△	−21
355	400	+1350	+680	+400		+210	+125		+62		+18	0		+29	+39	+60	−4+△		−21+△	−21
400	450	+1500	+760	+440		+230	+135		+68		+20	0		+33	+43	+66	−5+△		−23+△	−23
450	500	+1650	+840	+480		+230	+135		+68		+20	0		+33	+43	+66	−5+△		−23+△	−23

JS 列：偏差 $=\pm\dfrac{IT_n}{2}$　式中 IT_n 是 IT 值数

注：(1) 基本尺寸小于或等于 1mm 时，基本偏差 A 和 B 及大于 IT8 的 N 均不采用。

(2) 公差带 JS7 至 JS11，若 IT_n 值数是奇数，则取偏差 $=\pm\dfrac{IT_n-1}{2}$。

（摘自 GB/T 1800.1—2009）　　　　　　　　　　　　　　　　　　　　　　（单位：μm）

上偏差 ES															△ 值					
N		P至ZC	标准公差等级大于IT7												标准公差等级					
≤IT8	>IT8	≤IT7	P	R	S	T	U	V	X	Y	Z	ZA	ZB	ZC	IT3	IT4	IT5	IT6	IT7	IT8
−4	−4		−6	−10	−14		−18		−20		−26	−32	−40	−60	0	0	0	0	0	0
−8+△	0	在大于IT7的相应数值上增加一个△值	−12	−15	−19		−23		−28	—	−35	−42	−50	−80	1	1.5	1	3	4	6
−10+△	0		−15	−19	−23		−28		−34		−42	−52	−67	−97	1	1.5	2	3	6	7
−12+△	0		−18	−23	−28		−33		−40		−50	−64	−90	−130	1	2	3	3	7	9
								−39	−45		−60	−77	−108	−150						
−15+△	0		−22	−28	−35		−41	−47	−54	−63	−73	−98	−136	−188	1.5	2	3	4	8	12
						−41	−48	−55	−64	−75	−88	−118	−160	−218						
−17+△	0		−26	−34	−43	−48	−60	−68	−80	−94	−112	−148	−200	−274	1.5	3	4	5	9	14
						−54	−70	−81	−97	−114	−136	−180	−242	−325						
−20+△	0		−32	−41	−53	−66	−87	−102	−122	−144	−172	−226	−300	−405	2	3	5	6	11	16
				−43	−59	−75	−102	−120	−146	−174	−210	−274	−360	−480						
−23+△	0		−37	−51	−71	−91	−124	−146	−178	−214	−258	−335	−445	−585	2	4	5	7	13	19
				−54	−79	−104	−144	−172	−210	−254	−310	−400	−525	−690						
−27+△	0		−43	−63	−92	−122	−170	−202	−248	−300	−365	−470	−620	−800	3	4	6	7	15	23
				−65	−100	−134	−190	−228	−280	−340	−415	−535	−700	−900						
				−68	−108	−146	−210	−252	−310	−380	−465	−600	−780	−1000						
−31+△	0		−50	−77	−122	−166	−236	−284	−350	−425	−520	−670	−880	−1150	3	4	6	9	17	26
				−80	−130	−180	−258	−310	−385	−470	−575	−740	−960	−1250						
				−84	−140	−196	−284	−340	−425	−520	−640	−820	−1050	−1350						
−34+△	0		−56	−94	−158	−218	−315	−385	−475	−580	−710	−920	−1200	−1550	4	4	7	9	20	29
				−98	−170	−240	−350	−425	−525	−650	−790	−1000	−1300	−1700						
−37+△	0		−62	−108	−190	−268	−390	−475	−590	−730	−900	−1150	−1500	−1900	4	5	7	11	21	32
				−114	−208	−294	−435	−530	−660	−820	−1000	−1300	−1650	−2100						
−40+△	0		−68	−126	−232	−330	−490	−595	−740	−920	−1100	−1450	−1850	−2400	5	5	7	13	23	34
				−132	−252	−360	−540	−660	−820	−1000	−1250	−1600	−2100	−2600						

③ 对小于或等于 IT8 的 K,M,N 和小于或等于 IT7 的 P 至 ZC,所需 △ 值从表内右侧选取。例如:18～30mm 段的 K7:△＝8μm,所以 ES＝−2＋8＝＋6μm　　18～30mm 段的 S6:△＝4μm,所以 ES＝−35＋4＝−31μm

④ **特殊情况:**250～315mm 段的 M6,ES＝−9μm(代替−11μm)。

附表 26　优先配合中轴的极限偏差(摘自 GB/T 1800.2—2009)　　(单位：μm)

公称尺寸(mm) 大于	至	公差带 c 11	d 9	f 7	g 6	h 6	h 7	h 9	h 11	k 6	n 6	p 6	s 6	u 6
—	3	−60 −120	−20 −45	−6 −16	−2 −8	0 −6	0 −10	0 −25	0 −60	+6 0	+10 +4	+12 +6	+20 +14	+24 +18
3	6	−70 −145	−30 −60	−10 −22	−4 −12	0 −8	0 −12	0 −30	0 −75	+9 +1	+16 +8	+20 +12	+27 +19	+31 +23
6	10	−80 −170	−40 −76	−13 −28	−5 −14	0 −9	0 −15	0 −36	0 −90	+10 +1	+19 +10	+24 +15	+32 +23	+37 +28
10	14	−95 −205	−50 −93	−16 −34	−6 −17	0 −11	0 −18	0 −43	0 −110	+12 +1	+23 +12	+29 +18	+39 +28	+44 +33
14	18	−95 −205	−50 −93	−16 −34	−6 −17	0 −11	0 −18	0 −43	0 −110	+12 +1	+23 +12	+29 +18	+39 +28	+44 +33
18	24	−110 −240	−65 −117	−20 −41	−7 −20	0 −13	0 −21	0 −52	0 −130	+15 +2	+28 +15	+35 +22	+48 +35	+54 +41
24	30	−110 −240	−65 −117	−20 −41	−7 −20	0 −13	0 −21	0 −52	0 −130	+15 +2	+28 +15	+35 +22	+48 +35	+61 +48
30	40	−120 −280	−80 −142	−25 −50	−9 −25	0 −16	0 −25	0 −62	0 −160	+18 +2	+33 +17	+42 +26	+59 +43	+76 +60
40	50	−130 −290	−80 −142	−25 −50	−9 −25	0 −16	0 −25	0 −62	0 −160	+18 +2	+33 +17	+42 +26	+59 +43	+86 +70
50	65	−140 −330	−100 −174	−30 −60	−10 −29	0 −19	0 −30	0 −74	0 −190	+21 +2	+39 +20	+51 +32	+72 +53	+106 +87
65	80	−150 −340	−100 −174	−30 −60	−10 −29	0 −19	0 −30	0 −74	0 −190	+21 +2	+39 +20	+51 +32	+78 +59	+121 +102
80	100	−170 −390	−120 −207	−36 −71	−12 −34	0 −22	0 −35	0 −87	0 −220	+25 +3	+45 +23	+59 +37	+93 +71	+146 +124
100	120	−180 −400	−120 −207	−36 −71	−12 −34	0 −22	0 −35	0 −87	0 −220	+25 +3	+45 +23	+59 +37	+101 +79	+166 +144
120	140	−200 −450	−145 −245	−43 −83	−14 −39	0 −25	0 −40	0 −100	0 −250	+28 +3	+52 +27	+68 +43	+117 +92	+195 +170
140	160	−210 −460	−145 −245	−43 −83	−14 −39	0 −25	0 −40	0 −100	0 −250	+28 +3	+52 +27	+68 +43	+125 +100	+215 +190
160	180	−230 −480	−145 −245	−43 −83	−14 −39	0 −25	0 −40	0 −100	0 −250	+28 +3	+52 +27	+68 +43	+133 +108	+235 +210
180	200	−240 −530	−170 −285	−50 −96	−15 −44	0 −29	0 −46	0 −115	0 −290	+33 +4	+60 +31	+79 +50	+151 +122	+265 +236
200	225	−260 −550	−170 −285	−50 −96	−15 −44	0 −29	0 −46	0 −115	0 −290	+33 +4	+60 +31	+79 +50	+159 +130	+287 +258
225	250	−280 −570	−170 −285	−50 −96	−15 −44	0 −29	0 −46	0 −115	0 −290	+33 +4	+60 +31	+79 +50	+169 +140	+313 +284
250	280	−300 −620	−190 −320	−56 −108	−17 −49	0 −32	0 −52	0 −130	0 −320	+36 +4	+66 +34	+88 +56	+190 +158	+347 +315
280	315	−330 −650	−190 −320	−56 −108	−17 −49	0 −32	0 −52	0 −130	0 −320	+36 +4	+66 +34	+88 +56	+202 +170	+382 +350
315	355	−360 −720	−210 −350	−62 −119	−18 −54	0 −36	0 −57	0 −140	0 −360	+40 +4	+73 +37	+98 +62	+226 +190	+426 +390
355	400	−400 −760	−210 −350	−62 −119	−18 −54	0 −36	0 −57	0 −140	0 −360	+40 +4	+73 +37	+98 +62	+244 +208	+471 +435
400	450	−440 −840	−230 −385	−68 −131	−20 −60	0 −40	0 −63	0 −155	0 −400	+45 +5	+80 +40	+108 +68	+272 +232	+530 +490
450	500	−480 −880	−230 −385	−68 −131	−20 −60	0 −40	0 −63	0 −155	0 −400	+45 +5	+80 +40	+108 +68	+292 +252	+580 +540

附表 27　优先配合中孔的极限偏差(摘自 GB/T 1800.2—2009)　　(单位:μm)

公称尺寸(mm)		公差带												
		C	D	F	G	H				K	N	P	S	U
大于	至	11	9	8	7	7	8	9	11	7	7	7	7	7
—	3	+120 +60	+45 +20	+20 +6	+12 +2	+10 0	+14 0	+25 0	+60 0	0 −10	−4 −14	−6 −16	−14 −24	−18 −28
3	6	+145 +70	+60 +30	+28 +10	+16 +4	+12 0	+18 0	+30 0	+75 0	+3 −9	−4 −16	−8 −20	−15 −27	−19 −31
6	10	+170 +80	+76 +40	+35 +13	+20 +5	+15 0	+22 0	+36 0	+90 0	+5 −10	−4 −19	−9 −24	−17 −32	−22 −37
10	14	+205 +95	+93 +50	+43 +16	+24 +6	+18 0	+27 0	+43 0	+110 0	+6 −12	−5 −23	−11 −29	−21 −39	−26 −44
14	18													
18	24	+240 +110	+117 +65	+53 +20	+28 +7	+21 0	+33 0	+52 0	+130 0	+6 −15	−7 −28	−14 −35	−27 −48	−33 −54
24	30													−40 −61
30	40	+280 +120	+142 +80	+64 +25	+34 +9	+25 0	+39 0	+62 0	+160 0	+7 −18	−8 −33	−17 −42	−34 −59	−51 −76
40	50	+290 +130												−61 −86
50	65	+330 +140	+174 +100	+76 +30	+40 +10	+30 0	+46 0	+74 0	+190 0	+9 −21	−9 −39	−21 −51	−42 −72	−76 −106
65	80	+340 +150											−48 −78	−91 −121
80	100	+390 +170	+207 +120	+90 +36	+47 +12	+35 0	+54 0	+87 0	+220 0	+10 −25	−10 −45	−24 −59	−58 −93	−111 −146
100	120	+400 +180											−66 −101	−131 −166
120	140	+450 +200	+245 +145	+106 +43	+54 +14	+40 0	+63 0	+100 0	+250 0	+12 −28	−12 −52	−28 −68	−77 −117	−155 −195
140	160	+460 +210											−85 −125	−175 −215
160	180	+480 +230											−93 −133	−195 −235
180	200	+530 +240	+285 +170	+122 +50	+61 +15	+46 0	+72 0	+115 0	+290 0	+13 −33	−14 −60	−33 −79	−105 −151	−219 −265
200	225	+550 +260											−113 −159	−241 −287
225	250	+570 +280											−123 −169	−267 −313
250	280	+620 +300	+320 +190	+137 +56	+69 +17	+52 0	+81 0	+130 0	+320 0	+16 −36	−14 −66	−36 −88	−138 −190	−295 −347
280	315	+650 +330											−150 −202	−330 −382
315	355	+720 +360	+350 +210	+151 +62	+75 +18	+57 0	+89 0	+140 0	+360 0	+17 −40	−16 −73	−41 −98	−169 −226	−369 −426
355	400	+760 +400											−187 −244	−414 −471
400	450	+840 +440	+385 +230	+165 +68	+83 +20	+63 0	+97 0	+155 0	+400 0	+18 −45	−17 −80	−45 −108	−209 −279	−467 −530
450	500	+880 +480											−229 −292	−517 −580

六、常用材料及热处理

黑色金属材料及有色金属材料的牌号、应用举例及说明分别参见附表 28 及附表 29。常用的热处理和表面处理名词解释见附表 30。

附表 28　黑色金属材料

标准	名称	牌号	应用举例	说明
GB/T 700—2006	碳素结构钢	Q215	金属结构构件、拉杆、套圈、铆钉、螺栓、短轴、心轴、凸轮(载荷不大的)、吊钩、垫圈、渗碳零件及焊接件	"Q"为钢材屈服强度"屈"字的汉语拼音首位字母,后面数字表示屈服强度数值
		Q235	金属结构构件,心部强度要求不高的渗碳或碳氮共渗零件;吊钩、拉杆、车钩、套圈、气缸、齿轮、螺栓、螺母、连杆、轮轴、楔、盖及焊接件	Q215 有 A、B 两种。Q235、Q275 的质量等级有 A、B、C、D 四种
		Q275	转轴、心轴、销轴、链轮、制动杆、螺栓、螺母、垫圈、连杆、吊钩、楔、齿轮、键以及其他强度需较高的零件	
GB/T 699—1999	优质碳素结构钢	10	一般用于拉杆、卡头、钢管垫片、垫圈、铆钉	牌号的两位数字表示碳的质量分数,45 钢即表示碳的质量分数为 0.45%
		15	用于制造受力不大、韧性要求较高的零件、紧固件、冲模锻件及不需热处理的低负荷零件,如螺栓、螺钉、拉条、法兰盘及化工贮器、蒸汽锅炉等	含锰量较高的钢,须加注化学元素符号"Mn"
		20	用于不受很大应力而要求很大韧性的各种机械零件,如杠杆、轴套、螺钉、拉杆、起重钩等。也用于制造压力小于 5.88402×10^6Pa、温度低于 450℃ 的非腐蚀介质中使用的零件,如管子、导管等	$w_c \leqslant 0.25\%$ 碳钢是低碳钢(渗碳钢)
		25	用于制造焊接设备以及轴、辊子、连接器、垫圈、螺栓、螺钉、螺母等	w_c 在 $0.25\% \sim 0.60\%$ 之间的碳钢是中碳钢(调质钢)
		30	在化工机械方面,用于制造应力不大、工作温度不高于 150℃ 的零件,如螺钉、丝杆、拉杆、套筒、轴等	$w_c > 0.60\%$ 的碳钢是高碳钢
		35	用于制造曲轴、转轴、轴销、杠杆、连杆、横梁、星轮、圆盘、套筒、钩杆、垫圈、螺钉、螺母等	
		45	用于强度要求较高的零件,如汽轮机叶轮、压缩机、泵的零件、机床主轴等	
		50	用于耐磨性要求较高、动载荷及冲击作用不大的零件,如锻造齿轮、拉杆、轧辊、轴、摩擦盘、次要弹簧、农业机械上用的掘土犁铧、重负荷心轴与轴等	
		55	用于制造齿轮、连杆、轮圈、轮缘、扁弹簧及轧辊等	
		60	用于制造轧辊、轴、弹簧圈、弹簧、离合器、凸轮、钢绳等	
		15Mn	用于制造中心部分的力学性能要求较高,且需渗碳的零件	
		45Mn	用于受磨损的零件,如转轴、心轴、齿轮、叉啮合杆、螺栓、螺母、螺钉;还可用于载荷较大的离合器盘、花键轴、万向节、凸轮轴、曲轴、汽车后轴、双头螺柱、地脚螺栓等	
		65Mn	适宜作大尺寸的各种扁、圆弹簧,如板弹簧、弹簧发条等	

标准	名称	牌号	应用举例	说明
GB/T 1298—2008	碳素工具钢	T7 T7A	用于制造凿子、钻软岩石的钻头、冲击式打眼机钻头,大锤等	T 是"碳"字汉语拼音首位字母,数字表示平均含碳量的千分数,有 T7~T13。高级优质碳素工具钢须在牌号后加注"A"
		T8 T8A	用于制造能承受振动的工具,如钻中等硬度岩石的钻头、简单模具、冲头等	
GB/T 4357—2009	冷拉碳素弹簧钢丝		分为 SL、SM、SH 型,分别为低、中等、高抗拉强度等级	
GB/T 1591—2008	低合金高强度结构钢	Q345	桥梁、造船、厂房结构、储油罐、压力容器、机车车辆、起重设备、矿山机械	普通碳素钢中加入少量合金元素(总量 3%)。其力学性能较碳素钢高,焊接性、耐蚀性、耐磨性较碳素钢好,但经济指标与碳素钢相近
		Q390	中高压容器、车轴、桥梁、起重机等	
		Q420	用于制造桥梁、锅炉、大型罐车、蓄力器、贮气球罐等	
GB/T 3077—1999	合金结构钢	20Mn2	对于截面较小的零件,相当于 20Cr 钢,可作渗碳小齿轮、小轴、活塞销、柴油机套筒、气门推杆、钢套等	钢中加入一定量的合金元素,提高了钢的力学性能和耐磨性;也提高了钢在热处理时的淬透性,保证金属在较大截面上获得高力学性能
		45Mn2	用于制造在较高应力与磨损条件下的零件。在直径≤50mm 时,与 40Cr 相当,可作万向接头、齿轮、蜗杆、曲轴等	
		15Cr	船舶主机用螺栓、活塞销、凸轮、凸轮轴、汽轮机套环,以及机车用小零件等,用于心部韧性较高的渗碳零件	
		40Cr	用于较重要的调质零件,如汽车转向节、连杆、螺栓、进气阀、重要齿轮、轴等	
		35SiMn	除要求低温(−20℃)冲击韧性很高时,可全面代替 40Cr 钢作调质零件,也可部分代替 40CrNi 钢。此钢耐磨、耐疲劳性均佳,适用于作轴、齿轮及在 430℃ 以下工作的重要紧固件	
		20CrMnTi	用于制造汽车、拖拉机上的重要齿轮和一般强度、韧性均较高的减速器齿轮,供渗碳处理	
GB/T 1220—2007	不锈钢棒	12Cr13	用于在腐蚀条件下,制造承受冲击载荷和韧性要求较高的零件,如刀具、叶片、紧固件、水压机阀等	具有较高的强度、韧性、良好的耐蚀性和机加工性能
		12Cr18Ni9	具有良好的塑性、韧性和冷加工性。主要用于对耐蚀性要求不高的结构件和焊接件	历史最悠久的奥氏体不锈钢
GB/T 1222—2007	弹簧钢	60Si2Mn 60Si2MnA	主要用于制造铁路机车车辆、汽车和拖拉机上的板弹簧、螺旋弹簧、安全阀和止回阀用弹簧,以及其他高应力下工作的重要弹簧,还可作耐热(低于 250℃)弹簧等	当用平炉或转炉冶炼时,60Si2Mn 的磷、硫的质量分数均不大于 0.04%
GB/T 11352—2009	铸造碳钢	ZG 230 - 450	用于负荷不大,韧性较好的零件,如轴承盖、底板、阀体、机座、轧钢机架、箱体等	ZG 为铸钢两字汉语拼音的首位字母,第一组数字表示屈服强度,第二组数字表示抗拉强度
		ZG 310 - 570	用于重负荷零件,如联轴器、气缸、齿轮、齿轮圈、制动轮、轴、辊子及机架等	

标准	名称	牌号	应用举例	说 明
GB/T9439—2010	灰铸铁	HT150	用于制造端盖、汽轮泵体、轴承座、阀壳、管子、管路附件、手轮,以及一般机床的底座、床身、滑座、工作台等	"HT"为灰铁两字汉语拼音的第一个字母。后面的数字代表抗拉强度的最低值,如 HT200,表示抗拉强度≥200MPa
		HT200	用于制造气缸、齿轮、底架、机体、飞轮、齿条、衬筒;一般机床铸有导轨的床身及中等压力(7.84536×10⁶Pa 以下)的液压筒、液压泵和阀体等	
		HT250	用于制造阀壳、油缸、气缸、联轴器、机体、齿轮、齿轮箱外壳、飞轮、衬筒、凸轮、轴承座等	
		HT300 HT350	用于制造齿轮、凸轮、车床卡盘、剪床、压力机的机身;导板、六角自动车床及其他重负荷机床铸有导轨的床身;高压液压筒、液压泵和滑阀的壳体等	
GB/T 1348—2009	球墨铸铁	QT600 - 3 QT500 - 7 QT400 - 15	QT600 - 3 具有较高的强度、耐磨性及一定的韧性,用于制作部分机床的主轴、曲轴等 QT500 - 7 具有中等的强度和韧性,用于制作内燃机中油泵齿轮、机车车辆轴瓦等 QT400 - 15 有较高的塑性和韧性,低温性能好,具有一定的耐蚀性,用于制造汽车和拖拉机中的牵引框、轮毂、离合器壳体等	"QT"是球铁两字汉语拼音的第一个字母,后面的数字分别代表抗拉强度和伸长率的最低值
GB/T 9440—2010	可锻铸铁	KTH300 - 06 KTH330 - 08 KTH450 - 06	用于承受冲击、振动扭转负荷下的零件,如汽车零件、机床附件(如扳手)、各种管接头、低压阀门、农具等 KTH300 - 6 短用于气密性零件	"KT"为"可锻铁"两字的汉语拼音的第一个字母,"KTH"代表黑 25 可锻铸铁,"KTZ"代表珠光体可锻铸铁,它们后面的数字分别代表抗拉强度和断后伸长率

附表 29 有色金属材料

标准	名称	牌号	应用举例	说 明
GB/T 1176 - 1987	铸造锰黄铜	ZCuZn38 Mn2Pb2	用于一般用途的构件、船舶仪表等使用的外型简单的铸件,如轴瓦、轴套、滑块及其他耐磨零件	"Z"表示"铸",ZCuZn38Mn2Pb2 表示 w_{Cu} 为 57%~60%,w_{Mn} 为 1.5%~2.5%,w_{Pb} 1.5%~2.5% 其余为 Zn
	铸造锡青铜	ZCuSn5Pb 5Zn5	用于在较高负荷中等滑动速度下工作的耐磨、耐腐蚀零件,如轴瓦、衬套、缸套、活塞、离合器、泵体压盖及蜗轮等	ZCuSn5Pb5Zn5 表示 w_{Sn} 为 0.4%~6%,w_{Zn} 为 4%~6%,w_{Pb} 为 4%~6%
	铸造铝青铜	ZCuAl10 Fe3	用于要求强度高、耐磨、耐腐蚀的重型铸件,如轴套、螺母、蜗轮以及在 250℃ 以下工作的管配件	ZCuAL10Fe3 表示 w_{Al} 为 8.5%~11%,w_{Fe} 为 2%~4%,某余为 Cu

标准	名称	牌号	应用举例	说明
GB/T 1173—1995	铸造铝合金	ZALSi12（ZL102）	用于制造负荷不大、形状复杂的薄壁零件及耐腐蚀的气密性高、工作温度不超过 200℃ 的零件，如仪表壳体、船舶零件等	"Z"表示铸，"L"表示铝，后面第一位数字表示类别，1 为铝硅合金，2 为铝铜合金，3 为铝镁合金，4 为铝锌合金。第二、第三位数为顺序号
GB/T 3190—2008	变形铝及合金铝	2A13	用于制作中等强度的零件和构件，如冲压的连接部件、空气螺旋桨叶片、铆钉等	

附表 30　常用的热处理和表面处理名词解释

名　称	代号及标注示例	说　明	应　用　举　例
退　火	Th	将钢件加热到临界温度以上（一般是 710～715℃，个别合金钢 800～900℃）在 30～50℃，保温一段时间，然后缓慢冷却（一般在炉中冷却）	用来消除铸、锻、焊零件的内应力，降低硬度，便于切削加工，细化金属晶粒，改善组织，增加韧性
正　火	Z	将钢件加热到临界温度以上，保温一段时间，然后用空气冷却，冷却速度比退火快	用来处理低碳和中碳结构钢及渗碳零件，使其组织细化，增加强度与韧性，减少内应力，改善切削性能
淬　火	C　　C48—淬火回火HRC45～50	将钢件加热到临界温度以上，保温一段时间，然后在水、盐水或油中（个别材料在空气中）急速冷却，使其得到高硬度。	用来提高钢的硬度和强度极限。但淬火会引起内应力使钢变脆，所以淬火后必须回火
回　火	回　火	回火是将淬硬的钢件加热到临界点以下的温度，保温一段时间，然后在空气或油中冷却下来	用来消除淬火后的脆性和内应力，提高钢的塑性和冲击韧性
调　质	T　　T235—调质至HB220～250	淬火后在 450～650℃ 进行高温回火，称为调质	用来使钢获得高的韧性和足够的强度。重要的齿轮、轴及丝杆等零件是调质处理的
氰　化	Q　　Q59（氰化淬火后，回火至 HRC56～62）	氰化是在 820～860℃ 炉内通入碳和氮，保温 1～2h，使钢件的表面同时渗入碳、氮原子，可得到 0.2～0.5mm 的氰化层	增加表面硬度、耐磨性、疲劳强度和耐蚀性　　用于要求硬度高，耐磨的中、小型及薄片零件和刀具等
时　效	时效处理	低温回火后，精加工之前，加热到 100～160℃，保持 10～40h。对铸件也可用天然时效（放在露天中一年以上）	使工件消除内应力和稳定形状，用于量具、精密丝杆、床身导轨、床身等

名　称	代号及标注示例	说　明	应　用　举　例
发蓝发黑	发蓝或发黑	将金属零件放在很浓的碱和氧化剂溶液中加热氧化,使金属表面形成一层氧化铁所组成的保护性薄膜	防腐蚀、美观。用于一般连接的标准件和其他电子类零件
硬度	HBW(布氏硬度)	材料抵抗硬的物体压入其表面的能力称"硬度"。根据测定的方法不同,可分为布氏硬度、洛氏硬度和维氏硬度经热处理后的材料必须要经过硬度测定	用于退火、正火、调质的零件及铸件的硬度检验
	HRC(洛氏硬度)		用于经淬火、回火及表面渗碳、渗氮等处理的零件硬度检验
	HV(维氏硬度)		用于薄层硬化零件的硬度检验

参考文献

[1] 陈锦昌,等. 计算机工程制图[M]. 广州:华南理工大学出版社,2014.

[2] 唐克中,等. 画法几何及工程制图[M]. 北京:高等教育出版社,2009.

[3] 刘朝儒,等. 机械制图[M]. 北京. 高等教育出版社,2006.

[4] 孙根正,等. 工程制图基础[M]. 西安:西北工业出版社,2001.

[5] 虞洪述,等. 机械制图[M]. 西安:西安交通大学出版社,2000.

[6] 王巍. 机械工程图学[M]. 北京:机械工业出版社,2000.

[7] 郑镁. 机械设计中图样表达方法[M]. 西安:西安交通大学出版社,1999.

[8] 白世清,等. 工程制图基础[M]. 西安:西安交通大学出版社,1997.

[9] 李勇. 技术制图国家标准应用指南[M]. 北京. 中国标准出版社,2008.

[10] 国家质量监督检查检疫总局. 中华人民共和国国家标准《机械制图》[S]. 北京:中国标准出版社,2004.